JN050476

HTML&
CSSと
Web デザインが
1冊できちんと身につく本

[増補改訂版]

著 服部雄樹

Hattori Yuki

技術評論社

はじめに

私たちの生活の中で、ウェブサイトの担う役割は多様化し、ウェブ制作者にはより専門性の高い技術が求められるようになりました。それに伴い、ウェブ業界では年々分業化が進んでおり、これからウェブサイトの制作をはじめたいという人にとっては、何から勉強をはじめていいかわからない、ある意味では難しい状況だといえます。

しかしどんな物事にも基礎があります。ニューヨークで歌舞伎の公演を成功させるなど、数々の常識を打ち破り、イノベーターとして知られたある高名な歌舞伎役者が次のようなことを言っています。「型があるから型破りという。型がなければそれは形無しである」。つまり一見型破りに思える挑戦も、歴史に残る偉業も、すべてはしっかりとした基礎の上にこそ成り立つものであるということをこの言葉は教えてくれます。

本書ではウェブ制作の基礎であるHTMLとCSSという2つの言語を使い、一つのサンプルサイトを作ります。はじめてウェブ制作に触れる方にも理解できるよう、できるだけ丁寧でわかりやすい解説を心がけました。入門書としてはボリュームが大きく、ときには退屈な反復作業が続くこともありますが、本気でウェブ制作者を志す方には必ず役に立つ内容になっています。
技術面では、フレックスボックスやグリッドといった実際に制作現場で頻繁に使用するレイアウト手法や、今やウェブ制作に欠かせない知識である、スマートフォン表示に完全対応するレスポンシブデザインを基礎からしっかり学べます。

また、ウェブサイトを作る「楽しさ」を感じてもらえるようサンプルサイトの動きや、かっこよさにもとことんこだわりました。本書を読み終えサイトを作り上げたあとには、ぜひどこに楽しさや面白味を感じたかを振り返ってみてください。それは皆さまが次に進む道のヒントになるはずです。

本書の前版は私の想像以上に多くの方の手に届き、先日「この本を読んでウェブ制作の楽しさを知りエンジニアになりました」という方に出会いました。この本を入り口に、より高度な技術を身につけられ、今では私にとって欠かせない重要なパートナーとして一緒に仕事をしていただいています。その方のように、これからウェブ制作者を志す皆さまにとって、はじめの一歩を踏み出す一助となれば、これ以上の喜びはありません。いつか制作現場でお会いできる日を楽しみにしています。

2021年12月
服部 雄樹

▼著者によるコンテンツサポートサイト
https://web-design.camp/
本書に書ききれなかったサイト制作のポイントや、さらに学びを深めるコンテンツなど、学習に役立つ情報を随時更新していきます。ぜひご覧ください。

5つの
レイアウト手法と
レスポンシブデザインが
学べる!!

本書は「KISSA」というオンラインショップも運営するカフェのウェブサイトを作りながら、さまざまなレイアウトパターンによるPC＆モバイルサイト制作を学習します。

**フル
スクリーン
Chapter6**

トップページでは背景に画面いっぱいの写真を配置するフルスクリーンレイアウトを作成します。イメージを重視する業種やインパクトを持たせたいウェブサイトに向いています。

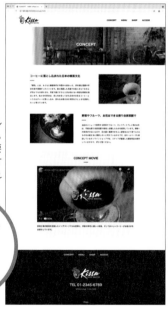

**フレックス
ボックス
Chapter7**

オーソドックスなシングルカラムのレイアウトです。シンプルなレイアウトも要素を左右反転して配置することでリズムが生まれます。

要素を並べて配置する「フレックスボックス」の使い方を詳しく解説します。応用力の高い柔軟なレイアウト方法で、この手法を覚えるとレイアウトの自由度が格段に上がります。

**シングル
カラム
Chapter8**

**動きのある
ウェブデザインも
作れます!**

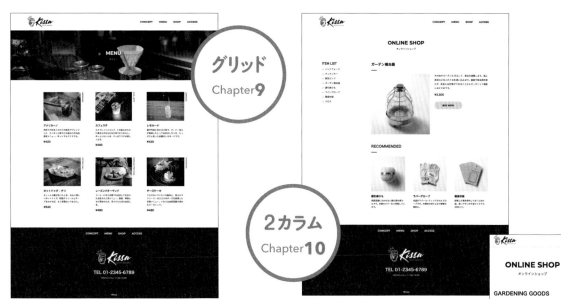

グリッド
Chapter9

ページを格子状に区切って配置する「グリッド」を使用したレイアウトを学びます。要素を整然と並べることができ、メニューページやギャラリーページに向いています。

2カラム
Chapter10

画面左にサイドバーを配置した2カラムのレイアウトを作成します。ECサイトやブログなどコンテンツが多く回遊性を高めたいウェブサイトに向いています。

地図の埋め込み＆フォーム
Chapter11

利便性の高いGoogleマップの埋め込み方法と、ウェブサイトに欠かせない問い合わせフォームの作り方を解説します。

すべてのページはモバイル端末に対応したレスポンシブデザインで作成します。モバイル用ウェブサイトをデザインする際のポイントも詳しく解説します。

レスポンシブデザイン
全ページ対応

GIFアニメーションやYouTube動画の埋め込み方法も解説します。

動画やアニメーションのあるページも作成

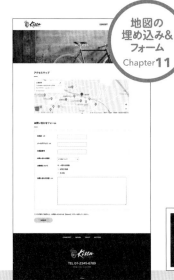

POINT
オンマウスで拡大する
アニメーションが作れる！

固定表示！

POINT
スクロールしても留まる
追従型メニューが作れる！

本書の読み方と
ページの構成

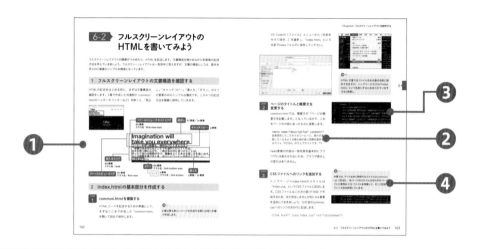

■ 制作物の確認

チュートリアル学習の章（6〜11章）では、節の最初のページでこれから制作するページの文書構造やスタイリングについて解説します❶。要素の親子関係やセクションなどの構造をビジュアルで確認できます。

■ ソースコード

ステップで記述するコード部分には赤い色がついています❷。入力したコードへの追記やコピーしたコードをペーストする先がわからなくなったら、エディタ（VS Code）画面❸に表示された行番号を参考にしてください。

■ HTMLタグ／CSSプロパティ

本書ではじめて登場するステップの近くに、クイックリファレンス形式で解説しています。

HTMLタグ
<a>
ハイパーリンクを表す。 【属性】href　リンク先のURLを指定する 　　　　ほか　hreflang、type、real、target、 　　　　download、rev 【終了タグ】必須

学習ポイント

HTMLやCSSを使いこなすための基本から応用までの知識と、ウェブデザイン＆レイアウトのための実践的なテクニックを理解するために、丁寧なテキストとイラスト図を多用して解説しています。手順を追うだけのチュートリアル学習ではなく、サイト制作を進めながら重要な工程では立ち止まりながら、知識の習得と技術への理解を深めることができます。

note

本文解説やチュートリアル手順の中で注意すべきポイントや、解説を深く理解するための補助的な内容（用語解説など）を記載しています❹。また、他ページに掲載している重要な項目の参照情報も記しています。

COLUMN

本文の内容に関連するウェブデザインの実践的な情報や、知っているとデザインワークに役立つ知識と情報を紹介しています。

サンプルファイルの
ダウンロード

本書の学習で使用するサンプルファイルは、以下の本書サポートページよりダウンロードできます。

サポートページ

https://gihyo.jp/book/2022/978-4-297-12510-3/support

> **ZIPファイル展開時の注意点**
> ・Windows PCユーザーでフリーソフトなどの圧縮展開ツールをご利用されている場合、ZIPファイルを展開した際にファイルやフォルダ名が文字化けすることがあります。Windows10を使用されている場合は、ZIPファイルを選択した状態で右クリックで表示されるメニューの［プログラムから開く］→［エクスプローラー］を実行、Windows11ではエクスプローラー内でZIPファイルを選択した状態でエクスプローラーメニューの［すべて展開］を実行してください。
> ・macOSで自動展開されない場合は、ZIPファイルをダブルクリックすると展開できます。

■ ダウンロードファイルの内容

ダウンロードしたZIPファイルを展開すると、「HTML_CSS_Web Design2」というフォルダになります。フォルダの中には「学習素材」「完成サイト」という2つのフォルダがあります。学習を進める際には「学習素材」フォルダに収録されたファイルをご自身のPCにコピーしたり、テキスト内容をコピーアンドペーストするなどして使用します。

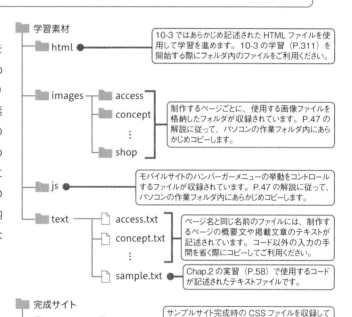

★「完成サイト」フォルダ内のご利用方法について
「完成サイト」フォルダ内に収録されたHTMLファイルやCSSファイルは、各ページの完成時のコードです。ご自身で記述した結果が本書の解説と異なる場合などに、完成ファイルとご自身で記述したコードを比較することで、入力の誤りなどをチェックすることができます。2つのファイルの比較方法については、P.192の学習ポイント「2つのファイルを比較して差分を表示する」をお読みください。

※収録している画像ファイル（写真など）の著作権は著者および技術評論社に帰属します。学習以外の目的での利用や再配布などは固く禁じています。

目次

Chapter 6　フルスクリーンレイアウトを制作する

Chapter 7　フレックスボックスレイアウトを制作する

Chapter 8　シングルカラムで 動画コンテンツページを制作する

Chapter 9　グリッドで格子状レイアウトを制作する

学習ポイント

綴じ込み特典

デザインのバリエーションが学べる！　　レスポンシブデザインのネタ帖

インターン、就転職に役立つ！　　ポートフォリオ用アレンジのネタ帖

## Chapter 1

知っておきたい
サイトとデザインの
きほん知識

ウェブサイトが表示されるしくみや、どのようなファイルで構成されているのか、デザインやコーディング、モバイル端末への対応についてなど、ウェブサイトの制作に携わる人がまずはじめに覚えておきたい、基本的な知識について解説します。ウェブサイトとはどういうもので、どうやって制作するのか、おおまかに理解しましょう。

1-1 ウェブサイトの しくみについて知ろう

優れたウェブサイトを制作するには、まずはウェブサイトとは何かを知ることが重要です。テレビや雑誌などの他のメディアとの違いや、表示や検索のしくみ、ウェブサイトを構成するファイルについて見ていきましょう。

1 ウェブサイトの特性とは

調べ物や買い物など、今や生活に欠かせないものとなったウェブサイトですが、テレビや雑誌との一番の違いは何でしょうか。それは、双方向でのコミュニケーションが可能な点です。

一部の地上デジタルテレビ放送（地デジ）番組を除き、基本的にテレビや雑誌は一方的に情報を発信するのみですが、ウェブサイトではユーザーが「購入する」「コメントを書き込む」「問い合わせる」などのアクションを行うことができます。さらにSNSの普及により、シェアやいいね！など、より手軽で積極的なアクションが増えてきているのも特徴と言えるでしょう。

つまり、ウェブサイトはただ「見る」ためのものではなく「使う」ものだということです。「使う」ものである以上、見た目が綺麗であればそれでいいというわけではなく、使いやすさにも配慮されていなければなりません。まずはこのことをよく理解するのが、優れたウェブサイトを制作するうえでもっとも重要です。

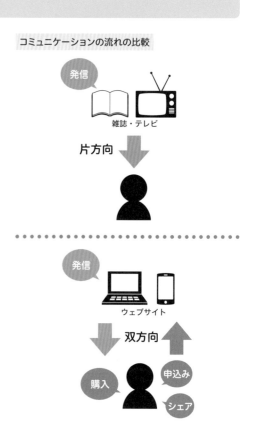

コミュニケーションの流れの比較

発信

雑誌・テレビ

片方向

発信

ウェブサイト

双方向

購入　申込み　シェア

2 複数のウェブページが集まったものがウェブサイト

では、使いやすいウェブサイトとはどのようなものでしょうか。
これは実際の店舗をイメージするとわかりやすいです。
例えば、コンビニエンスストアの店内を思い浮かべてみ

てください。コンビニでは、雑誌の棚、お弁当の棚、飲み物の棚など、各商品がカテゴリーごとに分けて陳列されていて、訪れた人が目的の商品にスムーズにたどり着けるようになっています。おにぎりと洗剤が同じ棚に並んでいるということはまずありません。

ウェブサイトもこれと同じです。会社紹介のページ、アクセス情報のページ、商品やサービスの詳細ページなど、情報のカテゴリーによってきちんとページ分けされたウェブサイトは使いやすく、目的の情報に迷わずたどり着くことができます。これが理想的なウェブサイトの設計です。

このように情報の種類や目的に応じて分けられた各ページを「ウェブページ」といい、それらの集合体を「ウェブサイト」と呼びます。ウェブサイトの特徴として、ページとページをリンクして、それらのページを行き来することができます。この点も雑誌などのメディアとの大きな違いと言えるでしょう。

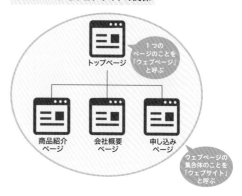

ウェブページとウェブサイトの関係

note

ホームページという呼び名は間違い?

ウェブサイトのことを一般的に「ホームページ」と呼ぶことがありますが、ホームページとは正確には、ウェブブラウザを起動したときに最初に表示されるページのことを指します。とはいえ、今ではウェブサイトのことをホームページと呼ぶ人も多く、言葉の定義が変わってきているので、必ずしも間違いではありません。

3　ウェブサイトが表示されるしくみ

ウェブサイトはインターネット上に公開することで、24時間いつでも自由に世界中の人が閲覧できるようになります。制作したウェブサイトを公開するためには、インターネットに接続された「サーバー」と呼ばれるスペースにウェブサイトのデータをアップロードする必要があります。

サーバーのある場所、つまりインターネット上の住所が「URL」で、このURLをウェブブラウザに入力することでウェブサイトが表示されます。ウェブブラウザはHTMLファイルというウェブサイト用に作られた文書を解読し、ユーザーが見られる形に表示するための専用ソフトです。代表的なものに、Google ChromeやSafari、Microsoft Edgeなどがあります。

ウェブブラウザにサイトが表示されるしくみ

4 ウェブサイトが検索されるしくみ

ウェブサイトをサーバー上にアップロードすると誰でも閲覧できる状態になりますが、単にアップロードしただけではURLを知っている人しか訪れてくれません。いうなれば、お店をオープンしたものの、案内や看板が出ていないので誰も訪れないのと同じような状態です。より多くの人に見てもらうためには、GoogleやYahoo!などの検索結果に表示されるようにしておく必要があります。

検索結果に表示されるには「検索エンジン」というコンピュータに対して情報を知らせる必要があります。検索エンジンは、インターネット上のウェブサイトを巡回してデータを集めていきます。この巡回システムを「クローラー」といい、そのウェブサイトがどんな情報を掲載していて、いつ作られたのか、どんな言語で書かれているのか、などあらゆる情報を収集します。この情報をデータベースに蓄積することを「インデックス」といい、インデックスされたウェブサイトのなかから、検索窓に入力されたキーワードに対して最適なウェブサイトを表示させる、というのが検索のしくみです。つまり、検索結果に正しく表示してもらうには、検索エンジンが正しく理解できるようにコードを記述する必要があります。

このように、ウェブサイトはユーザー（人間）だけが見るものではなく、ウェブブラウザや検索エンジン（コンピュータ）が閲覧するものでもある、ということをしっかり理解しておきましょう。人間が理解しやすいデザインを考えると同時に、コンピュータが理解しやすいコードを記述することもウェブ制作者の大切な仕事です。

ネット検索のしくみ

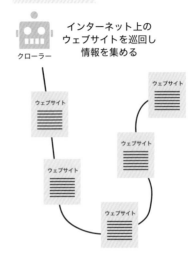

インターネット上の
ウェブサイトを巡回し
情報を集める

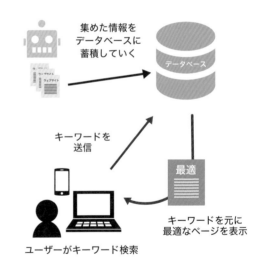

集めた情報を
データベースに
蓄積していく

キーワードを
送信

キーワードを元に
最適なページを表示

ユーザーがキーワード検索

5　ウェブサイトを構成するファイル

ウェブサイトはHTMLファイルだけでなく、さまざまなファイルで構成されています。具体的にどんなファイルがあるか見ていきましょう。

■ HTMLファイル

まずはHTMLファイルです。これはウェブページそのものを表すファイルで、ブラウザはこのファイルを読み込むことでウェブページを表示します。拡張子は「.html」または「.htm」です。どちらを使用してもかまいませんが、同じウェブサイト内で混在していると、リンク切れなどのミスが生じることがあるので避けましょう。

■ CSSファイル

続いて、ウェブページのスタイルを指定するためのファイルであるCSSファイルです。HTML単体では文字が羅列されただけの味気ないウェブページですが、CSSによってレイアウトや文字の大きさ、色などさまざまな指定をすることができます。拡張子は「.css」です。

HTMLファイルとCSSファイルはどちらも文字のみで作られたテキストファイルです。そのため、メモ帳などのOSに付属するソフトでも記述できますが、高機能な「テキストエディタ」と呼ばれるソフトウェアで作成するのが一般的です。
本書では学習しませんが、他によく使用されるテキストファイルにはJavaScriptファイル（.js）やPHPファイル（.php）などがあります。

また、ウェブサイトを構成するファイルの中には、テキストファイル以外のファイルもあります。もっともよく使用されるのが画像ファイルです。ウェブページ上の写真やアイコン、バナーなどに画像ファイルが使用されます。画像ファイルにはJPEG、GIF、PNGなどいくつかの形式があり、それぞれ特徴があります。

ウェブサイトで使用されるファイル

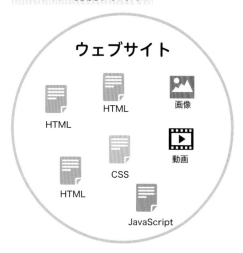

ウェブサイトはHTMLファイルだけでなくたくさんの種類のファイルによって構成される

note

HTMLファイルの拡張子
Windows95より前のOSでは、拡張子は3文字以内という文字制限があったため、「.htm」が使用されていましたが、現在では「.html」が主流となっているので、本書では「.html」を使用します。

note

JavaScript
プログラミング言語のひとつで、ウェブページ上の文字や画像に動きをつける場合や、フォームの入力チェックなどに使われます。

note

PHP
ブログの新着記事をサーバーから取得して表示するなど、動的なウェブサイトを作成する際に使用されるプログラミング言語です。

■ 写真やグラデーションにはJPEG（ジェイペグ）

JPEGファイルは、写真やグラデーションなど細かい色調をもった画像に使用されます。拡張子は「.jpg」「.jpeg」です。データをあまり劣化させずに圧縮でき、ファイルサイズを小さくできるというメリットがあります。ただし、少しずつとはいえ保存のたびに画質が劣化するので、ベタ塗りの画像や直線などではノイズが入ることがあります。そういった画像には後述のGIFかPNG、またはSVGを使用します。

写真のように繊細な色表現が必要なものには JPEG が向いている

■ ベタ塗りの画像や
　アニメーション画像にはGIF（ジフ）

GIFファイルは、単色のアイコンやベタ塗りの画像など、シンプルな画像でよく使用されます。拡張子は「.gif」です。JPEGファイルがおよそ1677万色の色を使えるのに対して、GIFファイルは256色しか使えないので、写真などには向いていませんが、透明の画素を扱うことができます。また、他のファイルにはない大きな特徴として、GIFアニメーションと呼ばれる動きのある画像データを作成でき、ウェブページ内にアクセントをつけたいときなどに重宝します（P.228）。

イラストやロゴなどベタ塗りの画像は GIF が向いている。透過も可能

■ いいとこ取りのPNG（ピング）、
　ただしデメリットも

JPEGファイルとGIFファイルの両方のメリットを持っているのがPNGファイルです。拡張子は「.png」です。PNGファイルは画質の劣化がなく、色数もJPEGと同じ1677万色を使用できるため、写真にもベタ塗りの画像にも向いています。ただし、ファイルサイズがJPEGより若干大きくなってしまうというデメリットがあるため、ウェブページ上のすべての画像にPNG形式を採用すればいいといわけではありません。

写真を使って背景を透過にしたい場合は PNG を使用する

■ ウェブ用に特化したフォーマットWebP（ウェッピー）

長いあいだウェブ上の画像フォーマットは、JPEG、GIF、PNGのいずれかでした。前述のとおり、それ

ぞれの特徴に合わせて使い分けるのが一般的でしたが、これらすべての特徴を併せ持った次世代の

フォーマットとして、Googleが開発したのがWebPです。拡張子は「.webp」です。最大のメリットは同画像・同画質のJPEGやPNGに比べてファイルサイズを2〜3割ほど軽量化することができる点です。また透明の画素を扱うこともでき、アニメーションにも対応しています。対応するブラウザが少ないことから普及が限定的でしたが、2020年9月にiOSが対応したことにより、ほとんどのブラウザでサポートされるようになりました。

■ 画質が劣化しないSVG（エスブイジー）

少し毛色の異なる形式としてSVGがあります。拡張子は「.svg」です。SVGは点の座標やそれらを結ぶ線を数値データで記録・再現する「ベクターデータ」と呼ばれる画像方式です。この最大のメリットは、どれだけ拡大しても画質が劣化しないことです。画面をズームしても画質が荒れないため、スマホやタブレットといったタッチデバイスとも相性がよいです。さらにCSSやJavaScriptと組み合わせることでさまざまな動きをつけることができます。ただし、写真のような複雑な描画では処理速度が遅くなるため、アイコンやロゴなどのシンプルな画像に向いています。

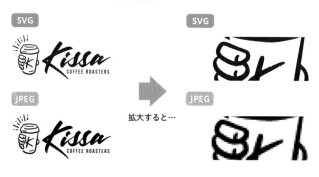

等倍では同じように見える

SVGは劣化せずに拡大されるが
JPEGは細部が荒れてしまう

■ 画像以外では音声ファイルや動画ファイルなども

ウェブページには画像だけでなく、音声や動画も掲載することができます。音声ファイルにも画像と同じくいくつかの形式がありますが、多くの場合はMP3ファイルが使用されます。MP3ファイルは音楽鑑賞にも広く使われているファイル形式で、拡張子は「.mp3」です。

また、動画ファイルにはさらに多くの形式があり、形式によって再生できるソフトウェアが限られるため、ウェブサイトに掲載する際は、WindowsとMacの両方で標準で再生できるMP4形式を使用するとよいでしょう。拡張子は「.mp4」です。

多くのウェブブラウザではブラウザ上で直接音声ファイルを再生できる

動画ファイルも掲載できるが、動画の形式やブラウザによっては再生できないこともある

1-2 サイト制作のフローとウェブデザイン

ウェブ制作者の仕事には大きく分けて「デザイン」と「コーディング」の2つがあります。この節では「デザイン」面にフォーカスし、実際にウェブサイトを制作するフローや、デザイナーとコーダーのそれぞれの役割についても解説します。

1 サイトマップの作成_サイト制作のフロー①

ウェブサイトを制作する際のフローには大きく分けて3つの段階があります。

まずはじめに、ウェブサイトを制作する目的に合わせて、必要なページやコンテンツを洗い出し、ウェブサイトの大枠を決めていきます。依頼者がいる場合は、依頼者からの意見や希望を聞きながら進めます。

必要なページをどのような構成で掲載するかを表した図を「サイトマップ」といい、右図のようにツリー形式で表されます。このときに、同時にディレクトリ構造やファイル名を決めておくと後の作業がスムーズに進みます。

サイトマップの例

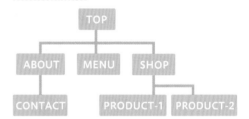

サイトマップはツリー形式で表されることが多い

学習ポイント
ディレクトリ構造とファイル名の設定

サーバーにデータをアップロードする際には、無作為にファイルをアップロードするのではなく、一定のルールがあります。サーバー上に置かれたファイル名がそのままURLになるため、必ず半角英数字を使用するのが原則です。例えば「gihyo.com」というウェブサイトの「sample.html」というウェブページは「gihyo.com/sample.html」というURLになります。ファイル名を命名する際には、画像ギャラリーのページには「gallery.html」という名前をつけるなど、そのウェブページの内容に合ったファイル名であることが望まし

いです。また、例えば「花」「鳥」などジャンル分けされたギャラリーがいくつかあるような場合には、「gallery」というフォルダを作成し、その中に「flower.html」「bird.html」として格納するのもよいでしょう。その場合のURLは「gihyo.com/gallery/flower.html」「gihyo.com/gallery/bird.html」となります。

■ファイルを種類別に格納

また前節で説明したとおり、ウェブサイトはHTMLファイルだけでなく、それに付随するCSS

ファイルや画像ファイル、音声ファイルなど、さまざまなファイルによって構成されます。これらのファイルも種類別に、CSSファイルは「css」、画像ファイルは「images」というフォルダにまとめておくなど、フォルダ分けをすると管理がしやすくなります。

こういったフォルダのことを「ディレクトリ」といい、このように正しくディレクトリ分けをすることもウェブ制作者の重要な仕事です。

2 ワイヤーフレームとカンプの作成_サイト制作のフロー②

次に、ウェブページ内のボタンやメニューなどの大まかな配置や、どのようなレイアウトパターンを採用するかを決めます。これらの配置を記載した図面のことをワイヤーフレームと呼び、丸や四角などの単純な図形を使ってざっくりとした図を作成します。一般的にこういった作業を「ディレクション」と呼び、ディレクターがいればディレクターが行いますが、ウェブデザイナーが兼務することもあります。

ディレクションによって必要な情報が集められたあとは、それらを元に、Adobe XDやSketchなどのデザインソフトや、Adobe Photoshop、Adobe Illustratorなどのグラフィックソフトを使用して、より細かいデザインを作成します。デザイナーはワイヤーフレームを確認しながら、配置する画像の選定や、見出しの装飾、カラーリングなどをデザインし、ここではじめて最終的なウェブサイトの完成イメージが出来上がります。この完成イメージを「デザインカンプ」や「モックアップ」などと呼びます。

ワイヤーフレーム　　　　　　　デザインカンプ

Adobe XDによるデザインカンプ制作

3 デザインのコード化_サイト制作のフロー③

そして、そのデザインカンプを元にウェブブラウザが理解できるようにコード化するのが「コーディング」です。以前は「ウェブデザイナー」というとデザインとコーディングの両方を行うことが多かったですが、最近は業務が細分化されており、コーディングだけを行う「コーダー」と呼ばれる職種もあります。

とはいえ、ウェブサイト、ウェブページをデザインするうえで、コーディングを理解していることは重要なので、「デザイナーはデザインだけをしていればいい」というわけではありません。

> **note**
>
> コーディングの概要については、次節の「コーディングについて知っておくべきこと」(P.27)で解説します。

4 そもそもデザインとは

普段なにげなく耳にしている「デザイン」という言葉。この言葉の意味を正確に理解している人は少ないのではないでしょうか。例えば、デザインはよくアートと比べられることがありますが、本質的にアートとは全くの別物です。

アートはアーティスト自身が「何を表現したいか」が第一義で、人から理解されることはあまり重要ではなく、鑑賞する人によって受け取り方が異なることも多いものです。一方デザインは、デザイナーの主観や好みよりも「誰に何をどう伝えるか」がもっとも重視され、人によって受け取り方が異なってはいけません。デザイナーの意図が正確に伝われば伝わるほど、優れたデザインであるといえます。

ウェブサイトにも「企業の魅力を伝えたい」「商品を売りたい」などの目的がまず先にあり、「ではこの色を使おう」「この形にしよう」など、目的に合った最適な方法を提案するのがデザイナーの仕事です。デザインとは問題解決の手段でありコミュニケーションを最適化することなのです。これからデザイナーを志す人は「デザインとは自己表現ではなく、問題解決の手段である」ということをしっかり理解しておくことが大切です。

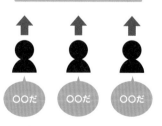

アートとデザインは別物

ART

〇〇だ　いや△△だよ　美しいな

「表現」が本質であり
人によって解釈が違っても良い

DESIGN

〇〇だ　〇〇だ　〇〇だ

「伝える」ことが本質であり
誰が見ても同じ理解を得られることが重要

5　優れたウェブデザインは使いやすい

では、優れたウェブデザインとはどのようなものでしょうか。

前項で説明したようにウェブサイトは「使う」ものであるため、まずは使いやすさに配慮されているべきです。また、PCとスマートフォンでは「マウスで操作する」「指で操作する」という大きな違いがあるため、それぞれでの操作に配慮したデザインも求められます。

「直感的にわかるメニュー」「わかりやすく、押しやすい申し込みボタン」など、ユーザーが起こしたいアクションに対して、いかにストレスなく操作できるようにするかがデザイナーの腕の見せどころです。

例えば、とても独創的で面白いテレビゲームがあるとします。しかし、ボタン操作がわかりにくく、タイミングよくジャンプできない、メニューの出し方がわからないなど、操作性の悪さゆえにそのゲームを楽しめなかったという経験はないでしょうか。それと同じように、使いにくいウェブサイトは見てすらもらえないことも多く、使いやすさはもっとも重要であると言えます。この使いやすさのことを「ユーザビリティ」と呼び、ユーザビリティに優れていることは良いウェブサイトに必須の条件です。

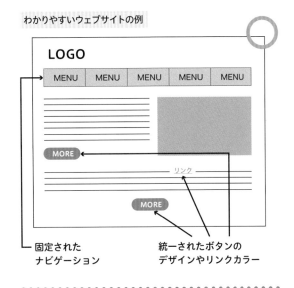

わかりやすいウェブサイトの例

固定された
ナビゲーション

統一されたボタンの
デザインやリンクカラー

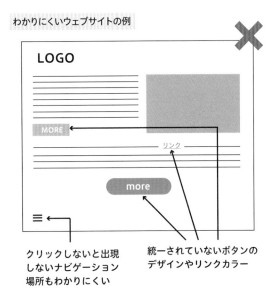

わかりにくいウェブサイトの例

クリックしないと出現
しないナビゲーション
場所もわかりにくい

統一されていないボタンの
デザインやリンクカラー

6 閲覧者の環境によって変化するウェブデザイン

雑誌やポスターなどのグラフィックデザイン、いわゆる紙のデザインと大きく異なるのが、閲覧者の環境によって表示が変化するという点です。WindowsとMacで表示が違う、ウェブブラウザによって表示が違う、コンピュータの画面サイズやOSのバージョンなど、挙げたらきりがありませんが、いちばん考えなければいけないのはスマートフォンへの対応です。

ウェブサイトの閲覧はスマートフォンだけで行い、そもそもPCを持っていないというケースもあるぐらい、スマートフォンからの閲覧者は増え続けており、スマートフォンでの表示に最適化することはウェブデザインには必須の条件です。

では、閲覧者の環境ごとに別々のウェブサイトを用意する必要があるのかというとそうではありません。CSSを使えば、HTMLファイルに記述されたコードを変えずに、閲覧者の環境に合わせて見た目を変化させることができます。こういった手法を「レスポンシブデザイン」（P.130）と呼び、本書で制作するサンプルサイトのページすべてにおいて、レスポンシブデザインの実装方法を解説しています。

レスポンシブデザインはワンソース・マルチユース

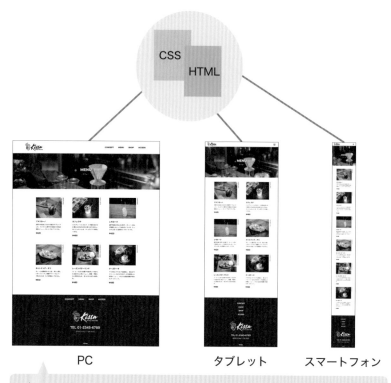

PC　　　　　タブレット　　スマートフォン

ひとつの HTML ファイル、CSS ファイルで さまざまな閲覧環境に対応させる

1-3 コーディングについて 知っておくべきこと

この節では、ウェブ制作者のもうひとつの仕事「コーディング」について説明します。HTML文書はどのように記述するべきか、文書の構造への理解を深めながら、コーディングの基本であるHTMLとCSSという2つの言語のそれぞれの役割についても解説します。

1 コーディングとは

デザインに続いて、ウェブ制作者の重要な仕事に「コーディング」があります。コーディングとは「コードを書く」ことで、ウェブ制作におけるコーディングでは、おもにHTMLとCSSを使用して、デザイン案をコンピュータが処理できる形式に言語化していきます。

楽器で作曲した音楽を譜面に起こす

例えば音楽を作るとき、ピアノやギターなどを使って作曲しますが、できあがった楽曲を再現可能な形式、つまり「楽譜」に起こすという作業があります。コーディングはこれと同じようなものだと考えてください。音楽でいう楽譜にあたるものを「ソースコード」と呼び、コンピュータはこのソースコードを読み込んでウェブページを表示させます。

デザインソフトで作成したデザインカンプをコード化する

2 ウェブページの文書構造とは

ウェブサイトを制作するとき、どうしてもレイアウトや装飾など見た目の部分を重視しがちですが、コンピュータにとっては、ウェブページが論理的に正しい「文書構造」で作られているかが重要になります。文書構造とは見出しや文章、画像の論理的な配列のことです。ウェブ制作では先にデザインを作るケースが多いため、デザインの見た目に合わせてコードを書くと、論理的におかしな文書構造になってしまうことがあります。

例えば次ページの図のようなウェブページのデザインカンプがあります。文書の構造としては、まず「①見出し」があり、その下に「②文章」と「③画像」が順に並びます。

ところが、デザイン（見た目）に合わせて左の要素からコードを書いてしまうと、③画像①見出し②文章という順番になり、見出しより前に画像が来るため、文書の構造として不自然になります。

デザインカンプと文書構造

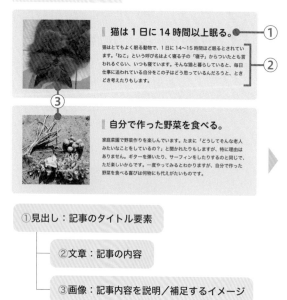

① 見出し：記事のタイトル要素

② 文章：記事の内容

③ 画像：記事内容を説明／補足するイメージ

見た目どおりにコーディングしたHTML文書

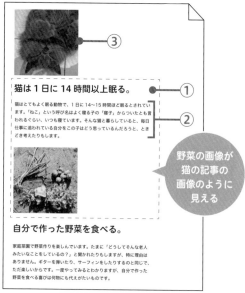

野菜の画像が猫の記事の画像のように見える

アイキャッチとしてデザインされた画像を、見出しや文章の上位に位置づけた文書構造は不自然

3 なぜ正しいHTMLを書く必要があるのか

正しい文書構造のウェブページを制作することにより、コンピュータが文書の内容を正確に理解できるようになるため、多くの恩恵があります。例えばSEOです。SEOとは「Search Engine Optimization」の略で、日本語にすると「検索エンジン最適化」、つまり検索にヒットしやすくするための施策のことです。検索順位は人がウェブサイトを見て決めているのではなく、検索エンジンのクローラー (P.18)によって得られた情報を元に決定されます。正しい文書構造のHTMLは検索エンジンにとってわかりやすい文書であるため、重要な情報とそうでない情報など、制作者の意図を正しく検索エンジンに伝えることができます。これにより検索エンジンはウェブページの内容を正確に理解し、結果的にそのウェブページは検索にヒットしやすくなるのです。

文書構造が正しいHTML

文書構造が不自然なHTML

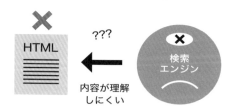

4　文書構造を記述するHTML

ここで、あらためてHTMLという言語について少し解説します。HTMLとは「HyperText Markup Language」の略で、ハイパーテキストをマークアップするランゲージ（言語）ということになります。ハイパーテキストとは、複数の文書を関連付けるしくみのことで、テキストを超えるという意味から"hyper"-（～を超える）"text"と名付けられました。そしてマークアップとは、コンピュータが文書の構造を理解できるように文書の各要素に「目じるしをつける」ことで、見出しや段落、画像などのさまざまな要素を「HTMLタグ」と呼ばれる目じるしを利用して文書構造を記していきます。

このHTMLタグには100以上の種類がありますが、すべてを覚える必要はありません。しかし、先述のように正しい文書構造を実現するためには、用途にあったHTMLタグを使用することが大切です。正確にマークアップし、コンピュータが自動処理しやすくすることを「セマンティックウェブ」と言います。

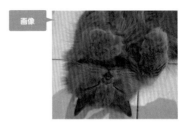

見出し ▶ 猫は1日に14時間以上眠る。

文章 ▶ 猫はとてもよく眠る動物で、1日に14～15時間ほど眠るとされています。「ねこ」という呼び名はよく寝る子の「寝子」からついたとも言われるぐらい、いつも寝ています。そんな猫と暮らしていると、毎日仕事に追われている自分をこの子はどう思っているんだろうと、ときどき考えたりもします。

画像 ▶

各要素に 目じるし ▶ をつけることを「マークアップ」という

5　配置や装飾を指定するCSS

HTMLが文書構造を指定する言語であるのに対して、文書のレイアウトや装飾などの見た目を指定するための言語がCSSです。CSSとは「Cascading Style Sheets（カスケーディング・スタイル・シート）」の略で、カスケーディングとは「階段状の滝のような」という意味です。文書の上方で定義されたスタイルを下方へ引き継ぐ（継承）という特徴を持っているため、それが流れる滝に見立てられたとされています。
CSSは「セレクタ」「プロパティ」「値」の3つで構成され、HTML文書の特定の箇所を指定して色や大きさを変えたり、表示位置を指定することができます。本書では、HTMLとCSSを使って、ウェブサイトを正しい文書構造でコーディングする方法を学びます。

見出しの前にアイコンをつけて

見出しの文字サイズは○○で

猫は1日に14時間以上眠る。

猫はとてもよく眠る動物で、1日に14～15時間ほど眠るとされています。「ねこ」という呼び名はよく寝る子の「寝子」からついたとも言われるぐらい、いつも寝ています。そんな猫と暮らしていると、毎日仕事に追われている自分をこの子はどう思っているんだろうと、ときどき考えたりもします。

画像は左寄せで配置して

背景色は薄いグレーで

装飾や配置、大きさなど、見た目に関する設定が **CSS** の主な役割

1-4 ウェブページのパーツや レイアウトについて知ろう

この節では、ウェブページがどのように構成されているかを学びます。ヘッダーやフッター、ナビゲーションなど、それぞれがどんな役割を持っているのか、主要なレイアウトにはどのようなものがあるかなどについて解説します。

1 ウェブページの構成

ここからはウェブページを形づくる具体的なパーツやエリアについて見ていきます。もちろん制作するウェブページによって構成もさまざまですが、ベーシックなレイアウトパターンを使って、それぞれの名称や役割を解説します。図は、よく見かけるウェブページのレイアウトです。上から、ヘッダー、ナビゲーション、コンテンツ、サイドバー、フッターの順に並んでいます。ウェブページを構成するこれらの1つのかたまりのことを「要素」といいます。

Webページを構成する各部の名称

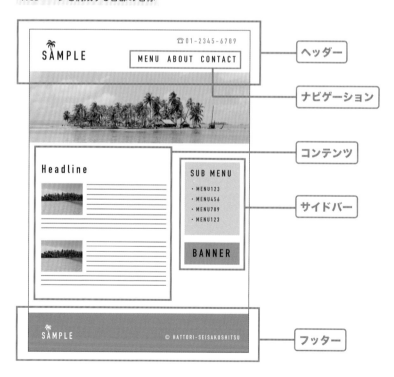

■ ロゴの定位置「ヘッダー」エリア

ウェブページを構成する要素の中で、まず一番上にくるのが「ヘッダー」です。この名前はヘッド（頭）から来ており、文字どおりウェブページの最上部のことを指します。ヘッダーにはおもにロゴやナビゲーションメニュー、電話番号などを配置します。サイト内のページではすべて同じ場所に表示され、ページが切り替わってもこの部分は変わらない、という場合が多いです。

■ サイト内を案内する「ナビゲーション」

ヘッダーに内包される場合と、独立している場合とがありますが、図は前者の例となります。ナビゲーションはナビゲート（案内）が語源で、ページ間を移動するためのリンクを掲載します。ナビゲーションにはサイト内共通のものからページの階層を移動するものまで、いくつか種類があります。次の項で詳しく解説します。

各要素にはそれぞれ個別の役割があり、それらの役割を持った要素が集まった集合体がウェブページなのです。

■ ウェブページのなかみ「コンテンツ」エリア

「コンテンツ」を表示するエリアです。ここに各ページのコンテンツ（情報や内容）が入ります。

■ 補足情報を扱う「サイドバー」

最近ではサイドバーのないレイアウト（シングルカラムレイアウト）も増えていますが、詳細メニューやバナー、プロフィールや新着情報など、補足的な情報を掲載するのに向いており、情報量の多いウェブサイトでは特に有効に活用されます。

■ ページの最下部エリア「フッター」

フット（足）が語源で、ウェブページの一番下に表示されるエリアです。ひと昔前は、著作権表示などが掲載されているだけ、というサイトも多くありましたが、シングルカラムのレイアウトでは、これまでサイドバーに掲載していたような補足情報をフッターに掲載するケースが増えています。

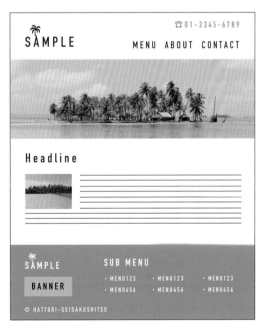

サイドバーの補足情報をフッターに掲載した例

2 ナビゲーションについて

紙媒体と違い、各ページ間をリンクでつなげられるのが、ウェブサイトならではの機能です。リンクでつなげられたページ間を移動するときの案内となるのがナビゲーションで、いくつかの種類があります。

■ サイト内の移動「グローバルナビゲーション」

グローバルナビゲーションとは、全ページに共通で表示されるナビゲーションで、ホーム、サービス内容、会社案内、などウェブサイト内の主要なページにリンクされ、サイト内を移動するためのショートカットとして利用されます。

■ 特定のエリア内での移動
**　「ローカルナビゲーション」**

全ページに表示されるグローバルナビゲーションとは対象的に、ローカルナビゲーションは、あるコンテンツの中だけで表示されるナビゲーションです。

下の図のようなウェブサイトの場合、赤く示されたところがグローバルナビゲーション、青く示されたところがローカルナビゲーションになります。

■ 階層移動に便利「パンくずリスト」

もうひとつよく見かけるナビゲーションに「パンくずリスト」があります。パンくずリストは、現在訪れているページの階層を表したり、その上の階層に移動する際に使用されます。非常に小さなナビゲーションではありますが、ユーザビリティに対して重要な役割を果たしています。

ウェブサイトの3つのナビゲーション

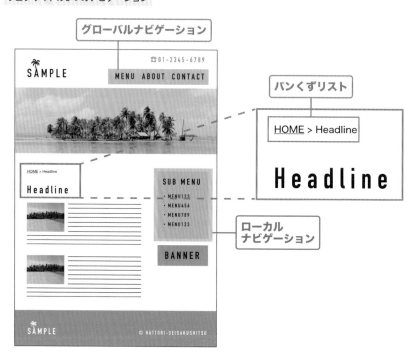

3　レイアウトのパターンと選び方

ウェブサイトのデザインを作成するうえで、まずはじめに考えるのがレイアウトです。よく利用されるレイアウトには2カラム、3カラム、シングルカラム、グリッドレイアウトなどがあります。「カラム」というのは段組み・列のことで、一般的によく見られる、片側にサイドバーがあるレイアウトを2カラム（サイドバーとコンテンツエリアで2列）、両側にサイドバーがあるレイアウトを3カラム、サイドバーのないレイアウトをシングルカラムと言います。

■ 用途によるレイアウト選択

最近の傾向として、スマートフォンでの閲覧がしやすいことなどからシングルカラムのレイアウトが主流になりつつあります。シングルカラムがよく使われるのは、サービスの紹介サイトやランディングページなどが多く、ブログやコーポレートサイト（企業サイト）には2カラム、記事数の多いメディアや大型のECサイトなどは、多くの情報を一度に掲載しやすい3カラムが採用されることもあります。レイアウトを決める際には、サイトの用途に合ったレイアウトを選ぶことが重要です。

本書では、フルスクリーン（6章）、フレックスボックス（7章）、シングルカラム（8章）、グリッドレイアウト（9章）、2カラム（10章）の5つのレイアウトパターンの作成方法について学びます。

note

ランディングページ
ランディングページ（LP）とは、直訳すると"着地ページ"で、ネット広告やリンクをクリックした際に表示されるページです。一般的には1ページで問い合わせや購入を促す、独立したウェブページのことを指します。

代表的なレイアウトパターン

シングルカラム
ランディングページやサービス紹介のウェブサイトなどに向いている。スマートフォンとの親和性も高い。

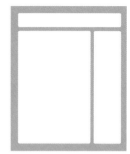

2カラム
汎用的なレイアウト。ECサイトにもコーポレートサイトにも使える。ブログでもよく採用されている。

3カラム
大型のECサイトや官公庁のウェブサイトなど、情報量が多いサイト向け。広告を多く掲載したい場合にも。

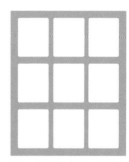

フレックスボックスレイアウト
要素を縦や横に並べて配置するレイアウト。ECサイトや一覧ページなどで情報を整列して見せることができる。

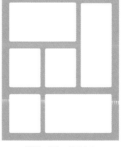

グリッドレイアウト
画面を格子状に区切って要素を配置するレイアウト。メディアサイトなど多数の情報を見せたいサイトに向いている。

フルスクリーン
画像でインパクトを与えたいサイト向け。新商品のキャンペーンや、店舗や観光地などイメージでPRしたい場合に最適。

4　モバイル用レイアウトのきほん

ここまでは、おもにPCでのレイアウトについての解説でしたが、忘れてはいけないのがモバイル端末用のレイアウトです。レスポンシブデザインでは、ヘッダーやナビゲーション、コンテンツエリアなどの構成要素はそのままに、CSSによって配置やサイズを変更することでモバイル端末での表示を最適化します。

■ レイアウトはシングルカラムが基本

まず全体の大枠のレイアウトは、PCのように多彩なバリエーションはなく、シングルカラムを採用しているケースがほとんどです。横長の画面を前提としたPCレイアウトでは、左右に分割してコンテンツを配置する2カラム、3カラムなどのレイアウトがよく使用されますが、スマートフォンをはじめとしたモバイル端末では縦長の画面となるため、左右に分割されたレイアウトでは幅が狭く使いにくいためです。

そのため、PCで左右に並べて配置したコンテンツをモバイルでは縦に並べて配置する、というのがレスポンシブデザインにおいて多用されるオーソドックスな手法です。

画面の縦横比で異なるレイアウト

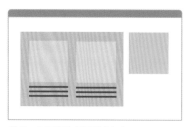

横長のPC画面に最適化された
横並びのレイアウト

縦長のモバイル端末では
縦に並べて表示する

■ ナビゲーションを格納するハンバーガーメニュー

モバイル用レイアウトでは、PC版に比べて表示できる領域が限られているため、要素をできるだけコンパクトにまとめる必要があります。しかし、ナビゲーションのようなユーザーが操作する要素に関しては、小さくするとタップしにくいなど、操作性に悪影響が出てしまいます。

そこでよく使用されるのが「ハンバーガーメニュー」です。メニューアイコンをタップすると、隠れていたナビゲーションが画面を覆うように大きく表示され、その中の項目をタップすることで目的のページに移動します。この方法であれば、限られたスペースの中でも操作性を損なうことなくナビゲーションを配置できるため、多くのサイトがモバイル用レイアウトでハンバーガーメニューを採用しています。

1 ◀◀

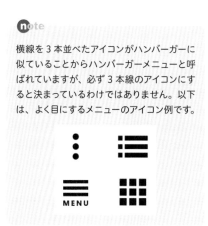

note

横線を3本並べたアイコンがハンバーガーに
似ていることからハンバーガーメニューと呼
ばれていますが、必ず3本線のアイコンにす
ると決まっているわけではありません。以下
は、よく目にするメニューのアイコン例です。

ここをタップすると

ナビゲーションメニューが表示される

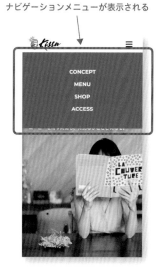

■ 画面から飛び出して横スクロールするレイアウト

また、狭い画面の中に収めるのではなく、画面から
飛び出してコンテンツを配置し、横スクロールで表
示するという方法もあります。マウスではなく指で
操作するモバイル端末では、横向きのスクロールも
それほど苦になりません。少ない領域で多くのコン

テンツを並べることができるため、動画サービスや
メディアサイトなど、情報量が多く回遊性を持たせ
たいウェブサイトで、横スクロールがよく採用され
ています。

note

回遊性

情報量の多いサイトでは、サイト内の他のページへ移動し
やすくすることが重要です。ユーザーがどれだけのページ
を閲覧したかを測る指標を「回遊性」といいますが、こ
の回遊性を高める手段として横スクロールが使われること
があります。
例えば、動画サービス大手の「Netflix」のサイトでは、
膨大な動画のリストをストレスなく閲覧できるように、多
くのページで横スクロールが採用されています。

**縦スクロールのみの
レイアウト**

**横スクロールを
併用したレイアウト**

この部分は画面外に配置され
横にスクロールをすることで
表示される

1-5 ウェブデザインで 知っておくべきこと

ウェブサイトで使用される文字デザインの基本的な知識や、色の指定の方法、使用する単位やレイアウトの概念など、ウェブ制作者にはさまざまな知識が求められます。ここでは、ウェブ制作者に必要な基本的な知識について確認します。

1 文字やテキストについて

まず、ウェブページを構成するもっとも基本的な要素である、文字についてです。文字は、見出しやコピー、本文、メニューなどのあらゆる場所で使用され、掲載する目的によって大きさや色を変える必要があります。例えば、キャッチコピーは大きく目立つ色で表示する、本文は読みやすいサイズで行間に

ゆとりを持たせるなど、文字が持つ役割に応じた設定をします。

文字にはサイズや色だけでなく「フォント」という概念があります。フォントは文字の見た目のことで、書体と呼ばれることもあります。

同じ「南の島へ行こう。」というキャッチコピーでも、文字の大きさや太さによってずいぶん印象が違う。
コンテンツをどのように見せたいかで使い分ける必要がある。

■明朝体とゴシック体

和文フォントには大きく分けて「明朝体」と「ゴシック体」の2種類があります。明朝体には「ウロコ」と呼ばれる装飾があり、「はね」や「はらい」など、筆で書いた文字を再現したようなデザインとなっています。一方ゴシック体には明朝体のような装飾はなく、ほぼ均等な太さの線で構成されています。

■セリフ体とサンセリフ体

欧文フォントでは、明朝体のように線端に装飾があるフォントを「セリフ体」、ゴシック体のようにほぼ均一の線で構成されるフォントを「サンセリフ体」と呼びます。どちらのフォントを選ぶかによってウェブサイトの印象は大きく変わりますので、伝えたいイメージに合わせて適切なフォントを選ぶようにしましょう。

和文

ウロコという
装飾がある

ウロコがない

欧文

セリフという
装飾がある

セリフがない

明朝体
「はね」や「はらい」など筆で
書いた文字を再現している

ゴシック体
装飾がなく、ほぼ均一な太さの
線で文字が構成されている

セリフ体

サンセリフ体

■ 行間によって読みやすさが変わる

文字を掲載する際に気を配りたいのが行間の設定です。行間とは文字どおり、行と行のあいだのスペースのことで、行間によって可読性は大きく変わります。例えば、行間が詰まった（狭い）文章は圧迫感があり読みにくく、逆に空きすぎ（広い）てしまっても間延びした印象になります。文字のサイズや文章量によって読みやすい行間の設定は異なりますが、本文であれば、1文字のサイズの半分程度の行間に設定すると読みやすい文章になります。

行間が詰まった文章

親譲りの無鉄砲で小供の時から損ばかりしている。小学校に居る時分学校の二階から飛び降りて一週間ほど腰を抜かした事がある。なぜそんな無闇をしたと聞く人があるかも知れぬ。別段深い理由でもない。新築の二階から首を出していたら、同級生の一人が冗談に、いくら威張っても、そこから飛び降りる事は出来まい。弱虫やーい。と囃したからである。小使に負ぶさって帰って来た時、おやじが大きな眼をして二階ぐらいから飛び降りて腰を抜かす奴があるかと云ったから、この次は抜かさずに飛んで見せますと答えた。（青空文庫より）

行間を適度に空けた文章

親譲りの無鉄砲で小供の時から損ばかりしている。小学校に居る時分学校の二階から飛び降りて一週間ほど腰を抜かした事がある。なぜそんな無闇をしたと聞く人があるかも知れぬ。別段深い理由でもない。新築の二階から首を出していたら、同級生の一人が冗談に、いくら威張っても、そこから飛び降りる事は出来まい。弱虫やーい。と囃したからである。小使に負ぶさって帰って来た時、おやじが大きな眼をして二階ぐらいから飛び降りて腰を抜かす奴があるかと云ったから、この次は抜かさずに飛んで見せますと答えた。（青空文庫より）

2　ウェブで使用するフォントについて

フォントについて大まかに理解できたら、次はウェブで使用するフォントについて理解を深めていきましょう。

ウェブページ上で文字をどの種類のフォントで表示するかは、CSSで指定します。ページ全体でゴシック体or明朝体、セリフ体orサンセリフ体どちらのフォントで表示するかという指定や、「特定の場所だけ別のフォントで表示する」という指定も可能です。

■ コンピュータがフォントを表示するしくみ

フォントにはゴシック体or明朝体という分類だけでなく、非常に多くの種類があります。和文フォントだけでも数千種類、欧文も含めると数え切れないほどの種類がありますが、そのすべてをウェブページ上で自由に使用できるかというとそうではありません。

これにはコンピュータがフォントを表示するしくみが関係しています。

普段ワープロソフトなどで何気なく
フォントを使用していますが、ある
フォントを使用するにはそのフォント
データが閲覧する端末にインストール
されている必要があります。CSSを
使用して「この文章をAというフォン
トで表示しなさい」という指示を出し
ても、閲覧者のコンピュータにAとい
うフォントがインストールされていな
ければ、ウェブブラウザで表示するこ
とができないのです。その場合、代替
フォントで表示されます。

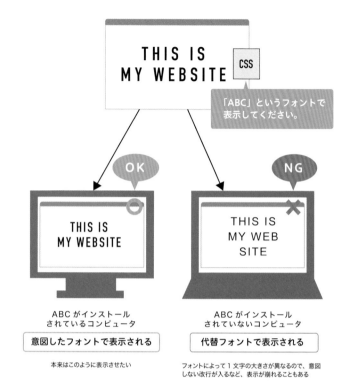

ABC がインストール
されているコンピュータ

意図したフォントで表示される

本来はこのように表示させたい

ABC がインストール
されていないコンピュータ

代替フォントで表示される

フォントによって 1 文字の大きさが異なるので、意図
しない改行が入るなど、表示が崩れることもある

PC やスマートフォン、タブレットなどに指
定したフォントがインストールされていな
い場合、代替フォントが使用されますが、
デザイナーが意図しない表示となります。

■ ユーザーの環境によってフォントの種類が異なる

不特定多数の人が閲覧するウェブサイトという媒体
の特性上、閲覧環境も人によってさまざまです。わ
かりやすい例では、PCとスマートフォンではイン
ストールされているフォントが異なるため、同じ
ウェブサイトを表示しても別のフォントで表示され
ることがあります。

■ グラフィカルな見出しには画像を使う

しかし、特殊なフォントを使用したグラフィカルな
見出しや、どうしても使いたいフォントがある場合
など、閲覧者の環境に左右されず同じフォントで表
示させたい場合もあります。こういったときはCSS
でなく、画像を使用します。Adobe Illustratorなど
のグラフィックソフトで見出しの画像を作成して掲
載するという方法が一般的です。
ただし、画像を使った見出しにはデメリットもあり

ます。テキストのみの見出しに比べてコードが複雑
になり、画像ファイルを読み込む必要もあるため、
ウェブサイトの表示速度が遅くなります。

画像を使用せず、できるだけシンプルにグラフィカ
ルなフォントを使いたいというのは、多くのウェブ
制作者にとっての念願でしたが、それを解決したの
が次に紹介する「ウェブフォント」です。

どうしても使いたいフォントがある場合などは、
画像ファイルを作成して配置する

画像ファイル

3　PCとスマホで同じ表示になるウェブフォント

■ ウェブフォントのしくみ

ウェブフォントとは、ウェブサイトのデータと一緒に
フォントデータを同梱するか、インターネット上にある
フォントデータを参照するという方法で、閲覧者の環境
に一時的にフォントデータを読み込ませ、表示させる技
術です。これによってウェブ制作者は閲覧者の環境に依
存せず「どのフォントで表示するか」を正確に指定でき
るようになりました。

一般的にフォントデータはデータサイズが大きいので、読
み込むのに時間がかかりますが、コンピュータやモバイ
ル端末のスペックが向上したことと、インターネット回線
の高速化によって可能になった技術と言えるでしょう。

■ 日本語ウェブサイトでのウェブフォント使用時の
注意点

和文フォントでは少し問題もあります。和文は欧文に比べ
て文字数が多いため、そのぶんデータも大きくなります。
基本的にアルファベットと数字、記号で構成される欧文
と違い、和文はひらがな・カタカナだけでなく、膨大な
数の漢字のデータが必要です。例えばある和文フォント
のデータには約30,000字の文字情報が入っています。
回線速度が速くなったとはいえ、これを読み込むにはど
うしても時間がかかり、フォントが適用されるまでにタ
イムラグがあったり、ウェブページの表示そのものが遅
くなってしまう、というデメリットがあることは覚えて
おきましょう。

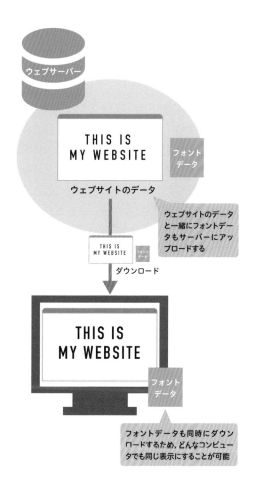

4 文字コードについて理解しよう

コンピュータ上にあるデータはすべて数字に変換することができますが、文字も例外ではなく、ひとつひとつの文字にはそれぞれ数字が割り当てられています。どの文字にどの数字を割り当てるかを規定したものを「文字コード」といい、ウェブサイトを制作する際には文字コードを理解する必要があります。この文字コードには「Shift-JIS」「EUC-JP」などさまざまな種類があり、最近の日本語のウェブサイトは「UTF-8」という文字コードが主流となっています。

文字コードの指定が間違っていると文字化けして表示されることがある

■ 標準的なコードは「UTF-8」

日本語や英語、中国語など、世界中にはさまざまな言語がありますが、各言語にはこれまで各国独自の文字コードを使用していたため、文字化けなどの問題がありました。近年ではこれを統一しようという動きがあり、世界中の文字を一括して登録すること

を目標にしたものが「Unicode」です。UTF-8はこのUnicodeの一種なので、これから新規にウェブサイトを作成する場合はUTF-8を選択するのがよいでしょう。

5 色と色選びのきほん知識

ウェブページをデザインする際、どのような色を使うかによって印象は大きく変わります。信号を思い浮かべてもらえればわかりますが、色は人間の本能や感情と強く結びついています。

■ カラー設計とサイトの使いやすさの関係

例えば企業サイトのデザインで使用するボタンの色について、こんな実験結果があります。赤や青、緑など、複数の色のボタンを同じウェブサイトに設置して、どの色が一番クリックされたかを検証したところ、色によってクリック率に明らかな違いがあっ

たそうです。業種によって違いもあるので一概にどの色がいい、ということではありませんが、この結果からもわかるように、色の設計はウェブサイトの使いやすさに大きな影響を与えます。

■ アクセシビリティへの配慮も大切

また、色を選択するときに、アクセシビリティへの配慮も忘れてはいけません。特に重要なのはコントラストです。コントラストとは明度（明るさ）や彩度（鮮やかさ）の落差のことで、この落差が大きいほどコントラストは強くなります。また、色相（色の組み合わせ）によってもコントラストが生まれます。異なる色を円形に並べた色相環というチャートで、遠くにある色ほどコントラストが強い組み合わせになります。

例えばボタンなどをデザインする際、わかりやすく押しやすい＝アクセシビリティに優れたデザインにするにはコントラストを強くする必要があります。単に好みやイメージで色を選択するのではなく、こうしたさまざまな検討材料を元に、色の設計をするようにしましょう。

明度によるコントラスト

暗い　←　明るい

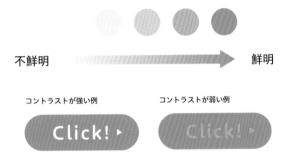

コントラストが強い例　こんにちは　コントラストが弱い例　こんにちは

明度の落差が大きい＝コントラストが強いほど読みやすい

彩度によるコントラスト

不鮮明　→　鮮明

コントラストが強い例　Click! ▸　コントラストが弱い例　Click! ▸

彩度の落差が大きい＝コントラストが強いほど読みやすい

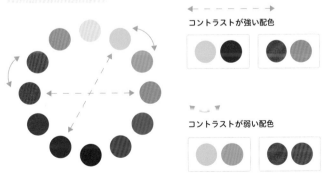

色相によるコントラスト

コントラストが強い配色

コントラストが弱い配色

離れている色ほどコントラストが強く、近い色ほどコントラストが弱い

■色の指定について

ウェブサイトで扱う色は、液晶画面から発せられる「Red（赤）・Green（緑）・Blue（青）」の3色の光を組み合わせることで表現します。この色指定の方法をそれぞれの頭文字をとって「RGB」といいます。RGBそれぞれの割合を0〜255までの256段階で指定し、あらゆる色を表現します。ウェブデザインではおもに、このRGBを16進数に置き換えて6桁の文字列にした「Hex値」と言われるカラーコードを使用します。本書でもHex値を使って解説します。

また、RGBにAlpha（透明度）が加わったRGBAという指定方法もあります。半透明の背景などを作成したいときはRGBAで指定します。

RGBカラーモデル

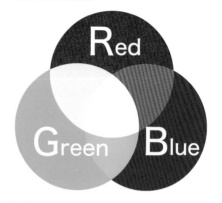

Red、Green、Blue の3色を組み合わせて、それぞれの割合を調整することで、さまざまな色を表現することができる

note

CSS3 では HSLA という指定方法も導入されています。色相・彩度・明度・透明の4つの項目で指定することができ、より細かな色表現が可能になります。

COLUMN

色選びを手助けしてくれるカラーパレットツール

色の扱いに慣れるまでは、どういった配色がバランスが良いのか判断するのは難しいものです。そういったときに利用したいのが、さまざまな色の組み合わせを掲載しているカラーパレットツールです。中でもAdobeが提供している「Adobe Color CC」は、「自然」「黄色」「海」など自由なキーワードでカラーパレットを検索でき、写真から色を抽出したり、ジャンル別のトレンドが掲載されているなど、多彩な機能を備えているおすすめのツールです。

Adobe Color CC
https://color.adobe.com/ja/

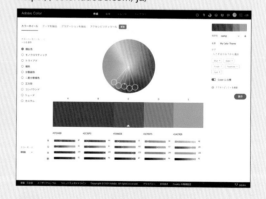

また日本の伝統色に特化したウェブサイト「NIPPON COLORS」や、表示された色に対して好き（Like）か嫌い（Dislike）を選択するだけで、自動的にカラーパレットを作成してくれる「PALETTABLE」もおすすめです。

NIPPON COLORS
https://nipponcolors.com/

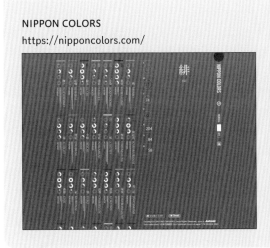

PALETTABLE
https://www.palettable.io/

6　ウェブデザインで使用する単位

ウェブサイトでは、さまざまな単位を使用して各要素の大きさを指定します。

■ サイズ指定の定番単位「px」

もっともよく使用されるのが「px(ピクセル)」です。ピクセルはスクリーンの1
ピクセルの長さを1とした単位で、大きさをきっちりと揃えることができます。

■ px以外の単位

他に「%(パーセント)」「em」「rem」「vw」
「vh」などがあります。これらはブラウザ
の大きさや他の要素のサイズとの関係に
よって算出される相対的なサイズ指定方法
です。表示される端末に応じて柔軟にサイ
ズを変化させたいレスポンシブデザインに
おいては、%などの相対的な単位が使用さ
れることが多いです。

ある要素の幅を別の単位で指定した比較

px による指定で 300px と指定した場合
ブラウザの横幅（親要素）に関係なく同じサイズで表示される

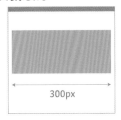

300px　　　300px

% による指定で 70% と指定した場合
ブラウザの横幅（親要素）の大きさに応じて表示サイズが変わる

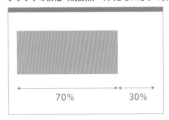

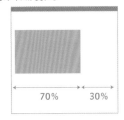

70%　30%　　70%　30%

7　ボックスモデルについて

ウェブデザインをするうえで、必ず理解しておく必要があるのが「ボックスモデル」という概念です。ウェブページを構成する要素は、ボックスと呼ばれる四角形の領域を生成します。各ボックスは、コンテンツエリアの周りにパディング、ボーダー、マージンという周辺領域を持たせることができます。コンテンツ自体の高さをheight（ハイト）、幅のことをwidth（ウィドゥス）といい、内側の余白のことをpadding（パディング）、枠線のことをborder（ボーダー）、外側の余白のことをmargin（マージン）といいます。これらの値はCSSで自由に設定することができます。

ボックスモデルの概念図

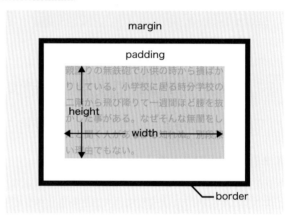

以上のようにウェブ制作者にはさまざまな知識が求められます。その中には、普遍的なものもあれば、日進月歩で進化していくもの、その時々のトレンドなどもあります。アンテナを張り巡らせ、常に情報をアップデートすることを怠らないようにしましょう。

Ⓒ OLUMN

ユニバーサルデザインとアクセシビリティ

デザインをするうえでの重要な考え方のひとつに「ユニバーサルデザイン」があります。ユニバーサルデザインとは「できるだけ多くの人が利用可能なようにデザインすること」ですが、その観点からも正しい文書構造であることが求められます。例えば視覚に障害を持つ人が使用する音声読み上げブラウザというものがあります。視覚障害者はウェブページの情報を見た目で判断ができないため、ページ内の情報を音声で読み上げて伝えるもので、文書構造が正しくなければ情報を正しく受け取ることができません。

このように、高齢者や障害を持つ人など誰でも支障なく利用できるかどうかを測る尺度を「アクセシビリティ」といい、アクセシビリティに配慮することはウェブサイトを制作するうえで忘れてはならない大切な要素です。

## Chapter 2

サイト制作の前に
準備しておくこと

ウェブサイトの制作をはじめるためには、制作環境を整える必要があります。本章ではOSの設定、制作に使用するテキストエディタやウェブブラウザなどのソフトウェアのインストール手順、それらの基本的な使い方を解説します。後半では、実習で制作するサンプルサイトのデザインや構成を確認し、これから制作するウェブサイトについて把握しておきましょう。

2-1 ▶ 制作環境を整えよう

ウェブサイトの制作をはじめる前に、まずは開発のための環境を整えましょう。この節では、WindowsとMac それぞれでの準備について解説します。

1 ファイルの拡張子を表示する

HTMLファイルもCSSファイルも、文字データだけで構成されたテキストファイルですが、ファイルがどのような文書（種類や形式）であるのかを、コンピュータや人間が判別する必要があります。判別に使用するのが、ファイル名の後ろについた「拡張子」です。HTMLファイルは「.html」、CSSファイルは「.css」という文字列になりますが、拡張子はテキスト形式に限らずすべてのデータファイルにつけられています。

WindowsもMacも、設定によって拡張子が非表示となっている場合があるため、設定を変更して表示されるようにしましょう。

■Windows10 ／ 11の場合
エクスプローラーを起動し［表示］メニューの［ファイル名拡張子］にチェックを入れます。

■macOSの場合
［Finder］メニューの［環境設定...］を実行し、「Finder環境設定」ダイアログの［詳細］タブにある、［すべてのファイル名拡張子を表示］にチェックを入れます。

Windows10で拡張子を表示する

Windows11で拡張子を表示する

［表示］メニューの［表示］＞［ファイル名拡張子］にチェック

Macで拡張子を表示する

2 作業フォルダを作成する

次は作業フォルダの準備です。コードを書きはじめる前に、ファイルの置き場となるディレクトリを作成します。

本書ではこのディレクトリを「作業フォルダ」と呼びます。任意の場所でかまいませんが、本書ではWindowsは「ドキュメント」フォルダ、Macは「書類」フォルダに「kissa」というフォルダを作成し、そこを作業フォルダとします。

note

フォルダとディレクトリの違い

フォルダは書類やファイルを入れる「入れもの」で、フォルダによって作られた領域を「ディレクトリ」と呼びます。実際にはほとんど同じ意味として使われていますが、ウェブサイトの制作においてはディレクトリと呼ぶことが多いです。

STEP 1 kissaフォルダを作成する

Windowsはエクスプローラーで「ドキュメント」フォルダを表示し、Windows10では［ホーム］メニューから［新しいフォルダー］を、Windows11では［新規作成］メニューの［フォルダー］を実行、Macでは「書類」フォルダで［ファイル］メニューの［新規フォルダ］を実行して「kissa」フォルダを作成します。

note

フォルダ名を小文字にする訳は？

ディレクトリ名はそのままURLとして使用される場合も多いので、「kissa」のように小文字にするのが一般的です。

STEP 2 3つのフォルダを作成してファイルをコピーする

Windows、Macともに「kissa」フォルダの中に、「images」「css」「js」フォルダを作成します。作成した「images」フォルダと「js」フォルダには、ダウンロードした実習ファイルの「学習素材」フォルダ内にあるimagesフォルダ、jsフォルダのなかみをすべてコピーします。

ディレクトリ構造は右のようになります。

note

imagesフォルダは制作するページごとにフォルダに分かれており、それぞれのページで使用する画像が格納されています。CSSフォルダはこの時点では空（から）のままにしておきます。

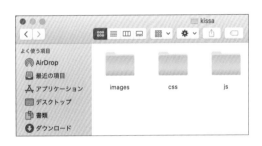

作業フォルダの階層構造

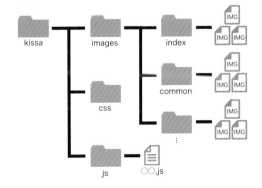

Google Chromeの
インストールと使い方

ウェブサイトを表示するソフト「ウェブブラウザ」は、ウェブサイト制作者にとって切っても切れない存在です。各社からさまざまなウェブブラウザが提供されていますが、本書ではGoogle社の提供するGoogle Chrome（クローム）を使用します。

1 本書で使用するウェブブラウザ

■ 動作や表示を検証するソフト

ウェブサイトを閲覧するために使用するソフトのことをウェブブラウザといいます。ウェブサイトを制作するうえでは、動作検証や表示の確認に使用する重要なソフトです。かつてはInternet Explorerが主流でしたが、現在はさまざまな種類があり、WindowsではMicrosoft Edge、MacではSafariが標準のウェブブラウザとしてインストールされて

います。
本書では動作検証用のウェブブラウザとして「Google Chrome」を使用します。

Microsoft Edge　　Safari　　Google Chrome

■ Google Chromeとは

Google ChromeはGoogle社から提供されているウェブブラウザで、WindowsとMacの両方に対応しています。一度インストールすれば自動でアップデートをしてくれるので常に最新の状態を維持でき

ます。ウェブ制作者にとっては、デベロッパーツールという開発者向けの機能が非常に便利で、要素の検証（P.50）やスマートフォン表示の確認など、制作に役立つ機能が豊富に搭載されています。

2 Chromeをインストールしよう

STEP 1

インストーラーをダウンロードする

オフィシャルサイトでインストーラーをダウンロードします。

```
https://www.google.com/intl/
ja_ALL/chrome/
```

Macの場合は表示されるダイアログで、使用しているプロセッサを選択します。

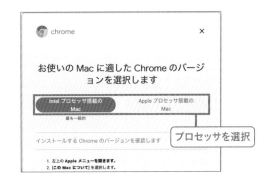

STEP 2

ダウンロードファイルを実行する

ダウンロードしたファイルをダブルクリックして、インストーラーの指示に従いインストールを進めます。

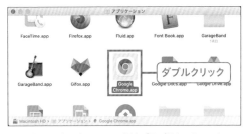

STEP 3

起動のしかた

インストールが完了したら、Google Chromeを起動してみましょう。Windows10はWindowsメニュー、Windows11は［すべてのアプリ］から[Google Chrome]をクリック、MacはGoogle Chromeのアイコンをダブルクリックします。

Macで起動

MacはGoogle Chromeアプリを「アプリケーション」フォルダに移動しておくと便利

Windows10で起動

Windows11で起動

3　コーダー流Chromeの利用のしかた

ウェブ制作者にとってGoogle Chromeがおすすめである大きな理由のひとつに、開発者向けの高機能なツールである「デベロッパーツール」があります。デベロッパーツールを使えば、制作中のページの表示の確認はもちろん、例えばYahoo!のような有名なウェブサイトのコードを見ることもできます。

デベロッパーツールでは、CSSを仮想的に書き換えて表示を確認することもできるため、「ここの文字の色を変えるとデザインの印象はどう変わるだろう？」「余白を広げたら表示が崩れるだろうか」というような検証作業がウェブブラウザだけで可能になります。

ブラウザ画面の右側（表示サイズによっては下部）にデベロッパーツールが表示される

右の図は、見出しを赤字のゴシック書体にしてみたところです。デベロッパーツールでの操作は、公開されているサイトに影響はなく、あくまでブラウザ上で一時的に表示を確認するために使用します。

このように、コーディングをする際に便利な機能を標準で備えているChromeは、多くのコーダーからの支持を集めています。

コンテキストメニュー
Windows はマウスの右ボタンをクリック、Mac では［control］を押しながらマウスをクリックすると現れるメニューです。

ウェブサイト上で右クリックし、コンテキストメニューから［検証］をクリック

ウェブページ内の要素を選択すると、適用されているCSSを確認できる

コードを書き換えて、仮想的に表示を変更することが可能

2-3 Visual Studio Codeの インストールと使い方

ウェブサイトを作成する際にもっとも重要なソフトが、コーディングに使用する「テキストエディタ」です。本書で使用する「VS Code」のインストールや基本的な使用方法、制作効率を高めるための環境設定について解説します。

1 Visual Studio Codeとは

■ コーディングのためのテキストエディタ

HTMLやCSSのファイルは、文字データだけで構成されているため「テキストファイル」と呼ばれており、コーディングには「テキストエディタ」というソフトを使用します。パソコンにはじめから入っているメモ帳などもこれにあたり、実際にメモ帳だけでコーディングをすることも可能です。

しかし、HTMLやCSSなどのコーディングに最適化された高機能なテキストエディタのほうが、より簡単にコーディングを行うことができます。いろいろなテキストエディタがありますが、本書ではMicrosoft社から提供されている「Visual Studio Code」（通称「VS Code」）を使用します。

■ コーダーが使いやすいエディタ

VS CodeはWindows、macOS、Linuxに対応しています。今回制作するサンプルサイトのようなシンプルなウェブサイトの制作はもちろん、複数人が関わる大規模なサイトの制作やアプリ開発などにも使用できる本格仕様で、JavaScriptやPHPなど（P.19）のプログラミング言語にも対応しているため、多く

の制作現場で使用されています。

無償で利用できるという手軽さや、用途に合わせてさまざまな拡張機能を追加できる点など、初心者ばかりでなく中・上級者にとっても使いやすいテキストエディタといえます。

Code.exe

2　VS Codeをインストールしよう

STEP 1　インストーラをダウンロードする

オフィシャルサイトからインストーラーをダウンロードします。

```
https://code.visualstudio.com/
download
```

アイコンの下にある、OS名が書かれたボタンをクリックしてダウンロードします。ボタンの下には、Windowsの場合はシステムの種類ごとに、Macの場合はプロセッサのバージョンごとにインストーラーが用意されているので、自身のPCのシステムに合わせて選択してもかまいません。

note

オフィシャルサイトは英語で記載されているため、英語に不安がある人は Google Chrome のアドレスバーにある「このページを翻訳」をクリックして翻訳するとよいでしょう。

STEP 2　ダウンロードファイルを実行する

ダウンロードしたファイルをダブルクリックして、インストーラーの指示に従いインストールを進めます。

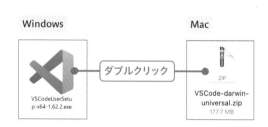

STEP 3　起動のしかた

インストールが完了したら、VS Codeを起動してみましょう。Windows10はWindowsメニューの［Visual Studio Code］フォルダ内、Windows11は［すべてのアプリ］の［Visual Studio Code］をクリックして起動します。
Macは「Visual Studio Code.app」アイコンをダブルクリックして起動します。

MacはVisual Studio Codeアプリを「アプリケーション」フォルダに移動しておくと便利

Windows、MacともWelcomeページが表示されればインストール完了です。

3　VS Codeを日本語化しよう

このままでも使用できますが、使いやすくするために表示を英語から日本語に変更します。

STEP 1　言語パックをインストールする

画面右下に、言語を日本語化するためのポップアップメニューが表示されているので、［インストールして再起動］をクリックします。

note

ポップアップメニューが表示されていない場合は、右下にある鈴のアイコンをクリックすると表示されます。

STEP 2　再起動後に日本語表示

自動でVS Codeが再起動され、日本語化された状態で開きます。これで使いやすくなりました。

note

フォルダの読み込み直しを行った際など、稀に英語表記に戻ってしまうことがあります。そういったときはVS Codeを再起動すると日本語表記に戻ります。

4 VS Codeの基本的な使い方を覚えよう

インストールが完了したらVS Codeの基本的な使い方を習得しましょう。まずは作業フォルダの選択とファイルの作成、保存方法です。

STEP 1

作業フォルダを設定する

左上にある青いボタン［フォルダーを開く］をクリックし、P.47で作成したフォルダ「kissa」を選択します。

「このフォルダー内のファイルの作成者を信頼しますか？」という確認画面が表示されるので、内容を確認して［はい、作成者を信頼します］をクリックします。

VS Codeの左側のエクスプローラー欄の［KISSA］を選択すると、作業フォルダの中身が表示されます。

note

エクスプローラーに表示されるフォルダ名が大文字になっていますが、VS Code の仕様によるもので問題はありません。気にせず進めてください。

「kissa」フォルダの中にある「css」「images」「js」フォルダが表示される

STEP 2 HTMLファイルを作成する

作業フォルダが設定できたら、HTMLファイルを作成してみます。メニューバーの[ファイル]→[新規ファイル]をクリックすると、「Untitled-1」というファイルが作成されます。

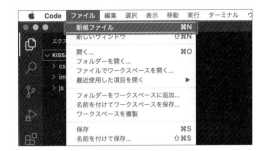

STEP 3 HTMLファイルを保存する

作成できたらメニューバーの[ファイル]→[名前を付けて保存...]をクリックします。保存場所は作業フォルダ（kissa）を選び、Mac版は[Format]／Windows版は[ファイルの種類]で「HTML」を選択したのち、ファイル名を「sample.html」として保存します。

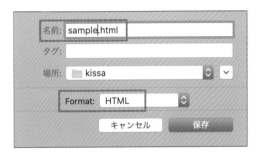

左側のエクスプローラー欄にsample.htmlというファイルが追加されていれば、HTMLファイルの作成は完了です。

---

note

本書の解説内の設定について

本書では紙面での解説を見やすくするため、VS Codeの設定を図のとおりにしています。なお、インデント（字下げ）は初期設定のままが見やすい場合もありますので、無理に設定を揃える必要はありません。

インデントの設定を「スペース：2」に設定

インデント（Tab Size）の設定方法についてはP.90を参照

コードの「右端での折り返し」表示を有効化

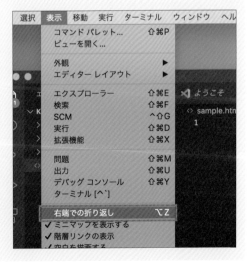

5　VS Codeの効率的な入力の方法

コーディングを覚えていくと、いかに効率的にコードを書いていくかが重要になってきます。VS Codeにはコーディングを効率化してくれる入力補助機能があります。HTMLでは「タグ」と呼ばれるコードを使用しますが、このタグを入力する際に頭文字を打ち込むだけで、該当するタグの一覧を表示してくれます。

例えば、<body>というタグを入力する際、「<b」までタイプすると、bからはじまるタグの一覧が表示されます。一覧の中からbodyを選択すれば、自動的にbodyと書き込まれます。スマートフォンで文字を入力する際の、予測変換のようなものをイメージするとわかりやすいでしょう。

これに続けて「>」と入力すれば、終了タグなどの必要なコードが自動的に書き込まれ、タグ入力の手間が大幅に軽減されます。

ここでもうひとつ便利なのが、自動インデント（字下げ）機能です。終了タグが入力された状態でEnterキー（改行）を押すと、自動でインデントが行われスムーズに次の記述をはじめることができます。

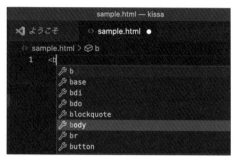

タグの頭文字をタイプすると、入力候補が表示され、

候補からタグを選択して閉じ括弧を入力すると、必要なコードが自動入力される

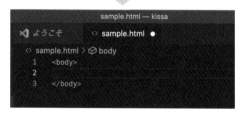

改行すると空行（図では2行め）が作成され、自動的に字下げされて入力できるようになる

COLUMN

きほん＆応用のショートカット

■ **ファイルの保存**
Mac : Cmd + S、Win : Ctrl + S
Live Server 機能でプレビューするために頻繁に保存するので、覚えておくと便利。

■ **選択行をコメントアウト**
Mac : Cmd + /、Win : Ctrl + /
選択した行をコメントアウトできる。HTML（P.92）でもCSS（P.124）でも同様の操作でOK。

■ **同じ文字列を複数選択**
Mac : Cmd + D、Win : Ctrl + D
ファイル内の同じ文字列を複数選択できる。

■ **作業フォルダ全体を置換**
Mac : Shift + Cmd + H、Win : Ctrl + Shift + H
ファイル単位でなく、作業フォルダ全体で一括置換が可能なため、例えば店舗名を変更する際など、複数ページに渡って一斉に操作でき便利。

COLUMN

記述ミスを教えてくれる構文チェック機能

HTMLやCSSの学習をはじめたばかりの人が必ず一度は経験するのが、コードの書き間違いやスペルミスです。単純に英語のスペルが間違っていたり、全角スペースが入っていたりしてウェブページが正しく表示されず、その原因解明に何時間もかかってしまった、というケースは多いものです。

そういった事態を避けるためにおすすめなのが、拡張機能のインストールです。VS Codeはカスタマイズ性が高く、さまざまな機能を追加することができます。ここでは、記述ミスを教えてくれる「構文チェック機能」のインストール方法を紹介します。

■**HTMLの構文チェック機能をインストールする**
まずはHTMLの構文チェックツールです。「HTMLHint」は、記述が間違っている箇所に波線を引いてエラーを表示してくれます（下図を参照）。

VS Codeの画面左側の「拡張機能」アイコンをクリックします。ここからさまざまな機能をインストールすることができます。

メニューの検索バーに「HTMLHint」と入力します。HTMLHintが表示されたら［インストール］をクリックします。これでインストールは完了です。

■**CSSの構文チェック機能をインストールする**
次はCSSです。CSSの構文チェックには「CSSTree validator」を使用します。HTMLHintと同じく、記述が間違っている箇所に波線を引いて教えてくれるツールです（下図を参照）。

「拡張機能」メニューの検索バーに「CSSTree validator」と入力します。CSSTree validatorが表示されたら［インストール］をクリックします。これでインストールは完了です。

HTMLのエラー表示

CSSのエラー表示

2-4 入力したコードを ブラウザで確認する方法

続いて、VS Codeで記述したコードの内容をブラウザで確認する方法を解説します。本書で学習を進めるサンプルサイトも、この方法で表示を確認しながらコードを記述していきます。

1 ライブプレビュー機能のインストールと表示

コーディングの学習を進めていく際に、コードだけを見て記述が正しいかどうかを確認するのは困難なため、通常はブラウザを立ち上げて表示を確認しながら作業を進めていきます。しかし、確認のたびにブラウザ表示を更新するのはとても面倒です。「Live Server」という拡張機能を利用してページのリロード表示を自動化します。

 STEP 1 拡張機能を検索する

左側の「拡張機能」アイコンをクリックし、検索バーに「Live Server」と入力します。「Live Server」という項目が表示されたら[インストール]をクリックします。

右下に「Go Live」という表示が追加されていればインストールは完了です。簡単なHTMLを記述してプレビュー機能を確認してみましょう。

「Live Server」と入力して
クリック

> **note**
> P.58で解説した[フォルダーを開く]を実行していないと、「Go Live」は表示されません。

STEP 2 ダウンロードファイルから HTMLコードをコピーする

「学習素材」フォルダの中の「text」フォルダにある「sample.txt」を開くとHTMLコードが書かれているので、その内容をP.55で作成した「sample.html」にコピーします。コードの内容はここではまだ理解する必要はないので安心してください。

```
<> sample.html ●
css > <> sample.html > ⊘ html
 1  <!DOCTYPE html>
 2  <html lang="ja">
 3
 4  <head>
 5      <meta charset="UTF-8">
 6      <title>拡張機能テスト</title>
 7  </head>
 8
 9  <body>
10      <h1>拡張機能をテストします。</h1>
11      <p>ブラウザで表示を確認します。</p>
12  </body>
13
14  </html>
```

「sample.txt」の中身をすべてコピー＆ペーストする

STEP 3

プレビュー機能を確認する

コードがコピーできたらエディタ画面の右下にある［Go Live］をクリックします。すると自動でブラウザが立ち上がります。

ote

Live Server では、既定のブラウザに設定してあるブラウザが起動します。Google Chrome を既定のブラウザに設定しておきましょう。

STEP 4

コードを編集してみる

ブラウザを表示したままVS Codeの画面に戻り、HTMLの内容を編集してみましょう。10行目の「拡張機能をテストします。」と書かれている箇所を「拡張機能が正常に動作するかテストします。」と書き換えてみましょう。

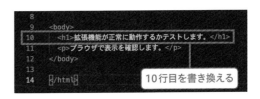

STEP 5

保存してブラウザを確認する

コードを書き換えたら［ファイル］メニューから［保存］をクリックします。すると、ブラウザが自動で更新され、ブラウザ側の表示も「拡張機能が正常に動作するかテストします。」に変わります。このように、ファイルを編集し保存すると自動でブラウザがリロード表示されるため、効率よく学習ができるようになります。

ote

Live Server は作業フォルダを選択していないと動作しません。P.58 で解説したとおり、必ず作業フォルダ「kissa」を選択した状態で使用しましょう。
また、一旦学習を中断するときなどに VS Code を終了すると、ブラウザ側ではプレビューされなくなります。再開するには［Go Live］を再度クリックします。［Go Live］が表示されていない場合は、同じ場所に［Port: 5500］などの記載があるので、そこをクリックすると［Go Live］が再び表示されます。

2 モバイル表示の確認をする

続いてモバイルでの表示を確認する方法を解説します。モバイル用レイアウトの確認はChromeのデベロッパーツール（P.50）を使用します。

（P.50）

STEP 1 デベロッパーツールを起動する

Chromeの画面上で右クリックし、［検証］をクリックします。デベロッパーツールが立ち上がるので、 アイコンをクリックします。

STEP 2 モバイル表示に切り替える

するとChromeの画面が切り替わり、スマートフォンで閲覧したときの表示が擬似的に再現されます。モバイル用のコードを記述する際は、このようにブラウザをモバイル表示モードに切り替えて確認します。

STEP 3 プレビュー表示の機種を指定する

［Dimensions:Responsive］と書かれたメニューをクリックすると、代表的なスマートフォンやタブレットのサイズが再現できるようになっています。本書では学習用のプレビュー表示を統一するため、［iPhone SE］に設定しましょう。

これで「iPhone SE」での表示が擬似的に再現されます。

2-5 実習用サンプルサイトを見てみよう

開発環境やソフトウェアの準備が整ったら、サイト制作の実習に入る前に、本書で制作するサンプルサイトのページ構成やデザイン、リンク関係などを確認しましょう。

1 サンプルサイトの概要

本書で制作するサンプルサイトは「KISSA」という架空のカフェのウェブサイトです。お店で出すコーヒーを自家農園で栽培しており、オーナーがセレクトしたガーデニング用品を販売しているという設定で、外部のECサイトにリンクするオンラインショップのページも用意してあります。

学べるレイアウトとしては、フルスクリーン、フレックスボックスレイアウト、シングルカラム、グリッドレイアウト、2カラムレイアウトの5パターンを用意し、ウェブサイト全体を制作し終わると、この5つのレイアウトパターンが学べるしくみになっています。また、すべてのページでスマートフォンに対応したレスポンシブデザインでの制作方法を解説します。

2 全6ページのウェブサイト

まずはウェブサイトの構成から見ていきましょう。ウェブサイトの入口となる「Top（index）」ページから始まり、お店のコンセプトを紹介する「Concept」、店頭のメニューを掲載する「Menu」、商品を販売する「Shop」と各商品の詳細ページである「Shop-Detail」、最後にお店の地図と問い合わせフォームを掲載する「Access」の全6ページ構成となっています。

本書サンプルサイトの構成

■完成サイトをブラウザで確認する

ダウンロードファイル内の「完成サイト」フォルダに、完成済みのデータを同梱していますので、制作の途中で迷ったら自身で入力されたコードと見比べて修正点を探してみてください。また、同データは

```
https://web-design.camp/books/kissa/
```

にもアップしてありますので、実際にブラウザでご覧いただけます。それぞれのページのモバイル表示も確認しておきましょう。

スマートフォンでの表示はこちらから

ウェブサイトのページ相関図

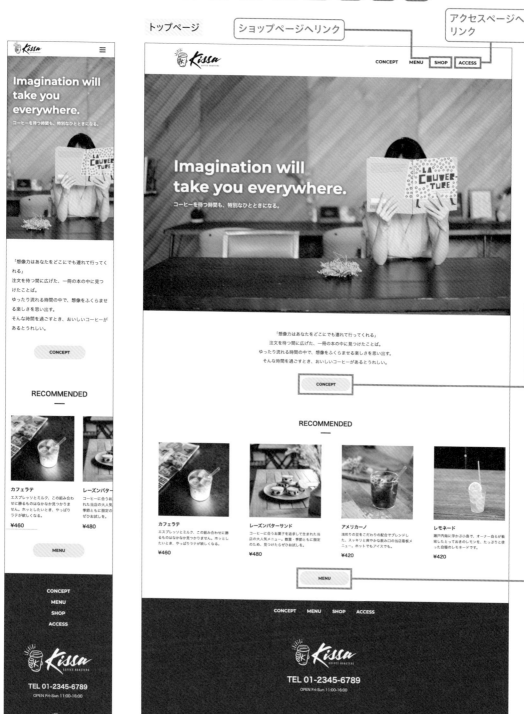

トップページ

ショップページへリンク

アクセスページへリンク

■ ページの相関を確認する

各ページのイメージとリンク関係を確認しましょう。メニューだけでなく、ロゴ画像にもリンクを張って、ウェブサイト内のページを相互につないでいます。6章からのサイト制作ではサンプルサイトの階層だけでなく、ページ同士の関係性を意識しながら学習を進めましょう。

コンセプトページ

お店のロゴから
トップページへリンク

メニューページ

ショップページ（商品一覧ページ）

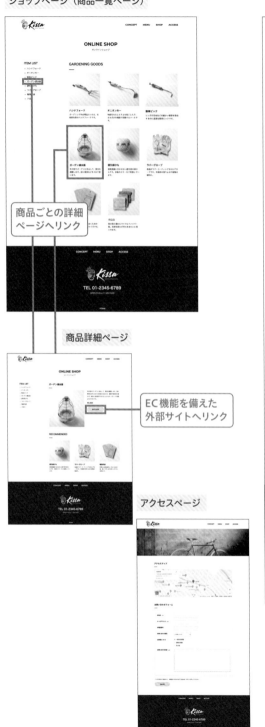

商品ごとの詳細
ページへリンク

商品詳細ページ

EC機能を備えた
外部サイトへリンク

アクセスページ

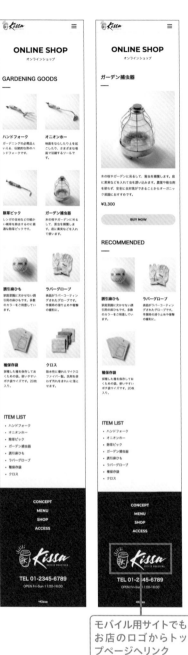

モバイル用サイトでも
お店のロゴからトッ
プページへリンク

## Chapter 3

知っておきたい
HTMLのきほんと
書き方

HTMLの基本的な書き方や、タグ／属性などの言葉の定義、代表的な要素など、実習に入る前に知っておきたい基礎的な知識について学びます。そして、サンプルサイトの骨組みにあたる部分の簡単なコードを書きながら、HTMLの構造やソフトウェアの使い方について理解を深めていきましょう。

3-1 HTMLのきほん知識

必要なソフトのインストールが完了したらいよいよコーディングの学習を開始します。まずはHTMLの基礎や文法、基本的な構造について学んでいきましょう。

1 タグのきほん的な書き方

1章で紹介（P.29）したとおり、HTMLとはテキストに目じるしをつけて文書に構造を与えるための言語です。目じるしをつけたテキストは、それぞれ役割をもった「要素」となり、それらの要素の集合体が1つのウェブページを形成しています。要素には、ヘッダー用の要素であるheader要素や、段落用のp要素などさまざまな種類があり、それらを組み合わせることでウェブページの文書構造や段落ができあがるのです。

開始タグと終了タグで囲まれた1つの塊を「要素」という

`<p> テキスト </p>`

開始タグ　終了タグ

■ HTMLの目じるし「タグ」

HTMLで使用される目じるしのことを「タグ」といいます。タグは「<」と「>」でタグ名を囲って記述し、例えばpタグは「<p>」という書き方になります。タグには開始タグと終了タグがあり、終了タグはタグ名の前に「/」（スラッシュ）をつけます。pタグの場合、終了タグは「</p>」となります。

ほとんどのタグは開始タグと終了タグが対になっており、この2つで挟まれた1つの塊が「要素」になります。ただし、タグの一部には終了タグを省略して記述できるものや、単独で記述するタグもあり、必ず対になっているわけではありません。

終了タグを省略できるタグ

`<li>,<dt>,<dd>,<tr>,<th>,<td> etc...`

単独で記述するタグ

`<img>,<br>,<hr>,<meta> etc...`

■ 要素に細かな設定を与える「属性」

また、タグに「属性」を書き加えることで、要素に細かな設定をすることができます。属性の書き方は、まずタグ名の後ろに半角スペースを空け、「属性名」を入力し

属性名と属性値の2つをセットで「属性」という

`<img src="images/logo.png">`

属性名　属性値

ます。その後ろに「=」（イコール）を続けて入力し、「"」と「"」（ダブルクォーテーション）のあいだに「属性値」を入れます。その際に、属性名と属性値は必ずセットで記述するのがルールです。

2 HTMLの構造は2つの大きな箱に分かれている

■html要素の中に2つの要素が含まれる

タグと属性の基本を覚えたら、次にHTML文書のおおまかな構造を理解しましょう。

HTML文書は大きく分けて「head要素」と「body要素」の2つのエリアに分かれており、その2つを包括しているのが「html要素」です。例えるならば、html要素という大きな箱の中にhead要素とbody要素という箱が入っているイメージです。このように入れ子になっている外側の要素を「親要素」といい、内側の要素を「子要素」といいます。

■コンピュータが参照するhead要素

head要素とbody要素にはそれぞれ別の役割があります。まず、head要素はその文書に関する基本情報を記述する要素です。例えばページのタイトルや文字コード、読み込む関連ファイルの指定などです。これらはおもにウェブブラウザや検索エンジンが文書の概要を把握するために参照します。

■ユーザーが閲覧するbody要素

一方、body要素には本文を記述します。見出しや文章、画像など、普段私たちがウェブブラウザで見ているコンテンツは、基本的にすべてbody要素に記述されています。ブラウザや検索エンジンにとってわかりやすいだけでなく、人間が理解しやすい構造で記述することが重要です。

親要素と子要素の階層

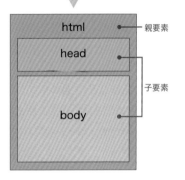

html要素は全体を包む大きな箱でhead要素とbody要素を内包している

HTMLタグ
`<html>`

文書全体の内容を包含する。ルート要素とも呼ばれる。
【属性】lang、manifest

note

関連ファイルには例えば、本書で学習するCSSを記述したcssファイルや、P.19で紹介したjsファイル、phpファイルなどがあります。

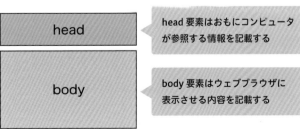

head要素はおもにコンピュータが参照する情報を記載する

body要素はウェブブラウザに表示させる内容を記載する

head要素、body要素それぞれの詳細を見ていきましょう。まずはhead要素からです。

■ 文書の基本情報を記述するhead要素

head要素には、その文書の基本情報を記載します。これは商品のパッケージに記載されているバーコードやJANコードと同じようなものだと考えてください。バーコードは人間が見ても何が書いてあるのか理解できませんが、バーコードスキャナは金額や入荷日、在庫数など、さまざまな情報を読み取ることができます。

これと同じように、ウェブブラウザや検索エンジンはhead要素の内容を読み取り、この文書はどのような言語で書かれていて、何という名前で、どのファイルとリンクしているかなど、文書の基本的な情報を認識します。head要素内の記述は、一部を除きウェブブラウザには表示されないため、ページ利用者の目に触れることはあまりありませんが、ブラウザや検索エンジンにとっては非常に重要な情報です。

そこでまずは、おもにウェブブラウザや検索エンジンに情報を伝えるための要素＝head要素内で使用する代表的な要素を紹介します。

■ ウェブページの仕様情報meta要素

meta要素は文書の仕様に関する情報（メタデータ）を指定するための要素です。属性を使ってさまざまな意味をもたせることができるのが特徴で、ページの概要文やキーワード、作者など、ウェブページに関する幅広い情報を記述できます。また、HTML文書では必ず文字コードを指定する必要がありますが、この指定にもmeta要素を使います。例えば文字コードに「UTF-8」を指定する場合、「charset属性」を使用して次のように記述します。

```
<meta charset="UTF-8">
```

HTMLタグ

\<head\>

文書の基本情報を表す。ブラウザの画面上には表示されない（タイトルを除く）。
【終了タグ】省略可

本のバーコード

HTML文書のhead要素

HTMLタグ

\<meta\>

文書に関するメタデータを指定する。属性によってさまざまな役割を持たせることができる。
【属性】charset HTML文書の文字コードを指定
　　　ほか http-equid、name、content
【終了タグ】なし

note

文字コードについては、「1-5 ウェブデザインで知っておくべきこと」の「文字コードについて理解しよう」（P.40）で解説しています。

■ ウェブページのタイトルtitle要素

title要素は、文字どおり文書のタイトルを指定するための要素です。タイトルはhead要素内のタグとしては例外的に人の目にも触れる要素です。例えばブラウザのタイトル表示エリアや、ブックマーク時のタイトル、検索結果画面やSNSでのシェア時にも表示されます。また、検索エンジンにとっては、そのページの内容がどのようなものなのかを理解するために重要な情報となります。例えば「サンプルページ」というタイトルであれば次のように入力します。

```
<title>サンプルページ</title>
```

> **HTMLタグ**
>
> ### `<title>`
>
> 文書のタイトルを表す。ブラウザのタイトルバーに表示される。
> 【終了タグ】必須

ウェブブラウザのタブに表示されたページタイトル

■ 外部ファイルを読み込ませるlink要素

link要素は、外部ファイルを読み込ませる際に使用します。ウェブサイトは複数のファイルによって構成される（P.19）と説明しましたが、link要素はおもに外部のcssファイルを読み込ませるために使用されるケースが多いです。その際は「rel属性」に「stylesheet」と入力し、「href属性」にCSSファイルが置かれている場所を記載します。例えば、記述するHTML文書と同じディレクトリにある「style.css」という名前のファイルを読み込ませる場合、以下のように入力します。

```
<link rel="stylesheet" href="./style.css">
```

> **HTMLタグ**
>
> ### `<link>`
>
> 文書を別の文書と関連付ける。
> 【属性】rel リンク先のファイルとの関係性を表す
> href リンクする外部ファイルのURLを指定
> 【終了タグ】なし

> **note**
>
> 外部ファイルが別の場所にある場合は、「パス」という記述方法でファイルの場所までのルートを入力しますが、「パス」についてはこの節の後半（P.74）で詳しく解説するので、ここでは省略します。

■ CSSを入力するstyle要素

style要素は文書のスタイル要素、つまりCSSを記載する要素です。CSSは、外部ファイルとしてCSSファイルを用意する以外に、head要素内にも記述することができます。書き方は<style>〜</style>のあいだに次のようにCSSを記述します。

```
<style>
body {
  color: white;
}
</style>
```
ここにCSSを記述

> **HTMLタグ**
>
> ### `<style>`
>
> 文書のスタイル情報を記載する。記述方法は、開始タグと終了タグのあいだに通常どおりのCSSの文法で記述する。
> 【属性】type、media、scoped、title、disable
> 【終了タグ】必須

> **note**
>
> CSSは、HTMLタグに直接記述することもできます。詳しくはP.102を参照。なお、本書のチュートリアル学習ではCSSを外部ファイル化するため、style要素は使用しません。

4 ページの内容をあらわすおもなタグ

続いて、body要素内で使用する要素です。

■ コンテンツを記述するbody要素

body要素はウェブページの本文を記載するメインエリアであるため、非常に多くの要素が使用されます。すべてを一度に覚えるのは大変なので、ここでは文書構造の基本となる代表的な要素に限って紹介します。

HTMLタグ
<body>
ブラウザに表示されるコンテンツ部分全体を表す。 【属性】onclick、onmousedown、onmouseup、 onmouseover ほか 【終了タグ】省略可

■ 文章の段落を指定するp要素

p要素は「paragraph（パラグラフ・段落）」の略で、おもに文章の段落に使用されます。

HTMLタグ
<p>
文章の段落を表す。 【終了タグ】省略可

```
<p>p要素は最も多く使われる要素です。</p>
<p>このように、主に文章の段落に使用され、本文や説明
文などが入ります。</p>
```

p要素は最も多く使われる要素です。

このように、主に文章の段落に使用され、本文や説明文などが入ります。

■ 文書の見出しを指定するh1 ～ h6要素

h1 ～ h6要素は「heading（ヘディング・見出し）」の略で、文書内の見出しを指定する際に使用します。h1からh6までの6種類が存在し、h1がもっとも重要度が高い見出しで、h6はもっとも重要度の低い見出しです。見出しはh1から順に使用します。新聞に例えると、ぱっと目に飛び込んでくる一番大きな見出し（大見出し）にはh1を使用し、記事内の見出しはh2、さらにその段落内に見出しがあればh3を使用します。
文書の階層構造を意識し、「単純に大きい文字を使いたいからh1を使う」というような、レイアウト視点での使い方はしないようにしましょう。

HTMLタグ
<h1>～<h6>
見出しを表す。 【終了タグ】必須

```
<h1>これがh1です。</h1>
<h2>これがh2です。</h2>
<h3>これがh3です。</h3>
<h4>これがh4です。</h4>
<h5>これがh5です。</h5>
<h6>これがh6です。</h6>
```

これがh1です。

これがh2です。

これがh3です。

これがh4です。

これがh5です。

これがh6です。

■ 章や節などのまとまりを作るsection要素

section要素は、章や節など、意味的に関係のある要素をまとめる場合に使用します。新聞でいえば、1つの記事を囲う枠がsection要素にあたります。必ず見出しを入れることが推奨されており、内容的に見出しを入れることができない場合はsection要素を使うべきではありません。下記は、とある日の新聞記事をマークアップした例です。

```
<section>
<h1>山手線一時運転見合わせ</h1>
<p>27日午前9時50分ごろ、JR山手線渋谷駅付近で車両
故障のため一時運転を見合わせていたが、10時20分、運
転を再開した。</p>
</section>
```

HTMLタグ

`<section>`

見出しを伴う、意味的に関係のあるまとまりを表す。
【終了タグ】必須

▌ 山手線一時運転見合わせ

27日午前9時50分ごろ、JR山手線渋谷駅付近で車両故障のため一時運転を見合わせていたが、10時20分、運転を再開した。

■ 独立したコンテンツとしてまとめるarticle要素

article要素は、その内容だけを取り出したときに独立したコンテンツとして成り立つ場合に使用します。新聞の例で言えば、新聞の1つの面がこれにあたるでしょうか。新聞は1枚だけでも、独立したコンテンツとして成り立っています。

```
<article>
<h1>KISSA新聞</h1>
<section>
<h2>山手線一時運転見合わせ</h2>
<p>27日午前9時50分ごろ、JR山手線（略）</p>
</section>
<section>
<h2>NYダウ、5日連続で最高値</h2>
<p>ニューヨーク株式市場では金融株の売りが（略）</p>
</section>
</article>
```

HTMLタグ

`<article>`

切り出しても独立したコンテンツとして成り立つ記事を表す。
【終了タグ】必須

▌ KISSA新聞

山手線一時運転見合わせ

27日午前9時50分ごろ、JR山手線渋谷駅付近で車両故障のため一時運転を見合わせていたが、10時20分、運転を再開した。

NYダウ、5日連続で最高値

ニューヨーク株式市場では金融株の売りが公開株の買いで相殺されたことにより上昇し、ダウ平均は5日連続で最高値を更新した。

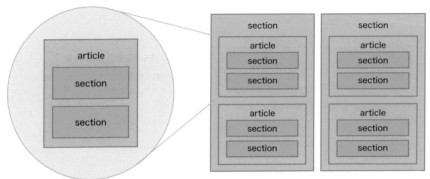

学習ポイント

section要素とarticle要素に親子関係はある？

前ページの例では、article要素の中に複数の section要素を内包していますが、section要素 との上下（親子）関係はなく、article要素を section要素で囲むケースもあります。必ずどち らかの中にどちらかを入れる、というようなルー ルはなく、目的にあった要素を使用しましょう。

2つの <section> 要素を <article> 要素が囲っている。 こういったケースでの使用が多い

文書構造によっては、<article> 要素を複数内包する <section> 要素を 配置することも可能。<section> 要素と <article> 要素に上下関係はない

■ ナビゲーションを指定するnav要素

nav要素は、その内容がページの主要なナビゲーション であることを表すときに使用します。

```
<nav>
ここにウェブページのナビゲーションが入ります。
</nav>
```

HTMLタグ

\<nav\>

ページ上の主要なナビゲーションを表す。
【終了タグ】必須

■ 補足情報を掲載するaside要素

aside要素は、本筋とは関係しているものの、メインコン テンツからは切り離すことが可能なセクションを表し ます。例えばサイドバーなどによく使われます。

```
<aside>
ここにサイドバーの内容が入ります。
</aside>
```

HTMLタグ

\<aside\>

サイドバーなど、メインコンテンツから分離された補足情報を表す。
【終了タグ】必須

■ 要素を入れる箱として使用するdiv要素

div要素そのものには特別な意味はありませんが、div要素で囲まれた範囲をグループとしてまとめることができるため、おもにレイアウト目的の"箱"として使用されることが多い要素です。section要素やarticle要素のように意味的な関係性のあるまとまりではなく、単に要素をまとめたい場合に使用します。

```
<div>
<p>div要素は主に要素を入れる箱として利用されます。
</p>
<p>このように複数の要素をひとつのグループとしてまとめることができます。</p>
</div>
```

HTMLタグ

\<div\>

複数の要素をひとつにまとめる。
【終了タグ】必須

note

div は「division（分割、区分）」の略で、要素をグループ化して区切るという意味があります。

div 要素は主に要素を入れる箱として利用されます。

このように複数の要素をひとつのグループとしてまとめることができます。

学習ポイント

すべての HTML 要素で使用できる属性「グローバル属性」

ここで属性について少し解説をします。属性にはある特定の要素でしか使えない属性と、すべての要素で使用できる「グローバル属性」というものがあります。グローバル属性で代表的なものが「class属性」と「id属性」です。これらはCSSでスタイリングをするうえで必ずといっていいほど使用します。

例えば、マークアップの際にdiv要素にclass属性を使用して「abc」という属性名を設定しておき、それを目じるしにCSSでスタイリングをする、というような使い方が一般的です。class属性、id属性ともに、要素に名前をつけるための属性ですが、その役割には微妙に違いがあり、使い方のルールも異なります。この違いについてはP.156の「学習ポイント」で詳しく解説します。

■ リンクを指定するa要素

a要素は、ハイパーリンク（単にリンクとも言う）を指定する要素です。aは「anchor（アンカー・船の錨）」の略で、錨が船をつなぎ止めるところから来ており、指定した場所同士をつなぐ重要な要素です。

「href属性」でリンク先を指定し、例えば本書の出版社である技術評論社のウェブサイトへリンクを張る場合、以下のように入力します。

```
<a href="https://gihyo.jp/">技術評論社</a>のウェブサイトはこちらです。
```

HTMLタグ

\<a\>

ハイパーリンクを表す。
【属性】href リンク先のURLを指定する
　　　ほか hreflang、type、real、target、
　　　download、rev
【終了タグ】必須

技術評論社のウェブサイトはこちらです。

■ 画像ファイルを掲載するimg要素

img要素は「image（イメージ）」つまり画像を表示する際に使用します。「src属性」で、画像ファイルの場所を指定します。また、img要素には重要な属性として「alt属性」があります。alt属性には、画像が利用できない環境（回線速度が遅い／音声読み上げブラウザなど）の閲覧者のために、代替テキストを入力します。これによりアクセシビリティが向上します。

なお、img要素には終了タグがなく、単体で記述します。

```
<img src="girl.jpg" alt="公園で遊ぶ女の子の画像">
```

学習ポイント

リンク指定や画像ファイルの位置指定で理解しておきたいパス

HTML文書がハイパーテキストと呼ばれているのは、他の文書とリンクでつないだり、画像ファイルなど別のファイルをページ内に掲載することができるからです。それらのファイル同士をつなぐのが「パス」で、つなぎたいファイルがどのディレクトリのどの場所にあるのかを指定するために記述します。

パスには絶対パスと相対パスの2種類があり、それぞれに用途があります。

■ 絶対パス

リンク先のURLを入力する方法を絶対パスとい

い、おもに外部サイトへのリンクに使用されます。例えば道案内をするときに行き先の住所（URL）を教えるのが絶対パスです。

技術評論社のウェブサイトへ絶対パスでリンクを張る場合は、次のように記述します。

```
<a href="https://gihyo.jp/">技術評論社
</a>
```

■ 相対パス

絶対パスに対して、相対パスは同じウェブサイト内へリンクを張るときに使用します。相対パスは

リンクを記述するページを基準にして、対象となるファイルの場所を指定します。道案内であれば、現在地点を基準に「この道を真っすぐ行って、2本目の角を左…」というように、今いる場所から

目的地までの経路を案内するイメージです。対象ファイルは同じ階層にあるのか、別のディレクトリにあるのか、目的地までの経路によってそれぞれ下記のように入力します。

▼sample.htmlへリンクを張る場合の記述方法のパターン

sample.htmlの場所	記述方法
同じディレクトリ ┣ sample.html ┗ リンクを記述するhtml	`<a href="./sample.html">` 同じディレクトリへのパスは「./」の後ろにファイル名を記述
上の階層のディレクトリ ┣ sample.html ② ┗ ┣ sample.html ① 　 ┗ リンクを記述するhtml	①`<a href="../sample.html">` 上の階層へのパスは「../」を記述 ②`<a href="../../sample.html">` 2階層上であれば「../../」のように階層の数だけ繰り返す
下の階層のディレクトリ ┣ リンクを記述するhtml ┗ abc ┣ sample.html ① 　　 ┗ def ┗ sample.html ②	①`<a href="./abc/sample.html">` ②`<a href="./abc/def/sample.html">` 下の階層へのパスは、ディレクトリ名の後ろに「/」を記述

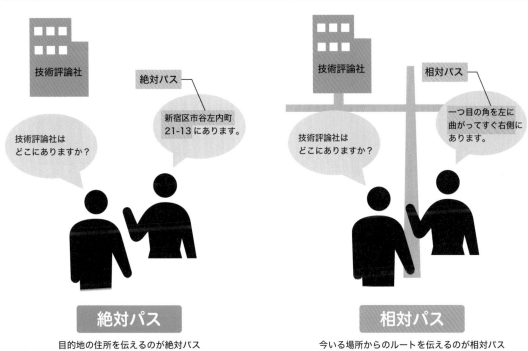

絶対パス
目的地の住所を伝えるのが絶対パス

相対パス
今いる場所からのルートを伝えるのが相対パス

3-2 サンプルサイト共通の HTMLを書いてみよう

HTMLの基本を学んだら、実際にコードを書いていきましょう。この節では、コード入力の作法から、サンプルサイトの骨組みに当たる部分の作成までを進めます。

1 サンプルサイトの共通要素を確認する

HTMLのコーディング学習に入る前に、まずは本書で作成するサンプルサイトの構成を見てみましょう。デザインカンプを見ながらそれぞれのウェブページを構成する要素を確認します。

トップページの構造から見ていきます。まず最上部にヘッダーがあります。その下にコンテンツが入るメインエリアがあり、最下部にフッターがあります。大きく分けてこの3つのエリア（要素）で構成されています。

次にCONCEPTページを見てみましょう。こちらも同じく、ヘッダーとメインエリアがあり、最下部にフッターがあります。MENUページ、SHOPページなども同様の構造をしており、このようにすべてのページで共通している部分があることがわかります。この節ではオレンジ色の枠で囲われた共通部分を作成します。

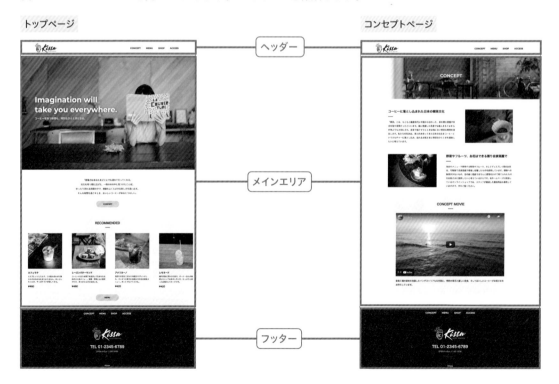

トップページ　　　　　　　　　　　　　　　　　　　　　コンセプトページ

ヘッダー

メインエリア

フッター

2 HTML文書の基本構造を記述する

まずは共通部分を作成するための「common.html」というファイルを作成します。VS Codeを起動し、2章で解説（P.55）したように、メニューの［ファイル］→［新規ファイル］をクリックし、新規ファイルを作成します。

作成できたら、［ファイル］→［名前を付けて保存...］を実行して、Mac版は［Format］／Windows版は［ファイルの種類］で「HTML」を選び、作業フォルダ「kissa」に「common.html」という名前で保存します。

VS Codeのウィンドウ左の［エクスプローラー］に「common.html」が追加されたことを確認します。これでファイルが作成できました。それでは、HTMLの記述を開始しましょう。

note

［エクスプローラー］欄が表示されていない場合、ウィンドウ左上の書類アイコンをクリックすると、図の表示に変わります。

STEP 1

HTMLのバージョンを記す

HTML文書を作成する際に、まず1行目に記述するのがDOCTYPE宣言（Document Type Definition、DTD）です。これは、その文書がHTMLのどのバージョンで作成されているのかを宣言するためのもので、必ず1行目に書きます。PCの入力モードを「半角」にして、次のコードを入力しましょう。

```
<!DOCTYPE html>
```

note

以前は長い記述が必要でしたが、HTML5 以降は非常にシンプルになりました。

基本構造を入力する

DOCTYPE宣言に続いて、一番外側の大きな箱であるhtml要素の開始タグと終了タグを入力します。

```
<!DOCTYPE html>
<html></html>
```

タグの1文字目を入力し、表示される候補から選択

タグを閉じる（>を入力する）と、終了タグが自動的に入力される

親要素の中に子要素のタグを書き込むときは、開始タグと終了タグのあいだで Enter キーを1度押します。終了タグとのあいだに空（から）の行が作られ、入力カーソルが自動でインデントされた位置に移動するので、そこに子要素のタグを入力します。

html要素の中に、子要素としてhead要素とbody要素を入力します。

開始タグと終了タグのあいだで改行すると、自動的にインデントされた空の行が作られる

```
<!DOCTYPE html>
<html>
    <head></head>
    <body></body>
</html>
```

head要素の必須項目を入力する

続いてhead要素の中に文字コードとタイトルを入力します。
文字コードとタイトルの記述はHTML文書に必須なので必ず入力しましょう。文字コードはmeta要素のcharset属性を使用して入

<head>タグの中に<meta>タグを入力。属性名や属性値も入力候補として表示される

力します。タイトルはtitle要素を使用し、
「KISSA official website」としておきます。

```html
<head>
    <meta charset="UTF-8">
    <title>KISSA official website</title>
</head>
```

これで、ページの情報を伝えるhead要素に
最低限の情報が入りました。

<title>タグを入力して基本構造の入力は終了

STEP
4

ページの概要文を入力する

続いてページの概要文を記述します。どんな
内容のページかを簡潔に説明するためのもの
で、meta要素のname属性とcontent属性
を使用し、次のように記述します。

```html
<head>
    <meta charset="UTF-8">
    <title>KISSA official website</title>
    <meta name="description" content="ページの概要文を記載します">
</head>
```

STEP
5

スマートフォン表示用の記述を
入力する

スマートフォンで表示したときに正しく表示
させるための「viewport（ビューポート）」
を設定するための記述を追加します。meta
要素のname属性とcontent属性を使って次
のように記述します。これは「表示領域の幅
を端末やブラウザの幅に合わせて表示する」
という指定になります。

> **note**
>
> **viewport**
> viewportは「表示領域」を指定するための記述です。
> レスポンシブデザインにおいては、表示領域の幅
> （width）を端末のサイズ（device-width）に合わせ
> る「width=device-width」を指定します。viewport
> を設定しないとモバイルでの閲覧時に表示が崩れる
> ため、必ず記述するようにします。

```
<head>
    <meta charset="UTF-8">
    <title>KISSA official website</title>
    <meta name="description" content="ページの概要文を記載します">
    <meta name="viewport" content="width=device-width">
</head>
```

スクリプトファイルへのリンクを入力する

さらに、スマートフォン表示時に使用するメニューボタン（ハンバーガーメニュー）を動作させるためのJavaScriptファイルへのリンクを記載します。相対パスを使用して、jsフォルダ内の「toggle-menu.js」を指定します。

HTMLタグ

<script>

JavaScriptなどのスクリプトを埋め込んだり、外部ファイルを読み込むために使用する。
【属性】src 外部ファイルへのパスを指定する
　　　　type スクリプトの種類を指定する
　　　　ほか charset、defer、language
【終了タグ】必須

```
<head>
    <meta charset="UTF-8">
    <title>KISSA official website</title>
    <meta name="description" content="ページの概要文を記載します">
    <meta name="viewport" content="width=device-width">
    <script src="./js/toggle-menu.js"></script>
</head>
```

note

相対パスの指定方法については P.74 の「学習ポイント」を参照してください。

note

jsファイルには、メニューボタンをクリック（タップ）した際に、指定した要素の class 属性に値を追加するというプログラムが記述されています（P.152）。

3　ページの基本構造を記述する

ここからは、本文となるbody要素の中身を入力していきます。まずは各要素をおおまかに配置し、骨組みを作ります。P.76で確認したデザインカンプでは、共通部分は大きく「ヘッダー」「メインエリア」「フッター」の3つに分かれていました。まずはこの3つの要素を配置しましょう。

STEP 1 ヘッダー、メインエリア、フッターの3つの要素を配置する

ヘッダーとメインエリア、フッターにはそれぞれ専用のheader要素とmain要素、footer要素を使用します。

```
<body>
    <header></header>
    <main></main>
    <footer></footer>
</body>
```

HTMLタグ

<header>

ヘッダー部分を表す。
【終了タグ】必須

HTMLタグ

<main>

文書のメインとなるコンテンツを表す。文書内に複数配置することはできない。ただしhidden属性を指定する場合は複数配置が可能。
【終了タグ】必須

HTMLタグ

<footer>

フッター部分を表す。
【終了タグ】必須

```
 9      </head>
10      <body>
11          <header></header>
12          <main></main>
13          <footer></footer>
14      </body>
15  </html>
```

> <body>と</body>
> のあいだに記述

STEP 2 CSSを記述するための目じるしをつける

3つの要素を入力したらそれぞれの要素にclass属性で名前をつけます。class属性はCSSでスタイリングをする際に目じるしとなるものです。

```
 9      </head>
10      <body>
11          <header class="header"></header>
12          <main class="main"></main>
13          <footer class="footer"></footer>
14      </body>
15  </html>
```

note

わざわざ名前をつけなくても要素名で直接スタイルを指定することも可能ですが、これらの要素は文書内に必ず1つであるとは限らないため、classをつけて明示的に指定をするほうがよいでしょう。

```
<body>
    <header class="header"></header>
    <main class="main"></main>
    <footer class="footer"></footer>
</body>
```

STEP 1

header内にもう1つ箱を作る

header要素の中に、div要素を使ってもう1つ"箱"を作ります。これはスマートフォン表示時にスタイリングをしやすくするためのもので、class属性で「header-inner」という名前をつけます。

```
<header class="header">
    <div class="header-inner"></div>
</header>
```

STEP 2

ロゴを指定する

本書で制作するサンプルサイトでは、ヘッダーエリアに配置するロゴに画像ファイルを使用します。img要素を使ってSTEP.1で作成したdiv要素内にロゴ画像を配置してみましょう。画像ファイルのある場所を指定するには、img要素の「src属性」を使います。相対パスを使用して、imagesフォルダ内のcommonフォルダにある「logo-header.png」を指定します。

「alt属性」には代替テキストを入力します。ここでは「KISSA」と入力しておきましょう。

```
<header class="header">
    <div class="header-inner">
        <img src="./images/common/logo-header.png" alt="KISSA">
    </div>
</header>
```

STEP 3 ロゴにトップページへのリンクを張る

慣習的に、ロゴをクリックするとトップページへ戻れるように設定するサイトが多いので、ユーザビリティへの配慮としてロゴにはトップページへのリンクを張ります。

a要素を使いindex.htmlへのリンクを張ります。画像ファイルにリンクを張る場合は、img要素を`<a>` ～ `</a>`タグで囲みます。

note

ウェブサイトのデータがアップロードされている「ウェブサーバー」と呼ばれるコンピュータでは、アクセスがあった場合「index.html」というファイルを最初に表示するしくみになっています。そのため、トップページは「index.html」というファイル名にします。

```
11   <header class="header">
12       <div class="header-inner">
13           <a href="./index.html">
14               <img src="./images/common/logo-header.png"
15               例/a例
16           </div>
17   </header>
18   <main class="main"></main>
19   <footer class="footer"></footer>
```

```html
<header class="header">
    <div class="header-inner">
        <a href="./index.html">
            <img src="./images/common/logo-header.png" alt="KISSA">
        </a>
    </div>
</header>
```

note

ここで行ったような「すでにある要素を後からタグで囲む」場合でも、VS Codeにより終了タグが自動で入力されてしまうので注意が必要です。終了タグを正しい位置に移動するか、消去して書き直すようにします。ミスが起こりやすいポイントなので、慎重に入力を進めましょう。

STEP 4 ロゴにCSSでのスタイリング用に目じるしをつける

最後に、CSSでロゴをスタイリングする際の目じるしをつけておきます。ロゴ画像を囲っているa要素にclass属性で「header-logo」という名前をつけます。これでロゴの指定は完成です。

```
11   <header class="header">
12       <div class="header-inner">
13           <a class="header-logo" href="./index.html">
14               <img src="./images/common/logo-header.png"
15
16           </div>
17   </header>
18   <main class="main"></main>
19   <footer class="footer"></footer>
```

```html
<header class="header">
    <div class="header-inner">
        <a class="header-logo" href="./index.html">
            <img src="./images/common/logo-header.png" alt="KISSA">
        </a>
    </div>
</header>
```

スマホ用のメニューボタンを設定する

スマホ表示ではハンバーガーメニューを使用するため、button要素を配置します。class属性で「toggle-menu-button」と入力します。

HTMLタグ

<button>

汎用的なボタンを作成する。
【属性】type、name、value、disabled
【終了タグ】必須

```
11    <header class="header">
12        <div class="header-inner">
13            <a class="header-logo" href="./index.html">
14                <img src="./images/common/logo-header.png"
15            </a>
16            <button class="toggle-menu-button"></button>
17        </div>
18    </header>
19    <main class="main"></main>
20    <footer class="footer"></footer>
```

```
<header class="header">
    <div class="header-inner">
        <a class="header-logo" href="./index.html">
            <img src="./images/common/logo-header.png" alt="KISSA">
        </a>
        <button class="toggle-menu-button"></button>
    </div>
</header>
```

ナビゲーションエリアを設定する

次はページの右上にあるサイトメニュー＝ナビゲーションです。まずはdiv要素を使ってナビゲーションエリアを設定します。class属性で「header-site-menu」という名前をつけます。

```
11    <header class="header">
12        <div class="header-inner">
13            <a class="header-logo" href="./index.html">
14                <img src="./images/common/logo-header.png"
15            </a>
16            <button class="toggle-menu-button"></button>
17            <div class="header-site-menu"></div>
18        </div>
19    </header>
```

```
<header class="header">
    <div class="header-inner">
        <a class="header-logo" href="./index.html">
            <img src="./images/common/logo-header.png" alt="KISSA">
        </a>
        <button class="toggle-menu-button"></button>
        <div class="header-site-menu"></div>
    </div>
</header>
```

STEP 7 ナビゲーションを配置する

このサイトメニューはウェブページの主要な
ナビゲーションとなるため、STEP.6で作っ
たdiv要素の内側にnav要素を配置し、class
属性で「site-menu」という名前をつけます。

```
16        <button class="toggle-menu-button"><
17        <div class="header-site-menu">
18            <nav class="site-menu"></nav>
19        </div>
20    </div>
```

```html
<div class="header-site-menu">
    <nav class="site-menu"></nav>
</div>
```

STEP 8 ナビゲーションの項目を設定する

ナビゲーションの中身には、リストを指定す
るul要素を使用します。ulは「Unordered
List」の略で、箇条書きなど順序のないリス
トを作成する際に使用します。各項目はli要
素で指定し、項目の数だけ並べて入力する「入
れ子構造」になっています。
本書のサンプルサイトでは、ul要素の中に4
つのli要素を並べて、各項目の名称である
「CONCEPT」「MENU」「SHOP」「ACCESS」
を入力します。

```html
<div class="header-site-menu">
    <nav class="site-menu">
        <ul>
            <li>CONCEPT</li>
            <li>MENU</li>
            <li>SHOP</li>
            <li>ACCESS</li>
        </ul>
    </nav>
</div>
```

HTMLタグ

<ul>

順序を持たないリストを表す。
【終了タグ】必須

HTMLタグ

<li>

リストの項目を表す。
【終了タグ】省略可

```
16        <button class="toggle-menu-button"></bu
17        <div class="header-site-menu">
18            <nav class="site-menu">
19                <ul>
20                    <li>CONCEPT</li>
21                    <li>MENU</li>
22                    <li>SHOP</li>
23                    <li>ACCESS</li>
24                </ul>
25            </nav>
26        </div>
```

note

各ナビゲーション項目に設定する「CONCEPT
(concept.html)」「MENU (menu.html)」「SHOP
(shop.html)」「ACCESS (access.html)」は、それ
ぞれ8章、9章、10章、11章で作成するウェブペー
ジを指しています。

STEP 9 ナビゲーションにリンクを張る

作成したリストはこのままではナビゲーションとして機能しないため、a要素を使用して各項目のリンク先を指定します。これでheader要素の入力は完了となります。

```html
<nav class="site-menu">
    <ul>
        <li><a href="./concept.html">CONCEPT</a></li>
        <li><a href="./menu.html">MENU</a></li>
        <li><a href="./shop.html">SHOP</a></li>
        <li><a href="./access.html">ACCESS</a></li>
    </ul>
</nav>
```

5 footer要素内を記述する

main要素はページによって内容が異なるため、空のままにしておきます。
最後にfooter要素の中身を記述します。

STEP 1 ナビゲーションの記述をコピペする

フッターにもナビゲーションを配置します。ここでは、header要素内に記述したコードと同じものを使用するため、nav要素（18〜25行目）のコードをそっくりそのままコピー＆ペーストします。

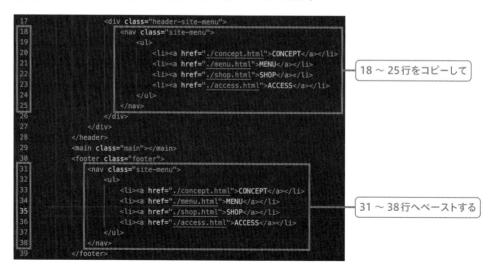

```
<footer class="footer">
    <nav class="site-menu">
        <ul>
            <li><a href="./concept.html">CONCEPT</a></li>
            <li><a href="./menu.html">MENU</a></li>
            <li><a href="./shop.html">SHOP</a></li>
            <li><a href="./access.html">ACCESS</a></li>
        </ul>
    </nav>
</footer>
```

3

STEP 2 フッターにロゴを配置する

ヘッダーと同じく、フッターにもロゴを配置
します。nav要素の下にimg要素を入力し、
相対パスでimagesフォルダ内のcommon
フォルダにある「logo-footer」を指定します。

```
<footer class="footer">
    <nav class="site-menu">
        <ul>
            (省略)
        </ul>
    </nav>
    <img src="./images/common/logo-footer.png" alt="KISSA">
</footer>
```

STEP 3 ロゴにリンクを張りスタイリング用の目じるしをつける

ヘッダーロゴと同じように、フッターロゴに
もトップページへのリンクを張り、スタイリ
ング用の目じるしをつけます。class名は
「footer-logo」とします。

```
<footer class="footer">
    <nav class="site-menu">
        <ul>
            (省略)
        </ul>
    </nav>
    <a class="footer-logo" href="./index.html">
        <img src="./images/common/logo-footer.png" alt="KISSA">
    </a>
</footer>
```

STEP 4

電話番号と営業時間を記述する

ロゴの下に電話番号と営業時間を入力します。どちらもp要素を使用し、class属性でそれぞれ「footer-tel」「footer-time」という名前をつけます。

```html
<footer class="footer">
    <nav class="site-menu">
        <ul>
            (省略)
        </ul>
    </nav>
    <a class="footer-logo" href="./index.html">
        <img src="./images/common/logo-footer.png" alt="KISSA">
    </a>
    <p class="footer-tel">TEL 01-2345-6789</p>
    <p class="footer-time">OPEN Fri-Sun 11:00-16:00</p>
</footer>
```

STEP 5

コピーライトを記述する

最後にコンテンツの著作権を表す「コピーライト」を入力します。p要素を使用しますが、コピーライトのように本文の内容に比べて重要ではない情報を掲載する際は、テキストの意味合いを弱めるsmall要素で囲みます。

HTMLタグ
<small>
細目などの注釈を表す。 【終了タグ】必須

```html
<footer class="footer">
            (省略)
    <p class="footer-tel">TEL 01-2345-6789</p>
    <p class="footer-time">OPEN Fri-Sun 11:00-16:00</p>
    <p class="copyright"><small>&copy;Kissa</small></p>
</footer>
```

これで共通部分のHTMLの記述はすべて完了です。

文字参照

コピーライトを表す「©」のような特殊文字をHTML上で入力する際は、「文字参照」という方法で記述します。©の場合は「©」です。参照を使用すると、さまざまな文字や記号を表示させることができます。

6　ブラウザで表示を確認してみよう

ここまで書いたコードを、ブラウザで表示して確かめてみましょう。

STEP 1

プレビュー機能を起動する

Windowsは Ctrl + S 、Macは ⌘ + S でファイルを保存したら、2章で追加した拡張機能であるLive Serverを起動しましょう（P.59）。VS Codeの右下にある［Go Live］ボタンをクリックします。

note

Go Live ボタンが表示されていない場合、同じ位置に「Port: ○○」のような表示がありますので、そこをクリックすると［Go Live］が表示されます。

STEP 2

Chromeで確認する

Chromeが起動して、入力したHTMLファイルを表示します。下図のような表示になっていれば、ここまでのコーディングは成功です。

次の4章では、この「common.html」ファイルに対してレイアウト設定やデザイン装飾を施していきます。

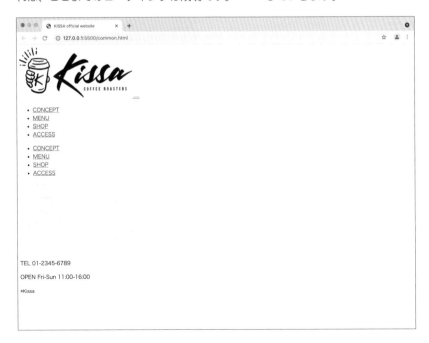

3-3 見やすいコードとコメントの書き方

この節では、ここまで書いてきたHTMLコードを見やすくする方法、「インデント」と「コメント」について解説します。見やすいコードを書くことは、後々の編集や管理が楽になるだけでなく、複数人での共同開発のような自分以外の人がコードを触る場合においても非常に重要です。

1 HTMLコードを見やすくする

ここまでコードを書いたところで、HTMLを見やすくするテクニックを紹介します。

■ 行頭位置で階層を直感的にする「インデント」

まずはインデントです。インデントとは字下げのことで、行頭にスペースを配置することで文書の階層をわかりやすくするためのものです。本書では「半角スペース2つ」を最小単位としてインデントを行います。VS Codeの初期設定では「半角スペース4つ」になっているため、まずはこの設定を変更しましょう。

画面左側メニューの最下部にある歯車のアイコンから、各種設定の変更を行うことができます。

アイコンをクリックするとメニューが表示されるので[設定]をクリックします。

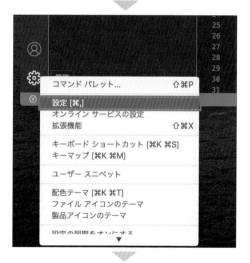

「Editor: Tab Size」の項目に初期設定では「4」が設定
されているので、これを「2」に変更します。

画面下部の青いバー内のインデント幅の表示が「スペー
ス：2」に変更されていることを確認します。

■ コードの見た目を整える「フォーマット」機能

インデントのサイズが設定できたら、次はコード全体の
整形を行います。VS Codeにはデフォルトでコードの
整形機能がついているのでそれを使用します。

まずはテキスト全体を選択し、右クリックします。

表示されるコンテキストメニューから［選択範囲の
フォーマット］をクリックします。

コードが自動的に整形され、見やすくなりました。

制作の際にどんどん入力を進めていくと、階層が深く
なったりして文書構造がわかりにくくなりますが、この
ように定期的にフォーマットをすることで、見やすい
コードを維持することができます。

インデントのスペースも半角2つ分に変更された

2 HTMLコードを理解しやすくする

■コードに説明を付記する「コメント」

文書を読みやすくするもう1つの方法がコメントです。コメントはウェブブラウザに表示されないため、運用保守の目じるしとして記述されることが多いです。記述方法は、表示させたくない箇所を「<!--」と「-->」で囲みます。

大きなプロジェクトなどでは1つのHTMLを複数のコーダーが編集するシーンがよくあるので、誰が見ても「ここが△◇だよ」とわかるように、右の赤字部分のように記述しておくとよいでしょう。

このようにコードを見やすく書いていくことで、ウェブページがどのような構造になっているのかが視覚的にわかるようになり、編集がしやすくなります。また、ウェブサイトは更新や管理がつきものですが、公開後に別の担当者が作業をする際にも、見やすいコードで書いておけば理解がしやすく、無用なトラブルを避けることができます。

> **note**
>
> VS Codeでは該当箇所を選択してMacでは `Cmd`+`/`、Windowsでは `Ctrl`+`/` のショートカットを利用すれば、簡単に「<!--」と「-->」を前後に入力できます。

```html
<body>

  <!-- headerここから -->
  <header class="header">
    <div class="header-inner">
      （省略）
    </div>
  </header>
  <!-- headerここまで -->

  <!-- mainここから -->
  <main class="main"></main>
  <!-- mainここまで -->

  <!-- footerここから -->
  <footer class="footer">
    <nav class="site-menu">
      （省略）
    <p class="copyright"><small>&copy;Kissa</small></p>
  </footer>
  <!-- footerここまで -->

</body>
```

```
<> common.html ●    <> sample.html
<> common.html > ⟨⟩ html > ⟨⟩ body > ⟨⟩ header.header > ⟨⟩ div.header-inner > ⟨⟩ div.he
12   <body>
13
14     <!-- headerここから -->
15     <header class="header">
16       <div class="header-inner">
17         <a class="header-logo" href="./index.html">
18           <img src="./images/common/logo-header.png" alt="KISSA"
19         </a>
20         <button class="toggle-menu-button"></button>
30       </div>
31       </div>
32     </header>
33     <!-- headerここまで -->
34
35     <!-- mainここから -->
36     <main class="main"></main>
37     <!-- mainここまで -->
38
39     <!-- footerここから -->
40     <footer class="footer">
41       <nav class="site-menu">
53         <p class="footer-time">OPEN Fri-Sun 11:00-16:00</p>
54         <p class="copyright"><small>&copy;Kissa</small></p>
55     </footer>
56     <!-- footerここまで -->
57
58   </body>
```

## Chapter 4

知っておきたい
CSSのきほんと
書き方

レイアウトの成形や装飾など、ウェブサイトのデザインに欠かせない
言語であるCSS。本章では、CSSの基本的な書き方や、セレクタ／プ
ロパティなどの言葉の定義、代表的なプロパティについて解説します。
そして、実際にコードを書きながら、ウェブサイトにおいてCSSがど
のような役割を担っているのかを理解しましょう。

4-1 ▶ CSSのきほん知識

CSSは、レイアウトや装飾など見た目を整えるための言語で、HTMLとともにウェブサイトをデザインするうえで欠かせない言語です。まずは基本的な文法やルールについて学びましょう。

1 文書の見た目をコントロールするCSS

CSSは「Cascading Style Sheets（カスケード・スタイル・シート）」の略で、HTMLが文書の構造を作る言語であるのに対して、CSSはそのHTML文書のレイアウトや装飾など、見た目をコントロールするための言語です。基本的にHTMLと組み合わせて使用します。

HTMLのみでも情報を伝えることはできますが、CSSを使用すれば、レイアウトを工夫したり文字の色やサイズを変更するなどして、情報をより伝えやすくすることができます。

■CSS3から増えた表現の選択肢

HTMLと同じようにバージョンがあり、現在の最新バージョンはCSS3です。CSS3ではアニメーションや要素の変形、角丸やグラデーションなど、これまでは難しかったさまざまな表現が可能になり、ウェブデザインの新しい可能性が広がりました。

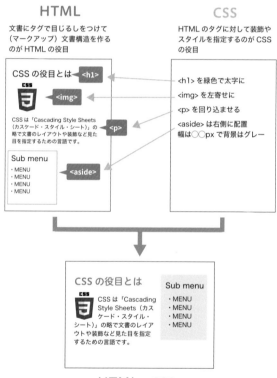

note

CSS2以前はCSS全体で機能のアップデートが行われていましたが、CSS3からは色に関連する機能は「〇〇モジュール」、背景とボーダーに関連する機能は「△△モジュール」というように、関連する機能がモジュールと呼ばれる単位で分類され、それぞれのモジュールごとで新たな機能の追加や改良が続けられています。

CSS3で追加されたプロパティの一例

角丸（かどまる）
CSSだけでは表現できなかった角丸を、「border-radius」という方法で可能になった。

グラデーション
「linear-gradient」という方法でグラデーション表現も可能になった。

ドロップシャドウ
「box-shadow」という方法で要素に影をつけることが可能になった。

2 CSSのきほん的な書き方

■ スタイルシートの基本文法

まずはCSSの基本的な文法を紹介します。CSSの記述はセレクタ、プロパティ、値の3つで構成され、以下のように書きます。

セレクタ{プロパティ：値;}

「セレクタ」には適用する対象（どれ）、「プロパティ」にはスタイルの種類（何を）、「値」には適用させたい結果（どうするか）を設定します。つまり

```
どれの{何を：どうするか;}
```

が基本的な文法になります。

■ スタイルシートの記述ルール

プロパティと値は{ ～ }で囲みます。あいだにコロン(:)を記述することでセットになり、このセットのことをスタイル宣言といいます。
セミコロン（;）は、1つのセレクタに複数のスタイルを指定する際にそれぞれのスタイル宣言を区切るための記号です。

例えばHTML文書内の段落に設定した文字（どれ：p要素）の色（何を：color）を赤くしたい（どうするか：red）場合には、pタグをセレクタとして次のように記述します。

```
p{color:red;}
```

■ 読みやすいコードの書き方

半角スペースや改行はスタイルに影響しないため、これらを使用してコードを見やすく整形しても問題ありません。本書では次のように整形して記述していきます。VS Codeの自動入力機能により、改行後のインデントやプロパティの「:」の後ろの半角スペースは自動で挿

入されます。セレクタ名の後ろの半角スペースは手動で
入力します。

```
p␣{
␣␣color:␣red;
}
```

手動で入力する

半角スペース

p␣{ ↵改行 VS Code により自動で入力される

半角スペース ×2　　　　　　　　　　半角スペース

␣␣color:␣red;

}

■ 1つのセレクタに複数のスタイルを指定する

1つのセレクタに対して同時に複数のスタイルを指定す
ることもでき、その場合は以下のように記述します。

```
p {
  color: red;
  font-weight: bold;
  margin-left: 20px;
}
```

```
文字の {
  色を: 赤にする;
  太さを: 太字にする;
  左側の余白を: 20pxにする;
}
```

■ 複数のセレクタに同じスタイルを指定する

複数のセレクタに対して、同じスタイルを指定すること
もできます。例えば先ほどと同じ指定を見出し1（h1
要素）にも適用したい場合には、pタグとh1タグの各
セレクタをカンマ（,）で区切って並べます。

```
p,
h1 {
  color: red;
  font-weight: bold;
  margin-left: 20px;
}
```

```
文字と,
見出し1の {
  色を: 赤にする;
  太さを: 太字にする;
  左側の余白を: 20pxにする;
}
```

セレクタ別に1つずつ記述してもOKですが、まったく
同じスタイルを指定する場合は、まとめて記述したほう
がコードがシンプルになり、管理も楽になります。ウェ
ブサイトを運用していく中で、自分以外の人がコードを
修正する可能性なども踏まえて、管理しやすいCSSの
設計を考えることもコーディングの重要なポイントのひ
とつです。

■ 特定の場所にあるセレクタだけに別の指定をする

CSSの記述は、HTML文書内の対象となる要素すべてに対して適用されます。例えば「pタグを赤で表示する」という指定をすれば、文書内のすべてのp要素が赤く表示されます。しかし「header要素の中にあるp要素だけは青くしたい」ということもあります。このように、ある要素の中に内包されている要素のことを親子関係に例えて、上位の要素を「親要素」、その中にある要素のことを「子要素」と呼びます。

特定の親要素に含まれる子要素だけにスタイルを指定したい場合、親と子のセレクタのあいだに半角スペースを挿入します。例えば「header要素（親）の中にあるp要素（子）」だけをセレクタにする場合は以下のように記述します。

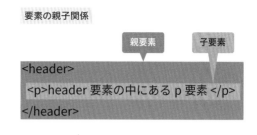

要素の親子関係

親要素　　子要素

```
<header>
  <p>header 要素の中にある p 要素 </p>
</header>
```

```
header␣p {            headerの中にある␣文字の {
  color: blue;          色を: 青にする;
}                     }
```

このようなセレクタの指定方法を「子孫セレクタ」と呼びます。

子孫セレクタを使った指定

HTML のソースコード

```
<header>
  <h1>大見出し</h1>
  <p>header要素の中のp要素</p>
</header>
<p>header要素の外にあるp要素</p>
```

すべての p 要素を青く

```
p {
  color: blue;
}
```

> **大見出し**
> header 要素の中の p 要素
> header 要素の外にある p 要素

header 要素の中の p 要素を青く

```
header p {
  color: blue;
}
```

> **大見出し**
> header 要素の中の p 要素
> header 要素の外にある p 要素

3　テキストを装飾するプロパティ

基本的な文法を理解したら、代表的なプロパティについて学んでいきましょう。まずはテキスト関連のプロパティです。

■ 文字サイズを指定するfont-size

font-sizeプロパティは文字のサイズを指定するプロパティです。文字サイズの指定にはpx(ピクセル)、%(パー

CSS プロパティ

font-size

文字のサイズを指定する。
【書式】font-size: キーワードまたは数値と単位
【値】　xx-small、x-small、small、medium、large、x-large、xx-large、larger、smaller ／ (単位) px、%、em、vwなど

セント）、em（エム）、rem（レム）などいくつか方式
があり目的によって使い分けます。

pxは閲覧者のモニタの解像度の最小単位を「1」として
指定する方法で、30pxと指定すればどんな端末でも
30pxで表示されます。

％やemは、親要素の文字サイズを基準としてサイズを
指定する方法です。親要素と同じ文字サイズを％指定
では100％、em指定では1emと指定します。例えば親
要素の文字サイズが15pxで子要素では30pxにしたい
場合、％指定では200％、em指定では2emと指定します。

また、emの進化系としてremという単位があります。
remは「root em」の略でルート要素（html要素）の文
字サイズを基準としてサイズを指定する方法です。
ルート要素の文字サイズが16pxの場合1remは16pxで
すが、ルート要素の文字サイズを14pxに変更すれば、
1remは14pxになります。例えば、スマホでは全体的
に文字を小さくしたいというようなケースで、ルート要
素の1箇所の値を変えるだけで全体のサイズが変更され
るので、レスポンシブデザインではremを採用するこ
とが多いです。

▼文字サイズ指定の単位

px	モニタの解像度の最小単位を1pxとして指定する
％	親要素の文字サイズ1文字分を100％として指定する
em	親要素の文字サイズ1文字分を1emとして指定する
rem	ルート要素の文字サイズ1文字分を1remとして指定する

■ 文字の太さを指定するfont-weight

font-weightプロパティは文字の太さを指定する際に使
用します。値は400を基準として、±100の数値で指
定します。数値が小さくなるほど細く、大きくなるほど
太くなります。また、数値以外にも「normal」「bold」
などのキーワードで指定する方法もあります。

font-size 20px
font-size 20%

font

上から20「px」、20「％」、20「em」で指定した文字。
数値はすべて20でも、単位が異なると表示サイズに大き
な違いがあらわれる

note

閲覧者の環境に自動で合わせる指定方法

もうひとつ、レスポンシブデザインでよく使用され
る単位に「vw」があります。vw は、ブラウザの
横幅を基準としてサイズを指定する方法で、1vw
はブラウザの横幅の1％に相当し、例えば幅
600px のブラウザの場合、1vw は 6px、400px
のブラウザの場合は 4px となります。このように、
vw は見る人の環境に合わせて自動でサイズが調
整されるため、さまざまな端末への対応を求めら
れるレスポンシブデザインにおいて特に重宝しま
す。

CSSプロパティ

font-weight

文字のウェイト（太さ）を指定する。
【書式】font-weight: キーワードまたは数値と単位
【値】 normal、bold、bolder、lighter、
　　　 100-900

font-weight 100
font-weight 200
font-weight 300
font-weight 400 ── 値の基準と
font-weight 500 　　なる太さ
font-weight 600
font-weight 700
font-weight 800
font-weight 900

■ 行と行の間隔を指定するline-height

line-heightプロパティは行間を設定するプロパティです。「1.5」や「1.75」など文字サイズの倍数を、単位をつけずに記述することが多いですが、pxなどの単位で指定することも可能です。

CSSプロパティ

line-height

行の高さ（行送り）を指定する。
【書式】line-height: キーワードまたは数値と単位
【値】 normal、倍数／（単位）px、%、em、vw など

---

line-height: 1のサンプルです。
line-height: 1のサンプルです。

line-height: 1.5のサンプルです。
line-height: 1.5のサンプルです。

line-height: 2のサンプルです。

line-height: 2のサンプルです。

■ 文字揃えを指定するtext-align

text-alignプロパティは文字揃えを指定するプロパティです。「left（左揃え）」「center（中央揃え）」「right（右揃え）」のいずれかを指定するか、「justify（均等割り付け）」に設定します。

CSSプロパティ

text-align

テキストや画像などの水平方向の揃え方を指定する。
【書式】text-align: キーワードまたは数値と単位
【値】 left、right、center、justify

---

text-align: left

　　　　　　　　　　　　　　text-align: right

　　　　　text-align: center

■ 文字の色を指定するcolor

colorプロパティは、文字の色を指定する際に使用します。色の値は「red」「blue」などカラー名で指定する方法や、rgb関数を使用する方法などいくつかありますが、「#ffffff」のような16進数のカラーコードが、ウェブデザインの現場でもっとも多く使われています。16進数のカラーコードはrgb関数に比べて文字数が少なく、シンプルな記述で済むため、この形式での指定を基本とするのがよいでしょう。

CSSプロパティ

color

文字色を指定する。
【書式】color: 色の値
【値】 #rrggbbb、#rgb、カラーネーム、rgb(r, g, b)、rgb(r%, g%, b%)、rgba(r, g, b, a)

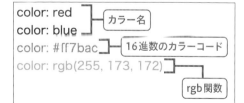

color: red ── カラー名
color: blue
color: #ff7bac ── 16進数のカラーコード
color: rgb(255, 173, 172) ── rgb関数

4 レイアウトを指定するプロパティ

次はレイアウト関連のプロパティです。これらのプロパティで要素のサイズを変えたり、余白を調整することでウェブページのレイアウトを作っていきます。

■ 要素の外側の余白サイズを指定するmargin

marginプロパティは隣り合う要素との距離、つまり外側の余白を指定するプロパティです。余白はただの空間ではなく、コンテンツとコンテンツを区切ったりグループ化する役割もあり、余白をうまく使うことで境界線の役割を持たせることができます。

marginは、上下左右それぞれ個別に設定できます。「margin: 20px」と指定すると上下左右すべてに20pxの余白ができます。上だけに余白がほしいときなど、辺ごとに指定する場合は「margin-top」のようにmarginの後ろに「-top」「-bottom」「-left」「-right」をつけたプロパティで指定します。

もしくはmarginプロパティのみで4辺を一度に指定する方法もあります（P.181の学習ポイント参照）。その場合は「margin: 10px 5px 5px 10px」のように半角スペースで区切ります。順番は上→右→下→左の順に記述します。上と下、右と左で同じ値の場合は省略して記述することもできます。

■ 要素の内側の余白サイズを指定するpadding

paddingプロパティは、要素の縁から内側の余白を指定するためのプロパティです。基本的な記述方法はmarginと同じで、上下左右を個別に、あるいは上下と左右をまとめて設定できます。

CSS プロパティ

margin

ボックスの外側の余白を指定する。
【書式】margin: キーワードまたは数値と単位
【値】 auto ／ （単位）px、％、em、vwなど

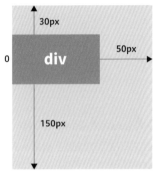

`div {margin: 30px 50px 150px 0;}`

上→右→下→左の順に記述する

「上下」「左右」で同じ値の場合

`margin: 10px 5px 10px 5px;`
▼
`margin: 10px 5px;`

CSS プロパティ

padding

ボックスの内側の余白を指定する。
【書式】padding: 数値と単位
【値】 （単位）px、％、em、vwなど

`div {padding: 30px 50px 150px 0;}`

上→右→下→左の順に記述する

■ 要素の高さと幅のサイズを指定するheight、width

heightプロパティとwidthプロパティは、要素の高さと幅を指定するプロパティです。heightが高さ、widthが幅を表します。値の単位は通常pxで指定しますが、スマホ用のレイアウトでは%やvwで指定し、端末のサイズに合わせて伸縮するように記述することが多いです。

> **CSSプロパティ**
> ## height
> ボックスの高さを指定する。
> 【書式】height: キーワードまたは数値と単位
> 【値】 auto ／（単位）px、%、em、vwなど

> **CSSプロパティ**
> ## width
> ボックスの幅を指定する。
> 【書式】width: キーワードまたは数値と単位
> 【値】 auto ／（単位）px、%、em、vwなど

4

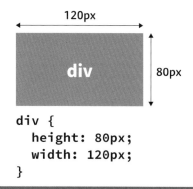

```
div {
    height: 80px;
    width: 120px;
}
```

学習ポイント

スタイルが継承されるプロパティ

プロパティの中には、親要素から子要素へスタイルが継承されるものがあります。文字関連のプロパティであるcolorやfontがそのひとつで、例えばbody要素に対して「文字を赤くする」という指定をした場合、内包される子要素すべてにスタイルが継承され、同じように文字が赤くなります。ひとつひとつの要素に対して文字を赤くする指定をする必要はありません。

body {color:red;}

親要素である body 要素に文字色を指定するだけで、子要素の文字はすべて赤くなる。各要素に対して個別に指定する必要はない

5 CSSを記述する場所について

CSSの記述方法は3つあります。それぞれの方法を解説します。

■ タグのstyle属性に直接記述する

まずは、スタイルを指定したい要素のHTMLタグにstyle属性を追加し、直接記述する方法です。特定の要素をピンポイントで指定できるので便利です。

```
<p style="color: red;">この文字の色を赤にしたい。</p>
```

■ style要素内に記述する

HTML文書のhead要素内にstyle要素を作成し、その中にCSSを記述する方法です。ページごとに記述する必要があるため、ページ数の多いサイトでは管理しづらい欠点がありますが、手軽にCSSを利用できます。

```
<!DOCTYPE html>
<html>
<head>
<style>
p {
  color: red;
}
</style>
</head>

<body>
<p>この文字の色を赤にしたい。</p>
</body>
```

■ 外部ファイルに記述する

CSSファイルを別に用意し、link要素でHTMLファイルから参照させる方法です。

---

① タグのスタイル属性に記述

HTML

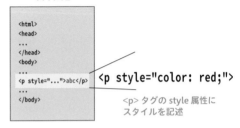

```
<html>
<head>
...
</head>
<body>
...
<p style="...">abc</p>
...
</body>
```

```
<p style="color: red;">
```

<p> タグの style 属性に
スタイルを記述

note

style 属性について

style 属性を使用すれば、要素に対して直接スタイルを指定することができます。この属性はほとんどの要素で使えます。

② <style> 要素内に記述

HTML

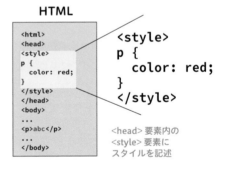

```
<html>
<head>
<style>
p {
  color: red;
}
</style>
</head>
<body>
...
<p>abc</p>
...
</body>
```

```
<style>
p {
    color: red;
}
</style>
```

<head> 要素内の
<style> 要素に
スタイルを記述

note

style 要素の詳細については P.69 の解説をお読みください。

▼HTMLファイルの記述

```
<!DOCTYPE html>
<html>
<head>
<link href="./style.css" rel="stylesheet">
</head>

<body>
<p>この文字の色を赤にしたい。</p>
</body>

</html>
```

▼CSSファイル（style.css）の記述

```
p {
  color: red;
}
```

3 外部ファイルに記述

HTML

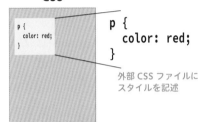

`<link href="./style.css">`

HTMLファイルには
外部CSSファイルを
読み込むための記述

CSS

```
p {
    color: red;
}
```

外部CSSファイルに
スタイルを記述

note

link要素と属性の詳細については P.69 の解説を
お読みください。

■ 外部ファイルに記述するメリット

3つの記述方法のうち、ウェブデザインの現場ではCSS
ファイルを外部ファイルとして用意する方法を多く採用
します。なぜかというと、文書構造はHTML、装飾は
CSS、と切り分けることにより、ウェブブラウザや検
索エンジンに効率よく正確な情報を伝えることができる
からです。

また、1つのCSS文書を複数のHTMLファイルへリン
クさせることができるため、1か所を編集するだけで関
連付けられたすべてのHTMLファイルへ変更が反映さ
れ、ページの修正や管理が楽になるというメリットもあ
ります。

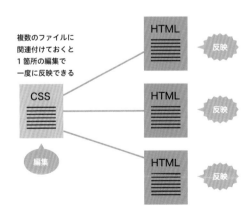

複数のファイルに
関連付けておくと
1箇所の編集で
一度に反映できる

note

本書では「外部ファイルに記述」する方法で学習
を進めます。

スタイルが競合した場合の優先順について

CSSは1つのセレクタに対してスタイルを重ねて指定することができるため、同じセレクタに別々の指定がされた場合にどちらを優先するのか、細かくルールが決められています。

ルール1：記述方法による優先順位

CSSの記述方法は前ページで説明したとおり、①タグのstyle属性に直接記述、②style要素内に記述、③外部ファイルに記述　の3種類があり、指定が競合した場合には①＞②＞③の順に優先されます。

ルール2：記述の順番による優先順位

優先順位のレベルが同じであれば、あとから書いたもの（ファイル内の下の行に書いたもの）が優先されます。

ルール3：セレクタの種類による優先順位

セレクタの種類によって点数が割り当てられており、どのセレクタを指定するかで優先順位が変わります。点数は足し算でカウントされ、合計点数の高いものが優先されます。

指定方法	記述例	点数
タグのstyle属性	style=""	1000点
id	#sample	100点
class	.sample	10点
属性セレクタ	a[target="_blank"]	10点
擬似クラス	:hover	10点
要素名	a	1点
疑似要素	:first-child	1点
全称セレクタ	*	0点

ルール2の優先順

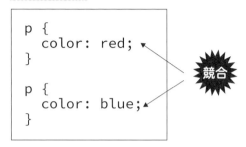

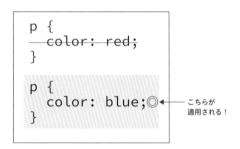

こちらが適用される！

同じセレクタに別の記述がされた場合
あとから書いたものが優先される

この例の場合、p要素はblueで表示される

点数カウントの一例

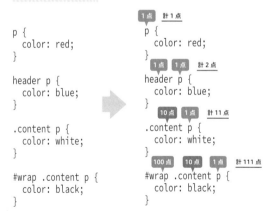

4-2 CSSを書いてみよう
<ページの基本設定を記述する>

この節では、CSSを使ってコーディングを進めながら、ページ全体のベースとなるスタイルの設定や、ブラウザの既定スタイルの解除方法、リンクの書式の設定方法などを学びます。こまめにプレビューをして、記述によって見た目がどう変わるかを確認しながら進めましょう。

1 サンプルサイト共通ページのレイアウト

ここからは実際にCSSの記述をします。3章で作成したcommon.htmlにスタイルを指定し、文字の装飾や色、配置などを整えていきましょう。HTMLだけでは文字色やサイズも初期値で、配置もただ文

書構造に則して上から順に並んでいるだけです。CSSを使って、全体のカラー、ロゴやメニュー、フッターの配置を設定してきます。

スタイリング前のcommon.html

スタイリング後のcommon.html

2 CSSの記述前に準備すること

STEP 1

CSSファイルを作成する

本書ではCSSをHTMLファイル内に記述する方法ではなく、外部ファイルとしてCSSファイルを作成します。
VS Codeを起動して［ファイル］メニュー→［新規ファイル］で新規ファイルを作成し、［名前を付けて保存...］で作業フォルダ「kissa」内の「css」フォルダに保存します。
Mac版では［Format］・Windows版では［ファイルの種類］から「CSS」を選択して、ファイル名を「common.css」とします。

STEP 2

HTMLファイルとリンクする

STEP 2

HTMLファイルとリンクする

まずはこれから作成していくCSSファイルをHTMLファイルにリンクさせましょう。3章で作成した「common.html」を開き、head要素内のscript要素の下に、link要素を使いCSSとリンクさせるための記述を入力して保存します。

```
<head>
  <meta charset="UTF-8">
  <title>KISSA official website</title>
  <meta name="description" content="ページの概要文を記載します">
  <meta name="viewport" content="width=device-width">
  <script src="./js/toggle-menu.js"></script>
  <link href="./css/common.css" rel="stylesheet">
</head>
```

STEP 3

文字コードを入力する

common.htmlから切り替えて、common.cssの編集作業に戻ります。

まず、白紙のCSSファイルの1行目には文字コードを書くというルールがあるため、はじめに「@charset "utf-8";」と入力します。

```
@charset "utf-8";
```

これでCSSを記述するための準備が整いました。

3　ブラウザの既定スタイルを解除する

各ブラウザにはデフォルトのスタイルがそれぞれ独自に設定されており、ブラウザによって見た目が変わったり、不要な余白ができたりと、意図しない表示になってしまうことがあります。そのため、各部の装飾をはじめる前に、最初にこのデフォルトのスタイルを解除したほうが

リセットCSS

ブラウザのデフォルトスタイル（初期値）を解除するためのCSSは「リセットCSS」と呼ばれ、世界中でいろいろな手法が試されています。本書では、サンプルサイトに影響のある部分だけをリセットします。

コーディングがしやすくなります。まずはブラウザ間の表示の差異をなくして、一度まっさらな状態にしてからCSSを書きはじめましょう。

ブラウザの既定スタイルによる要素間の余白（斜線の部分）や行頭記号などの装飾が見られる

既定スタイルを解除して、余白やリンク文字の装飾などの表示をリセットした状態

STEP 1　要素の余白をなくす

各要素にはデフォルトでmarginやpaddingなどの余白が設定されています。まずはすべての要素=「*（全称セレクタ）」と疑似要素=「::before」「::after」に対して余白を解除する指定を入力します。
疑似要素の使い方についてはP.213で詳しく解説します。

```
@charset "utf-8";

*,
::before,
::after {
  padding: 0;
  margin: 0;
}
```

```
1  @charset "utf-8";
2
3  *,
4  ::before,
5  ::after {
6    padding: 0;
7    margin: 0;
8  }
```

note

全称セレクタ

*（アスタリスク）は全称セレクタ（ユニバーサルセレクタ）といい、リンクするHTMLファイル内のすべての要素を対象にスタイルを適用できるセレクタです。

note

疑似要素

::before と ::after は疑似要素といい、対象の要素に擬似的に要素を追加するためのセレクタです。疑似要素は、全称セレクタではカバーしきれない場合があるため、この2つのセレクタも追加しています。

要素の幅と高さの計算方法を指定する

次に「box-sizing」というプロパティで要素の幅と高さの計算方法を指定します。デフォルトでは要素の幅とサイズは「paddingとborderの値を含めない」設定になっているので、シンプルに計算できるようにします。

```
*,
::before,
::after {
  padding: 0;
  margin: 0;
  box-sizing: border-box;
}
```

CSSプロパティ

box-sizing

要素の幅と高さをどのように計算するのかを設定する
【書式】box-sizing: キーワード
【値】 content-box（初期値）、border-box

```
3   *,
4   ::before,
5   ::after {
6     padding: 0;
7     margin: 0;
8     box-sizing: border-box;
9   }
```

学習ポイント

要素の幅と高さの計算方法

CSSでは、要素の幅や高さの算出方法を「CSSボックスモデル」として定義しています。このCSSボックスモデルの初期値では、要素の大きさは「width／heightの値」+「paddingの値」+「borderの太さ」の3つの値を足した数値で算出されます。しかし、レスポンシブデザインなどで、幅や高さを「%」のような可変する単位で指定すると、要素全体の大きさの計算が複雑になっ

てしまいます。これを解決するため、要素の大きさは「width／heightで指定した値のみ」という計算方法に変更することができます。これを指定するのが、box-sizingプロパティです。
初期値である「content-box」を「border-box」に変更することで、paddingやborderの太さを計算に含めず、シンプルにwidth／heightの値のみで計算するようになります。

ボックスサイズの計算方法の違い

> width120px、height80px、padding20px、border5px と指定した場合

box-sizing: content-box（初期値）

要素の幅は 120px+20px+20px+5px+5px=170px、
高さは 80px+20px+20px+5px+5px=130px となる

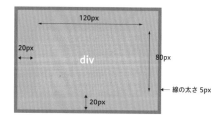

box-sizing: border-box

width／height の値がそのまま適用され
要素の幅は 120px、高さは 80px となる

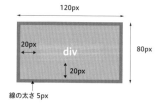

STEP 3 リストの行頭アイコンを非表示にする

リスト項目の行頭には初期設定で「・」アイコンがつけられています。このアイコンを非表示にします。ul要素とol要素に対して、list-styleプロパティで「none」を指定します。

```
ul,
ol {
  list-style: none;
}
```

note

リスト項目にあった行頭アイコンは、STEP.1で余白をなくしたことによりブラウザの左端からはみ出して見えなくなっていたため、STEP.3で行頭アイコンを非表示にしても、見た目上の変化はないように見えます。

STEP 4 リンクの文字色と下線をなくす

a要素で作成したリンクには、デフォルトで文字に色がつき下線が引かれた状態で表示されます。これをリセットします。文字色は「inherit」とし、親要素の文字色を継承するようにします。下線の有無は「text-decoration」というプロパティで設定します。

```
a {
  color: inherit;
  text-decoration: none;
}
```

note

inherit

親要素のスタイルを継承するときに使用する値が「inherit」です。今回の場合、a要素の文字色をブラウザ既定の色ではなく、親要素と同じ色にするために使用しました。「inherit」はcolorプロパティだけでなく、さまざまなプロパティで使用できる値です。

CSSプロパティ

list-style

リストのスタイルを指定するためのプロパティである、list-style-image、list-style-position、list-style-typeの3つのプロパティをまとめて指定する。
【書式】list-style: 各プロパティの値を半角スペースで区切る
【値】 none、各プロパティの値(list-style-typeはP.326参照)

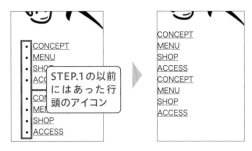

STEP.1の以前にはあった行頭のアイコン

CSSプロパティ

text-decoration

テキストに下線、上線、打ち消し線などの装飾を施す。
【書式】text-decoration: キーワード
【値】 none、underline、overline、line-through

```
12  ol {
13    list-style: none;
14  }
15
16  a {
17    color: inherit;
18    text-decoration: none;
19  }
```

リンク文字の装飾が解除された

4　ベースになるスタイルを設定する

デフォルトのスタイルが解除できたら、次に全体のベースとなるスタイルを設定します。

STEP 1　テキストのフォントを指定する

まずはページ全体のフォントを指定します。全体への指定はbody要素に対して行います。font-familyプロパティを使用して、サンセリフ体を表す「sans-serif」を指定しましょう。

```
body {
  font-family: sans-serif;
}
```

ブラウザ上では特に変化はありません。

CSSプロパティ

font-family

テキストを表示する際のフォントを指定する。
【書式】font-family: キーワード
【値】　フォント名、sans-serif、serif、
　　　monospace、fantasy、cursive

```
18      text-decoration: none;
19  }
20
21  body {
22    font-family: sans-serif;
23  }
```

STEP 2　文字サイズ、色、行間を指定する

次に文字サイズ、色、行間を指定します。デフォルトの文字サイズは「16px」、色は黒を表す「#000000」、行間は「1」を指定します。

```
body {
  font-family: sans-serif;
  font-size: 16px;
  color: #000000;
  line-height: 1;
}
```

```
20
21  body {
22    font-family: sans-serif;
23    font-size: 16px;
24    color: □#000000;
25    line-height: 1;
26  }
```

リストやフッター内の文字の行間が詰まって表示される

STEP 3　背景色を指定する

次に背景色を指定します。背景色はbackground-colorプロパティを使用し、値には白を表す「#ffffff」を指定します。ちなみに初期値は白なので、あえて指定しなくても同じ表示になりますが、実務では白以外を使用することも多いのでここでは学習のために入力しておきましょう。

CSSプロパティ

background-color

要素の背景色を指定する。
【書式】background-color: キーワードまたは色
　　　の値
【値】　transparent、#rrggbb、#rgb、カラーネー
　　　ム、rgb(r, g, b)、rgb(r%, g%, b%)、
　　　rgba(r, g, b, a)

```
body {
  font-family: sans-serif;
  font-size: 16px;
  color: #000000;
  line-height: 1;
  background-color: #ffffff;
}
```

```
21  body {
22    font-family: sans-serif;
23    font-size: 16px;
24    color: □#000000;
25    line-height: 1;
26    background-color: ■#ffffff;
27  }
```

4

STEP 4

img要素の最大幅を指定する

続いて、img要素の最大幅を指定します。サ
イト制作の実務では、画像を本来のサイズの
2倍の大きさで用意するケースがあります
（P.117の学習ポイント参照）。

大きな画像をそのまま配置すると親要素から
飛び出してしまうことがあるので、これを防
ぐために、img要素の最大幅を親要素の範囲
内で収まるように指定しておきましょう。

最大幅の指定にはmax-widthプロパティを
使用し、値は「100%」を指定します。

```
img {
  max-width: 100%;
}
```

ブラウザ上の変化はありません。

これでベースとなる指定は完了です。次の節
からはいよいよレイアウトの作成に入ってい
きます。

CSSプロパティ

max-width

要素の幅の上限を指定する。
【書式】max-width: キーワードまたは数値と単位
【値】 none ／ （単位）px、%、em、vwなど

```
28
29    img {
30      max-width: 100%;
31    }
```

カラーコードの省略

色を指定するカラーコードは、条件が揃えば省略して入力す
ることもできます。例えば「#aabbccc」の場合「#abc」と略
して記述できます。STEP.2の文字色で使用した「#000000」
は「#000」と省略することもできますが、本書ではわかり
やすいようにすべて6桁で統一します。

4-3 CSSを書いてみよう
<レイアウトの詳細を記述する>

ここからは各要素のスタイル設定に入ります。どんどん表示が変わっていくので、CSSの役割や面白さを体感できるはずです。3章で記述したHTMLがCSSによってどのように変化していくか、ひとつひとつ確かめながらCSSへの理解を深めていきましょう。

1 ヘッダーのスタイルを指定する

STEP 1 ヘッダーのサイズを指定する

はじめにヘッダーのサイズを指定します。要素のサイズの指定にはwidthとheightプロパティを使用しますが、レスポンシブデザインでは、幅をmax-widthで指定しておくとブラウザ幅に合わせて可変する表示にできるため、ここではmax-widthを使用します。
header要素内のdiv要素につけたheader-innerというクラス名をセレクタにしてサイズを指定します。

保存して、ブラウザでプレビューしてみましょう。文字が重なって表示が崩れていますが、現時点ではこの表示で問題ありません。

```
.header-inner {
  max-width: 1200px;
  height: 110px;
}
```

```
32
33    .header-inner {
34      max-width: 1200px;
35      height: 110px;
36    }
```

学習ポイント

クラス名をセレクタにする

ここまではa要素やbody要素など、特定の要素に対してCSSを指定してきました。こういったセレクタの指定方法を「タイプセレクタ」と言います。
これとは異なる指定方法として、要素のclass属性に対してもCSSを指定することができます。

例えば「ある箇所のp要素は赤色にしたいが別の箇所では青色にしたい」というケースがあるとします。その場合、p要素に対する指定だけではすべてのp要素が同じ色になってしまいます。

```
<p class=" red" ></p><p class=" blue" ></p>
```

112

のように、class属性で目じるしをつけておけば、それぞれのclass属性をセレクタにして、別々の指定が可能になります。こういった指定方法を「クラスセレクタ」と言います。

■ クラス名の記述ルール

クラスセレクタでCSSを指定する際には、ピリオド（.）の後ろにクラス名を記述します。

- **.[クラス名]**

4

ウェブサイトの横幅サイズ

本書のサンプルサイトでは、横幅を1200pxを基準に設定しています。以前はPCのディスプレイサイズの関係から960px前後のサイズとすることが多かったのですが、今は横幅が2000pxを超えるような大画面のPCもあれば、タブレットやスマホのような小さな端末のことも考慮しなければなりません。そのため、フレキシブルにサイズを調整できるようなCSSの書き方が主流になっています。とはいえ、大画面のPCで際限なく幅が広がっていくようなサイトはかえって見にくくなるため、max-widthで最大幅を決めておく必要があります。本書では、コンテンツエリアとのバランスを考慮し1200pxを採用しました。

STEP 2 ヘッダーの位置を指定する

次に、ヘッダーをウェブブラウザの中央に表示する指定をします。中央揃えにするには、左右のmarginの値を「auto」に設定します。autoという値は「ブラウザの幅から要素の幅を引いた値を、左右均等に分配して余白を設ける」という指定です。

```
.header-inner {
  max-width: 1200px;
  height: 110px;
  margin-left: auto;
  margin-right: auto;
}
```

保存してプレビューしましょう。ロゴとナビゲーションの位置が少し変わっています。プレビューに変化がない場合、ブラウザの横幅を広げてみましょう。

```
33    .header-inner {
34      max-width: 1200px;
35      height: 110px;
36      margin-left: auto;
37      margin-right: auto;
38    }
```

note

使用している PC のディプレイサイズが 1200px 以下の場合、この時点では変化が見られないことがあります。本書のスクリーンショットは幅 1340px のブラウザで閲覧した画面を撮影しています。

ロゴとheader内のnav要素が移動

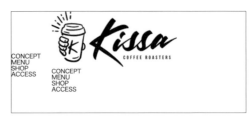

STEP 3 ヘッダーエリアの左右の余白を指定する

次にヘッダーの左右に余白を指定します。max-widthで指定した1200px以下のブラウザで見ると、ヘッダーが幅いっぱいで表示され窮屈になってしまう（下図を参照）ため、少し余白を作っておきます。paddingプロパティを使い、左右にそれぞれ40pxの余白を設定します。

```css
.header-inner {
  max-width: 1200px;
  height: 110px;
  margin-left: auto;
  margin-right: auto;
  padding-left: 40px;
  padding-right: 40px;
}
```

paddingなしの場合

paddingありの場合

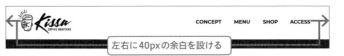

左右に40pxの余白を設ける

STEP 4 ロゴとナビゲーションを横並びにする

デザインカンプでは、ヘッダーの左側にロゴが、右側にナビゲーションが配置されています。エリアの左右に要素を配置する方法はいくつかありますが、ここではflexという手法を使用します。

.header-innerにdisplayプロパティで「flex」を指定します。

> **CSS プロパティ**
>
> **display**
>
> ボックスの表示形式を指定する。
> 【書式】display: キーワード
> 【値】 none、block、inline、inline-block、
>   table、flex、gridほか

```css
.header-inner {
  max-width: 1200px;
  ...（略）...
  padding-right: 40px;
  display: flex;
}
```

保存してブラウザでプレビューします。ナビ
ゲーションがロゴの右側に配置されました。

ote

flex については7章で詳しく解説します。

4 ◀◀

STEP 5 ロゴとナビゲーションを左右の端に
寄せる

続いて、横並びになったロゴとナビゲーショ
ンを左右の端に寄せて配置します。flexプロ
パティには関連するいくつかのプロパティが
あり、アイテムの配置や間隔を指定するプロ
パティであるjustify-contentプロパティを
使用します。値は、「アイテムを均等に配置し、
最初のアイテムは先頭に、最後のアイテムは
末尾に寄せる」という指定である「space-
between」を指定します。

```
.header-inner {
  max-width: 1200px;
  ... (略) ...
  display: flex;
  justify-content: space-between;
}
```

CSSプロパティ

justify-content

フレックスアイテムの主軸方向の配置を指定する。
【書式】justify-content: キーワード
【値】 flex-start、flex-end、center、
　　　space-between、space-around

```
33   .header-inner {
34     max-width: 1200px;
35     height: 110px;
36     margin-left: auto;
37     margin-right: auto;
38     padding-left: 40px;
39     padding-right: 40px;
40     display: flex;
41     justify-content: space-between;
42   }
```

これでロゴとナビゲーションが左右の端に配置されました。
この時点で、ロゴとナビゲーションのちょうど真ん中あたり
にグレーの縦線のようなものが表示されていますが、これは
モバイル用レイアウトで使用するハンバーガーメニューで
す。このあとのステップで非表示にしますので、今は無視し
てください。

<table>
<tr><td>STEP
6</td><td></td></tr>
</table>

ロゴとナビゲーションの上下の高さを揃える

続いて、ロゴとナビゲーションを天地中央に揃えて配置します。先ほど使用したjustify-contentはflexの並びと同方向の配置を制御しましたが、それにクロスする方向（この場合は縦方向）の配置を指定するのがalign-itemsプロパティです（P.199で詳解）。値は中央揃えを意味する「center」と指定します。

```
.header-inner {
  max-width: 1200px;
  ...（略）...
  justify-content: space-between;
  align-items: center;
}
```

ブラウザでプレビューしてみます。ロゴとナビゲーションの位置が天地中央揃えになりました。

CSS プロパティ

align-items

フレックスアイテムの交差軸方向の配置を指定する。
【書式】align-items: キーワード
【値】　flex-start、flex-end、center、
　　　　baseline、stretch

```
33  .header-inner {
34    max-width: 1200px;
35    height: 110px;
36    margin-left: auto;
37    margin-right: auto;
38    padding-left: 40px;
39    padding-right: 40px;
40    display: flex;
41    justify-content: space-between;
42    align-items: center;
43  }
```

CONCEPT
MENU
SHOP
ACCESS

天地中央に揃った

CONCEPT
MENU
SHOP
ACCESS

<table>
<tr><td>STEP
7</td><td></td></tr>
</table>

ハンバーガーメニューを非表示にする

先ほど、STEP.5の最後に少し触れたグレーの縦線が、align-itemsを指定したことで小さな点になっています。ほとんど気になりませんが、PCレイアウトでは不要なものなので、一旦非表示にしておきます。

button要素にしてある「toggle-menu-button」というクラス名をセレクタに、displayプロパティで「none」を指定します。これで非表示になります。

```
.toggle-menu-button {
    display: none;
}
```

```
44
45  .toggle-menu-button {
46    display: none;
47  }
```

116

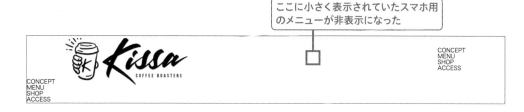

ここに小さく表示されていたスマホ用
のメニューが非表示になった

2　ロゴとナビゲーションのスタイルを指定する

ヘッダーの配置が完成したら中身のデザインを整えていきます。まずはロゴです。

STEP 1

ロゴのサイズを指定できるようにする

ロゴは本来表示したい大きさの2倍サイズの
画像ファイルを使用しているので、現時点で
はデザインカンプより大きく表示されていま
す。ロゴに指定したクラス「header-logo」
に対して指定をしていきます。

ロゴはa要素でマークアップされており、a
要素はインライン要素（次ページを参照）と
して扱われるため、幅の指定ができません。
先にdisplayプロパティで「block」を指定し、
幅の指定ができるようにします。

カンプ

```
48
49    .header-logo {
50      display: block;
51    }
```

```
.header-logo {
  display: block;
}
```

学習ポイント
画像のサイズは2倍の大きさで用意する

本書のサンプルサイトでは基本的に画像は表示サ
イズの「2倍の大きさで書き出したもの」を使用
しています。これは、AppleのRetinaディスプ
レイなど解像度の高いディスプレイで見たとき
に、等倍サイズの画像ではぼやけて表示されてし
まうことがあるためです。

これを防ぐには、あらかじめ画像を2倍の大きさ
で作っておき、CSSで半分の大きさを指定して表
示させる方法があります。これにより高解像度ディ
スプレイでも美しく表示させることができます。

ブロックレベル要素とインライン要素

HTML4までは、各要素は「ブロックレベル要素」と「インライン要素」という分類に分けられていました。HTML5からはこの分類は廃止されましたが、CSSでのデフォルト設定がこの分類を引き継いでいるため、これらの違いを理解しておく必要があります。

■ ブロックレベル要素

1つのブロックとしてみなされ、前後に改行が入ります。高さや幅の指定、上下左右のmarginの指定ができます。

代表的なブロックレベル要素

```
p、h1、div、ul など
```

■ インライン要素

テキストの一部として扱われ、改行は入りません。高さや幅の指定はできず、marginは左右のみ指定できます。上下のmarginは指定できません。

代表的なインライン要素

```
a、img、span など
```

今回、ロゴをマークアップしているa要素はインライン要素として分類されるため、このままでは幅の指定ができません。

これを解決するのがdisplayプロパティです。displayプロパティを使えば、ブロックレベル扱いの要素をインラインとして扱ったり、その逆にしたりと、デフォルトで割り当てられた表示形式を自由に変更することができます。

STEP 2 ロゴのサイズを指定する

ロゴに指定したクラス、header-logoにwidthプロパティで幅を指定して、カンプどおりの本来の表示サイズにします。

```css
.header-logo {
  display: block;
  width: 170px;
}
```

```
48
49    .header-logo {
50      display: block;
51      width: 170px;
52    }
```

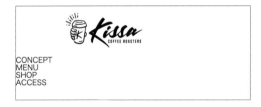

```
CONCEPT
MENU
SHOP
ACCESS
```

STEP 3 ナビゲーションの項目を横並びにする

続いて、ナビゲーション項目を横並びにします。nav要素につけた site-menuというクラスを利用し、site-menuの中にあるul要素に対してdisplayプロパティで「flex」を指定します。

```css
.site-menu ul {
  display: flex;
}
```

```
53
54    .site-menu ul {
55      display: flex;
56    }
```

CONCEPTMENUSHOPACCESS

CONCEPTMENUSHOPACCESS

これでナビゲーションメニューが横並びになりました。

ロゴの下部にある、フッター用のナビゲーションメニューも
横並びになっている点に注目してください。ヘッダーとフッ
ターのナビゲーションは同じHTMLコードで作成している
ので、1つのCSSの記述で両方に対してスタイルを指定する
ことができています。

STEP 4 ナビゲーションの項目間の余白を設定する

次にメニューの項目のあいだの余白を設定し
ます。ナビゲーションのul要素の中にあるli
要素に対して、marginプロパティで左右に
それぞれ20pxの余白を指定します。

```
.site-menu ul li {
  margin-left: 20px;
  margin-right: 20px;
}
```

```
57
58    .site-menu ul li {
59      margin-left: 20px;
60      margin-right: 20px;
61    }
```

Kissa   CONCEPT   MENU   SHOP   ACCESS

CONCEPT   MENU   SHOP   ACCESS

デザインカンプのヘッダーの見た目にだいぶ近づいてきまし
た。あとはナビゲーションの文字スタイルの設定が必要です
が、それは次節でウェブフォントの設定方法と合わせて紹介
しますので、まずはレイアウトの作成を優先し、現時点では
ここまででヘッダーは完成とします。

3 フッターのスタイルを指定する

STEP 1 フッターの文字色と背景色を指定する

続いてフッターのスタイルを設定していきま
す。まずは文字色と背景色を指定します。フッ
ターは黒地に白文字としたいので、クラス名
footerに対して、文字色「#ffffff」、背景色
「#24211b」をそれぞれ指定します。

```
.footer {
  color: #ffffff;
  background-color: #24211b;
}
```

```
62
63    .footer {
64      color: #ffffff;
65      background-color: #24211b;
66    }
```

ブラウザでプレビューすると、突然フッターにロゴが現れ
て驚くかもしれませんが、これはフッターのロゴが白色な
ためこれまでは白背景に重なって見えなかったのが、黒背
景にしたことで見えるようになったということです。

STEP 2 フッターの内側の上下の余白を指定する

続いて、padding プロパティでフッターの内
側上下の余白を指定します。

```
.footer {
  color: #ffffff;
  background-color: #24211b;
  padding-top: 30px;
  padding-bottom: 15px;
}
```

STEP 3 フッター内の各要素の配置を指定する

次にフッターの中にある各要素のスタイリン
グをしましょう。まずは display プロパティ
で「flex」を指定して要素を横並びにします。

```
.footer {
  color: #ffffff;
  background-color: #24211b;
  padding-top: 30px;
  padding-bottom: 15px;
  display: flex;
}
```

4 <

デザインカンプではフッター内の要素は縦に並んでいるのになぜ横並び？　と疑問に思うかもしれませんが、このあとのステップで詳しく解説します。

STEP
4

flexの方向を指定する

flexは要素を横並びにするために使用してきましたが、実は方向を90度回転させて、縦並びにすることもできます。それを指定するのがflex-directionプロパティです。縦方向を表す「column」を指定してみましょう。

CSS プロパティ
flex-direction

フレックスコンテナの主軸の方向を指定する。
【書式】flex-direction: キーワード
【値】　row、row-reverse、column、column-reverse

```
.footer {
  color: #ffffff;
  ... (略) ...
  display: flex;
  flex-direction: column;
}
```

```
63    .footer {
64      color: ■#ffffff;
65      background-color: □#24211b;
66      padding-top: 30px;
67      padding-bottom: 15px;
68      display: flex;
69      flex-direction: column;
70    }
```

これで要素が再び縦並びになりました。

各要素を中央に揃えて配置する

ヘッダーのレイアウトを作成する際、align-itemsプロパティでロゴとナビゲーションを天地中央に揃えて配置しました（P.116）。align-itemsは、flexの向きにクロスする方向の配置を指定するプロパティなので、flexの向きを縦並びにしたフッターでは、横方向の配置を指定するプロパティになります。この性質を利用して、値に「center」を指定します。

```
.footer {
  color: #ffffff;
  ... (略) ...
  flex-direction: column;
  align-items: center;
}
```

```
63    .footer {
64      color: #ffffff;
65      background-color: #24211b;
66      padding-top: 30px;
67      padding-bottom: 15px;
68      display: flex;
69      flex-direction: column;
70      align-items: center;
71    }
```

これでフッター内の各要素が中央揃えで配置されました。

4　フッター内の要素のスタイルを指定する

続いて、それぞれの要素のスタイルを整えていきます。ナビゲーションはヘッダーを作成するときに指定したスタイルのままでOKなので、ロゴのサイズから調整していきましょう。

フッターロゴのサイズを調整する

まずは、ヘッダーのロゴと同じくdisplayプロパティに「block」を指定します。画像も2倍サイズになっているので、widthプロパティで本来表示したいサイズを指定します。

```
73    .footer-logo {
74      display: block;
75      width: 235px;
76    }
```

```
.footer-logo {
  display: block;
  width: 235px;
}
```

STEP
2

フッターロゴの余白を調整する

続いて、ロゴの上部の余白を指定します。
marginプロパティで上部に90pxの余白を設
定します。

```
.footer-logo {
  display: block;
  width: 235px;
  margin-top: 90px;
}
```

STEP
3

電話番号のスタイルを調整する

ロゴの下にある電話番号のスタイルを調整し
ます。クラス名「footer-tel」に対してフォ
ントの大きさと太さ、上部の余白を設定しま
す。

```
.footer-tel {
  font-size: 26px;
  font-weight: bold;
  margin-top: 28px;
}
```

STEP
4

営業時間のスタイルを調整する

次に営業時間も同様に、クラス名「footer-
time」に、フォントのスタイルと上部の余
白を設定します。

```
.footer-time {
  font-size: 13px;
  margin-top: 16px;
}
```

コピーライトのスタイルを調整する

そして最下部にあるコピーライトのスタイル
を指定します。クラス名「copyright」にフォ
ントの大きさ、太さ、上部の余白の指定をし
ます。

```
90    .copyright {
91      font-size: 14px;
92      font-weight: bold;
93      margin-top: 90px;
94    }
```

```
.copyright {
  font-size: 14px;
  font-weight: bold;
  margin-top: 90px;
}
```

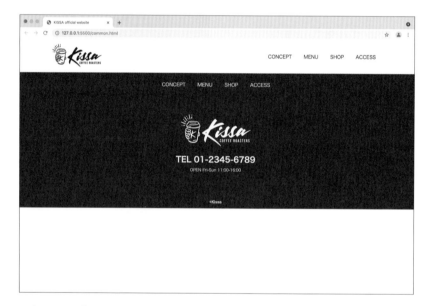

これでヘッダーとフッターのPC版のレイアウトはほぼ完成となります。
次節ではナビゲーションのフォントの設定を行います。

学習ポイント

CSS コードにコメントを記述する

3章で学んだHTMLコードのコメント（P.92）と
同じように、CSSでもコメントを記述することが
できます。用途としてはHTMLと同じく、目じる
しや覚え書きのために使用することが多いです。

記述方法は「/*」（スラッシュ +アスタリスク）と「*/」
でコメントを入れたい箇所を囲みます。

```
/* このようにコメントを記述します。 */
```

4-4 ウェブフォントを指定してみよう

この節では、ナビゲーションメニューにウェブフォントを適用する方法を解説します。フォントはウェブサイトの印象に大きな影響を及ぼします。Google Fontsの具体的な設定を学びながら、設定前と設定後の印象の違いを確認しましょう。

1 Google Fontsについて

今回のサンプルサイトでは、ナビゲーションメニューをはじめ、各所に「Google Fonts」を使用しています。

Google Fontsとは、Google社が提供しているウェブフォント（P.39）のサービスで、多彩なフォントの中から好きなフォントを選んで、ウェブサイト上で自由に使用することができる大変便利なツールです。

```
https://fonts.google.com/
```

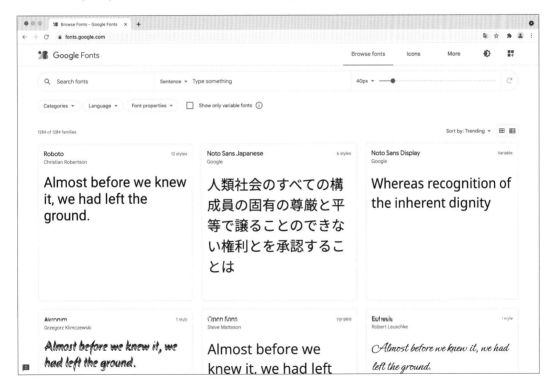

2 Google Fontsを利用するためのコードを入手する

今回はGoogle Fontsの中から「Montserrat」というフォントを選択しました。使用方法を解説していきます。

STEP 1

フォントを検索する

Google Fontsのページにアクセスして、画面上部の検索窓（Search fonts）に「Montserrat」と入力すると、Montserratというフォントが表示されます。いくつか種類がありますが、1つめに表示されている「Montserrat」を選択します。

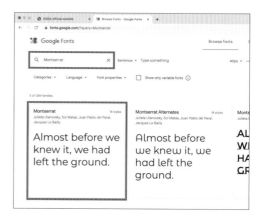

STEP 2

使用するスタイルを選択する

異なるウェイトや斜体などのバリエーションが表示されます。今回はこの中の「Bold 700」を使用します。右側の「＋ Select this style」をクリックします。

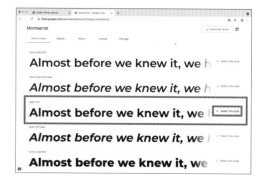

STEP 3

埋め込みコードを表示する

画面右側に現れるサイドバーの「Use on the web」という欄に表示されているコードが埋め込み用のコードです。

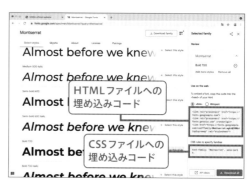

HTMLコードをコピーして貼り付ける

まずは上のグレーの枠に記載してある
HTMLコードをコピーします。

```
<link rel="preconnect" href="https://fonts.googleapis.com">
<link rel="preconnect" href="https://fonts.gstatic.com" crossorigin>
<link href="https://fonts.googleapis.com/css2?family=Montserrat:wght@700&display=swap" rel="stylesheet">
```

そして、VS Codeでcommon.htmlを開き、
head要素の一番最後にコピーしたコードを
貼り付けます。

common.html — kissa

```
common.html ●    # common.css

common.html > html > head > link
1   <!DOCTYPE html>
2   <html>
3
4   <head>
5       <meta charset="UTF-8">
6       <title>KISSA official website</title>
7       <meta name="description" content="ページの概要文を記載します">
8       <meta name="viewport" content="width=device-width">
9       <script src="./js/toggle-menu.js"></script>
10      <link href="./css/common.css" rel="stylesheet">
11      <link rel="preconnect" href="https://fonts.googleapis.com">
12      <link rel="preconnect" href="https://fonts.gstatic.com" crossorigin>
13      <link href="https://fonts.googleapis.com/css2?family=Montserrat:wght@700&
        display=swap" rel="stylesheet">
14  </head>
15
16  <body>
```

11 〜 13行目にペースト

```
<head>
  <meta charset="UTF-8">
  <title>サンプルページ</title>
  <meta name="description" content="ページの概要文を記載します">
  <meta name="viewport" content="width=device-width">
  <script src="./js/toggle-menu.js"></script>
  <link href="./css/common.css" rel="stylesheet">
  <link rel="preconnect" href="https://fonts.googleapis.com">
  <link rel="preconnect" href="https://fonts.gstatic.com" crossorigin>
  <link href="https://fonts.googleapis.com/css2?family=Montserrat:wght@700&
  display=swap" rel="stylesheet">
</head>
```

STEP 5 CSSコードをコピしてペーストする

続いて、CSSコードをコピーします。Google Fontsの画面の「CSS rules to specify families」欄にある以下のコードをコピーします。

```
font-family: 'Montserrat', sans-
serif;
```

ナビゲーションメニューのフォントを指定したいので、common.cssファイルの63行目に次のようにセレクタを追加し、フォントを指定します。font-weightは「bold」を指定します。

```
.site-menu ul li a {
  font-family: 'Montserrat', sans-serif;
  font-weight: bold;
}
```

ファイルを保存し、ブラウザでプレビューしてみましょう。ナビゲーションメニューのフォントが変わっていることが確認できます。これで、共通部分のPC版の制作はすべて完了です。

```
common.css — kissa
<> common.html ●          # common.css ●
css > # common.css > 🏷 .site-menu ul li a
  53
  54    .site-menu ul {
  55      display: flex;
  56    }
  57
  58    .site-menu ul li {          ┌──────────────┐
  59      margin-left: 20px;        │ セレクタを記述して │
  60      margin-right: 20px;       │ 64行目にペースト  │
  61    }                          └──────────────┘
  62
  63    .site-menu ul li a {
  64      font-family: 'Montserrat', sans-serif;
  65      font-weight: bold;
  66    }
  67
  68    .footer {
  69      color: ■#ffffff;
```

Google Fontsの適用前の書体

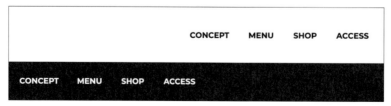

Google Font「Montserrat」の適用後

## Chapter 5

知っておきたい
レスポンシブデザインの
きほんと書き方

PCブラウザで表示したときのレイアウトができたら、次はスマートフォンなどのモバイル端末でのレイアウトを作成します。サイズの異なるさまざまな端末での表示を最適化する「レスポンシブデザイン」の基本と、コードの書き方を学んでいきましょう。

5-1 ▶ レスポンシブデザインの きほん知識

ここからは、サイトをモバイル端末で見たときのレイアウトを作成していきます。コードの記述に入る前に、まずはレスポンシブデザインの基本的な考え方について学んでおきましょう。

1 レスポンシブデザインとは

レスポンシブデザインとは、端末によってフレキシブルに表示を切り替えられるウェブサイトの作り方のことを言います。スマートフォンの普及により、ウェブサイトは「PCで見るもの」から「スマホでいつでも手軽に見られるもの」に変わりました。タブレットのような大画面のモバイル端末や超小型のスマートフォンなども登場し、ウェブ制作者には、こうしたさまざまな端末での閲覧を前提としたウェブサイト設計やデザイン、コーディングが求められています。

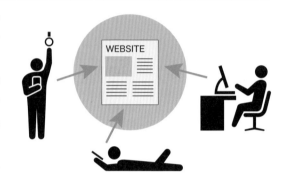

■ デザインをする際に意識したい3つのポイント

ではサイトの閲覧環境としてのPCとスマートフォンでは、どのような違いがあり、デザインにおいて、何に気をつければよいのでしょうか。大きな点として以下の3つの違いがあると考えます。

①画面の大きさの違い
②操作性の違い
③体験の違い

この3つのポイントをまずは理解することが、レスポンシブデザインにおいて特に重要です。1つずつ解説していきます。

■ ①もっとも大きな違いは画面サイズ

まず何よりも大きな違いは「画面サイズ」です。説明するまでもないですが、PCの大画面で見るのと、手元のスマートフォンで見るのでは、表示される情報の「量」がまったく異なります。

フッターを例に説明します。フッターは、一般的にウェブサイトの一番下に配置されますが、PCの大画面では、ユーザーがフッターにたどり着いたときにも、他のさまざまなコンテンツが画面内に表示されています。しかし、スマートフォンでは表示できる領域が限られているため、「画面の大部分をフッターが占有する」ことになります。この違いは大きいです。

一番下までスクロールしたときにフッターがスマホの画面を占有していることを理解し、別ページへの導線や申し込みボタンなど、ユーザーに起こしてほしい行動を促す装置を置いておくことが大切になります。フッターにサイトマップのようなメニューが掲載されていることがよくありますが、これはサイト内の回遊性（P.35）を確保し、他のページを見てもらいやすくするための設計であると言えます。

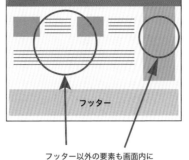

PC 画面の場合

フッター

フッター以外の要素も画面内に
たくさん表示されている

スマートフォン画面の場合

フッター

スクロール後の画面内で
フッターの占める割合が大きい

■②PCとスマホでは操作性が異なることを理解する

では、小さな画面の中にいろいろと詰め込んだほうがよいのかというと、必ずしもそうではありません。特にユーザーが直接触れる場所である、ボタンなどのサイズへの配慮は重要です。

マウスでのクリックと違って、タップやタッチなど指先で操作するスマートフォンでは繊細な操作は難しいものです。ボタンは押しやすい大きさにする、タップできる要素が隣接しすぎないようにするなど、指先での操作にストレスを感じさせないデザインを心がける必要があります。

また、画面が小さく縦長なスマートフォンでは、必然的にコンテンツを縦に並べて配置することが多く、そのため「画面のスクロール量」が多くなります。ヘッダーのナビゲーションなどユーザーが頻繁に触れる要素は、常に上部に固定表示するなどして、画面をスクロールして上まで戻らなくてもすぐにタップできる位置に配置すると、親切なサイト設計になります。

タップしやすいボタン

他のコンテンツから
適度の距離がある

ボタン

指でも操作しやすい
大きさ

タップしにくいボタン

他のコンテンツとの
距離が近すぎる

ボタン　ボタン

指で操作するには小さすぎる

■③閲覧するシチュエーションや体験が異なる

スマートフォンは移動中に使用することも多いので、例えば地図をタップすると地図アプリが立ち上がるようにするなど、別アプリとの連携を意識する必要があります。

また、PCでは要素にマウスを置いたときに色が変わるような「マウスオーバー」という手法をよく使いますが、スマートフォンでは「マウスを置く」という概念がありません。PCでは「マウスを置く→クリックする」という2段階のアクションが、スマートフォンでは「タップする」という1度のアクショ

ンになります。そのため、マウスオーバーしたときだけ表示される情報には、重要な情報は掲載しないように注意しなければなりません。

このように、レスポンシブデザインとは、単に画面のサイズに合わせて表示を変化させるというだけでなく、ユーザーが使用するシチュエーションや行動をイメージして、サイトの使いやすさを考えることが大切です。

2　レスポンシブデザインの制作方法

■ レスポンシブデザインの主役はCSS

スマートフォンが登場したばかりの頃はモバイル用に専用のサイトを作り、閲覧するサイトそのものを切り分ける方法が主流でした。しかしこの方法では、事実上「2つのウェブサイト」を管理することになり、更新の際には煩雑な作業が必要でした。こういった問題を解決したのがレスポンシブデザインです。

レスポンシブデザインでは、1つのHTMLコード（ワンソース）を使用し、ブラウザの幅によって適用するCSSを切り替える方法が主流です。つまりレスポンシブデザインの主役はCSSであると言えます。

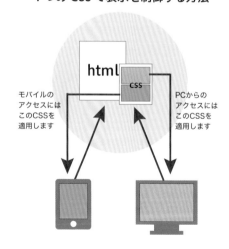

1つのCSSで表示を制御する方法

モバイルのアクセスにはこのCSSを適用します

PCからのアクセスにはこのCSSを適用します

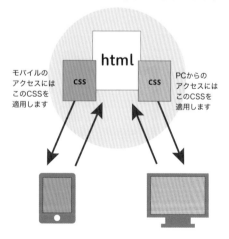

CSSを端末に応じて複数用意する方法

モバイルのアクセスにはこのCSSを適用します

PCからのアクセスにはこのCSSを適用します

どちらの方法も、HTMLファイルは1ファイル（ワンソース）なので、
PCでもモバイルでも同じURLで表示が可能

CSSファイルは、1つのCSSファイルにPC用とモバイル用のスタイルを両方記述して、端末に応じて適用するスタイルを切り替える方法と、PC用とモバイル用のCSSファイルをそれぞれ用意して、端末に応じて適用するファイル自体を切り替える方法

があります（左ページ下の図を参照）。

どちらの場合でもHTMLファイルは1つだけなので、同じURLで表示することができ、モバイル用に別のHTMLファイルを用意する必要はありません。

■ ブレイクポイントを境にレイアウトを切り替える

ではCSSをどのように切り替えるのかということですが、その説明に入る前に、どのブラウザ幅で表示が切り替わるかを決めなければなりません。ブラウザの幅を縮めたり広げたりしたときに、何px以上でPC用の表示になり、何px以下でモバイル用の表示になるのか、レイアウトが切り替わる分岐点のことを「ブレイクポイント」と言います。

ブレイクポイントは任意の値を設定できます。この値は、制作するサイトのデザインやターゲット（どんな端末で見る人が多いのか）などによって検討します。

例えば、スマートフォンは300〜500px程度のブラウザ幅の端末が多く、タブレットは650〜1000px程度のブラウザ幅の端末が多いです。仮に

500pxをブレイクポイントにすると、ほとんどのタブレットではPC用のレイアウトが適用されることになります。一方、ブレイクポイントを800pxとすると、小さめのタブレットではモバイル用レイアウトを適用し、大きなタブレットではPC用のレイアウトで表示する、となります。

複数のブレイクポイントを設定することもでき、端末に応じて細かく制御することも可能です。制作するサイトがどんな端末でどのように見せたいのかをイメージして設定しましょう。

本書のサンプルサイトでは800pxをブレイクポイントに設定し、801px以上ではPC用のレイアウト、800px以下ではモバイル用のレイアウトを適用します。

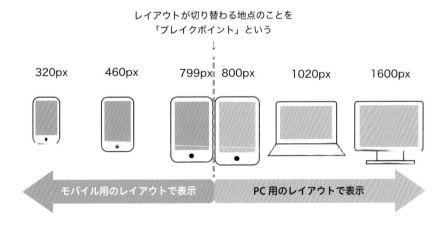

レイアウトが切り替わる地点のことを
「ブレイクポイント」という

| 320px | 460px | 799px | 800px | 1020px | 1600px |

モバイル用のレイアウトで表示　　PC用のレイアウトで表示

3　レスポンシブデザインの記述をはじめる準備

概要を理解したら実際にCSSを書くための準備をしましょう。ブレイクポイントを境にCSSを切り替える方法はいくつかありますが、本書ではPC用レイアウトと同じCSSファイルに、レスポンシブデザインのためのコードを書き加えていく方法を採用します。

まずは、CSSファイルに「ここから先の記述はブラウザの表示幅が〇〇px以下（または以上）のときに適用してください」という目じるしをつけます。

この目じるしのことを「メディアクエリ」といいます。書き方は@mediaの後ろに半角スペースを空けて( )を書き、( )内にmax-widthかmin-widthを使用してブレイクポイントの値を入力します。例えば、「800px以下」の場合はこのように記述します。

```
@media (max-width: 800px)
```

そのあとに{ }と書き足し、この{ }の中にCSSを書くことで、その記述は800px以下のブラウザで見たときにだけ適用されるようになります。

```
@media (max-width: 800px) {
ここに書いたCSSは800px以下のときだけ適用される
}
```

| STEP 1 | メディアクエリを記述する |

さっそく以下の記述をcommon.cssの一番下の行に書き足します。

```
@media (max-width: 800px) {}
```

これでモバイル用のCSSを記述する準備ができました。次の節から実際にコードを記述していきます。

```
 95    .copyright {
 96        font-size: 14px;
 97        font-weight: bold;
 98        margin-top: 90px;
 99    }
100
101    @media (max-width: 800px) {}
```

5-2 モバイルサイト用のCSSを書いてみよう

ここからは、実際にモバイル表示用のCSSの記述を進めます。Chromeのデベロッパーツールでモバイルでの表示を確認しながら、CSSによってどのようにレイアウトが変化していくのかを理解していきましょう。

1 プレビュー用のブラウザをレスポンシブモードにする

2章で解説したとおり、モバイルサイト用のレイアウトの表示はChromeのデベロッパーツールを使用して確認します（P.60）。

VS Codeでcommon.htmlを開き、[Go Live]からChromeでプレビュー表示します。そしてデベロッパーツールを立ち上げ、画面の上部にあるスマートフォンとタブレットが描かれたアイコンをクリックします。

Chromeの画面がモバイル表示に切り替わります。この画面を見ながらCSSを記述していきましょう。

2 ヘッダーのレイアウトを調整する

まずはヘッダーのレイアウトから調整していきます。ヘッダーは小さい中に複数の要素が配置されているため、階層が深くなり複雑化しています。構造をしっかり把握し、今どの箇所の何を整えているのかを理解しながら進めましょう。

header 要素内の構造図

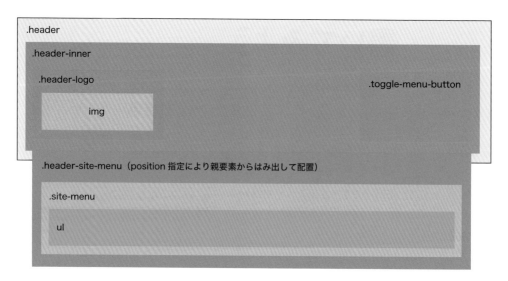

STEP
1

ナビゲーションメニューを縦並びに変更する

やや変則的な順番ですが、表示をわかりやすくするためにまずはナビゲーションメニューのレイアウトを調整します。PC版のレイアウトでは項目が横並びになっていたため、画面からはみ出してしまっています。まずはこの横並びを解除します。

PC版レイアウトではナビゲーションメニューのdisplayプロパティに「flex」が指定されていますが、モバイル用レイアウトでは「block」を指定してスタイルを上書きします。ul要素の初期値はblockなので、flexを解除し初期設定に戻すということです。

メディアクエリの「{}」のあいだで改行をして、102行目からコードを書きはじめます。

note

通常、HTML文書内での並び順として先にあるものからレイアウト整形をしていくほうがわかりやすいため、サンプルサイトの場合はロゴの整形から着手するのが自然です。しかし、ナビゲーションがブラウザ領域からはみ出していて、修整したデザインを確認しにくいため、先にナビゲーションの横並びを解除するところからはじめています。

```
@media (max-width: 800px) {
  .site-menu ul {
    display: block;
  }
}
```

```
101    @media (max-width: 800px) {
102      .site-menu ul {
103        display: block;
104      }
105    }
```

ナビゲーションメニューの横並びが解除され、はみ出てしまって隠れていたロゴが画面内に収まるようになりました。

note

ここでメニューの並びが反映されない場合は、P.79「STEP.5」で解説した viewport の記述を確認してください。

STEP 2 ナビゲーションメニューの表示を調整する①

続いてメニューのテキストを中央揃えにします。

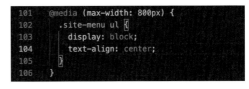

```
@media (max-width: 800px) {
  .site-menu ul {
    display: block;
    text-align: center;
  }
}
```

STEP 3 ナビゲーションメニューの表示を調整する②

各メニュー項目の上部に、それぞれ20pxの余白を設定します。

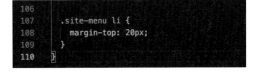

```
.site-menu li {
  margin-top: 20px;
}
```

ヘッダーのメニュー項目「ACCESS」がヘッダー領域からはみ出してしまいましたが、今はこのままで問題ありません。

STEP 4　ヘッダー領域を上部に固定する

モバイルではヘッダーは上部に固定し、常時表示されるようにしたいので、クラス名headerに対して、上部に固定するための指定をします。ある特定の位置に要素を固定するには、positionプロパティで値を「fixed」に設定します。そして固定する位置を指定するため、top、left、rightの値をそれぞれ「0」と入力します。

```
.header {
  position: fixed;
  top: 0;
  left: 0;
  right: 0;
}
```

CSS プロパティ
position
要素がどのように配置されるかを設定する。 【書式】position: キーワード 【値】　static（初期値）、relative、absolute、 　　　fixed、sticky

CSS プロパティ
top
基準位置からみて、上からどれだけ移動するかを指定する。 【書式】top: キーワードまたは数値と単位 【値】　auto／（単位）px、%、em、vwなど

CSS プロパティ
left
基準位置からみて、左からどれだけ移動するかを指定する。 【書式】left: キーワードまたは数値と単位 【値】　auto／（単位）px、%、em、vwなど

CSS プロパティ
right
基準位置からみて、右からどれだけ移動するかを指定する。 【書式】right: キーワードまたは数値と単位 【値】　auto／（単位）px、%、em、vwなど

```
111    .header {
112      position: fixed;
113      top: 0;
114      left: 0;
115      right: 0;
116    }
117    }
```

学習ポイント

position プロパティで要素を自在に配置する

positionプロパティを使用すれば、要素を自在に配置することができます。サンプルサイトのヘッダーのように要素を上部に固定表示させるだけで

なく、指定する値によって要素の振る舞いが変化します。ひとつずつ見ていきましょう。

■ static

- 初期値
- 要素は通常の位置に表示される
- top、leftなどの位置指定ができない
- z-indexが指定できない（z-indexについては
  STEP.6で解説します）

■ relative

- 要素は通常の位置に表示される
- top、leftなどの位置指定が可能
- z-indexの指定が可能
- 子要素にabsoluteを指定すると、relativeを指
  定した要素が基準位置になる

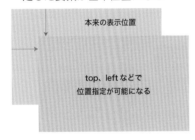

■ absolute

- relativeを指定した親要素を基準位置として、
  要素が配置される
- top、leftなどの位置指定が可能
- z-indexの指定が可能

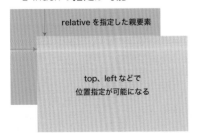

■ fixed

- ブラウザを基準位置として要素が配置される
- ブラウザに対しての位置になるためスクロール
  に追従しない
- top、leftなどの位置指定が可能
- z-indexの指定が可能

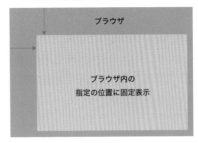

■ sticky

- 親要素のスクロールに応じて要素を固定表示
  （stickyについては10章で解説します）
- 固定位置はブラウザを基準位置とする
- top、leftなどの指定が可能
- z-indexの指定が可能

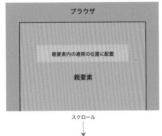

配置したい位置や希望する挙動によって使い分け
ることで、要素を自在に配置できるようになりま
す。慣れるまでは難解に感じるかもしれませんが、
いろいろと試しながら覚えていきましょう。

position を指定すると高さがなくなる？

STEP.4で、ヘッダーにposition: fixedを指定したことで、ヘッダーの白い領域がなくなり、フッターと重なって表示されました。一見すると、ヘッダーの高さがなくなったように見えます。

これはposition: fixedを指定した要素の特性によるものです。
position: fixed、もしくはabsoluteを指定された要素は、通常のレイアウト処理から除外され、浮かんだような状態になり、後続の要素は上に詰めて配置されます。

この特性により、ヘッダーの高さがなくなったように見えますが、実際にはなくなったわけではなく「浮かんでいる」という感覚で捉えるとわかりやすいです。このように浮かんでいることで、他の要素の影響を受けず、自由な位置に配置することができるのです。

通常のレイアウト処理

要素 2 に position: fixed または absolute を指定すると

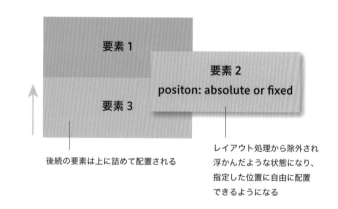

後続の要素は上に詰めて配置される

レイアウト処理から除外され
浮かんだような状態になり、
指定した位置に自由に配置
できるようになる

STEP 5
背景色を指定し、
ヘッダー領域の高さを指定する

ヘッダーの背景色を「#ffffff」に設定し、高さを50pxに設定します。

```
111   .header {
112     position: fixed;
113     top: 0;
114     left: 0;
115     right: 0;
116     background-color: #ffffff;
117     height: 50px;
118   }
119   }
```

大きく崩れているように見えますが、この段階では問題ありません。

```css
.header {
  position: fixed;
  top: 0;
  left: 0;
  right: 0;
  background-color: #ffffff;
  height: 50px;
}
```

STEP 6 ヘッダー領域を常に手前に表示する

ヘッダーを常に最前面に表示しておくために、z-indexプロパティで重ね順を指定します。z-indexプロパティは要素の重なり順を指定するプロパティです。通常、HTML文書では文書内の記述順に手前に重なって表示されますが、z-indexプロパティを使用すれば、任意の要素を手前に表示したり、奥に表示することが可能になります。数値が大きいほど手前に表示されるので、ここでは「10」を指定しておきましょう。

CSS プロパティ

z-index

要素の重なり順を指定する。大きな値を持つ要素が手前に表示される。
【書式】z-index: キーワードまたは整数
【値】 auto／整数、負の整数

```css
111    .header {
112      position: fixed;
113      top: 0;
114      left: 0;
115      right: 0;
116      background-color: ■#ffffff;
117      height: 50px;
118      z-index: 10;
119    }
120  }
```

```css
.header {
  position: fixed;
  top: 0;
  left: 0;
  right: 0;
  background-color: #ffffff;
  height: 50px;
  z-index: 10;
}
```

ここではブラウザ上の変化は特にありません。

要素の重なり順を指定する

ここで、要素の重なりについて詳しく解説します。P.140の学習ポイントで、position:fixed / absoluteを指定した要素が「浮かんで」配置されることを説明しました。では、複数の要素が浮かんでいて、スクロールによってそれらが重なったとき、どちらが手前に表示されるのでしょうか。

それを指定するのがz-indexプロパティです。
何も指定をしない状態では、HTMLでの記述順序に合わせて、後ろにあるものが手前に重なって表示されます。しかしこれでは、例えば上部に固定表示したヘッダーの「手前を通過」していく要素ができてしまいます。

z-index を指定しない場合

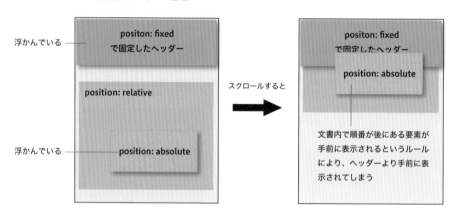

こういった際にヘッダーにz-indexで大きな値を指定すれば、より大きな値を持った要素が手前に表示されるため、ヘッダーを常に最前面に表示することが可能になるというわけです。

z-index を指定した場合

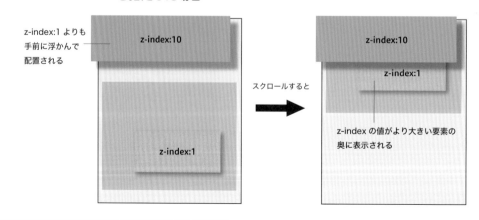

STEP 7 ヘッダーに影をつける

box-shadowプロパティを使用してヘッダー領域に薄い黒色の影をつけます。今の時点ではプレビューしても変化がないように見えますが、制作が進んでいくと影が見えるようになります。

```
.header {
  position: fixed;
  ... (略) ...
  height: 50px;
  z-index: 10;
  box-shadow: 0 3px 6px rgba(0, 0, 0, 0.1);
}
```

後ろにある要素が黒いため、目視ではほとんど確認できませんが、ヘッダーに影がつきました。

CSSプロパティ

box-shadow

要素に影をつける。
【書式】box-shadow: 専用のルールに基づいて記述
【値】　左右　上下　ぼかし　広がり　色　insetの順に指定

半透明の色を指定する

色の指定では、#000000のような16進数のカラーコードを使用することはすでに説明しました。しかし、この方法では「半透明の色」を指定することができません。box-shadowプロパティで「うっすらした黒い影」を施したように、半透明の色を指定したい場合には「rgba」という記述方法を使います。

rgbaは「r=red、g=green、b=blue」に追加して「a=alpha（透過度）」の情報を加えた指定方法です。透過度は「0」が完全な透明で「1」が

不透明を表し、そのあいだの小数（0.5など）で指定します。

例えば、「黒の透過度20%」と指定する場合は以下のようになります。

```
rgba(0, 0, 0, 0.2)
```

このように、目的によって色の指定方法は異なるので、うまく使い分けて表現の幅を広げましょう。

要素に影をつける

box-shadowプロパティを使えば、要素に影をつけることができます。表現の幅を広げてくれる便利なプロパティですが、複数の値を指定する必要があり少し複雑なので、ここで詳しく解説します。例として、以下のような指定をした場合の、それぞれの値について説明していきます。

```
box-shadow: 5px 8px 10px 20px #000000 inset;と指定した場合
```

■■ 必須の値　　■■ 省略可能な値

左右の距離　　ぼかしの大きさ　　影の色

box-shadow: 5px 8px 10px 20px #000000 inset;

上下の距離　　影の広がり　　内側に影をつける

■ 必須の値

まず、値には必須の値と省略可能な値があります。最初の2つ、左右の距離と上下の距離の指定は必須の値です。左右の距離はプラスの数値を指定すると右に、マイナスの数値を指定すると左に影が移動します。上下の距離は、プラスの数値で下に、マイナスの数値で上に影が移動します。

■ 省略可能な値

3つめ以降の値は省略が可能です。
3つめの値では影をどのぐらいぼかすかを指定します。4つめの値は、影の広がりを指定し、マイナスの値を入力すると影は小さくなります。
そして、5つめの値で影の色を指定します。省略した場合、影の色は黒になります。
最後の値に「inset」を入力すると、影を要素の内側につけることができます。

このように、1つのプロパティで最大6つの値を入力することになりやや難解ですが、これにより影の細かな調整をすることができ、これまでCSSだけでは難しかった陰影の表現や、要素が浮かんでいるように見えるデザインなども実装可能になります。

STEP 8

ヘッダーの内部のサイズを調整する

PC版のレイアウトではクラス名header-innerの左右に40pxの余白を指定していましたが、これをモバイル版では「20px」に指定します。また、heightもPC版では110pxとなっていますが、親要素の高さ50pxからはみ出してしまうので、親要素に収まるよう「100%」に指定します。

```css
.header-inner {
  padding-left: 20px;
  padding-right: 20px;
  height: 100%;
}
```

STEP 9

ロゴのサイズを調整する

ロゴの大きさをモバイル用に調整します。widthプロパティの値を「100px」に設定します。

```css
.header-logo {
  width: 100px;
}
```

これでヘッダー領域のベースができました。次の節ではハンバーガーメニューの作成を進めます。

ハンバーガーメニューを
作成しよう

モバイル用のナビゲーションメニューを作成します。横棒が3つ並んだアイコンがよく使われ、それがハンバーガーに見えることから「ハンバーガーメニュー」と呼ばれています。ユーザーが直接触るところなので、使いやすさに配慮して作成します。

1 メニューを開いたときのレイアウトを作成する

まずは、メニューボタンをタップして開いたときのレイアウトを作成していきます。

完成イメージ

ここをタップすると

メニューが表示される

STEP 1 メニュー作成の準備をする

メニューはクラス名header-site-menuを使用しますが、まずはその親要素である.header-innerにpositionプロパティで「relative」（P.139）を指定します。こうすることで、子要素である.header-site-menuに対して、親要素を基準にした位置指定が可能になります。

```
.header-inner {
  padding-left: 20px;
  padding-right: 20px;
  height: 100%;
  position: relative;
}

.header-logo {
  width: 100px;
}
```

ブラウザ上は変化はありません。

```
122    .header-inner {
123      padding-left: 20px;
124      padding-right: 20px;
125      height: 100%;
126      position: relative;|
127    }
128
129    .header-logo {
```

STEP 2 メニューの土台を作成する①

クラス名header-site-menuの位置を調整し、メニューの土台を作成していきます。まずは、親要素の.header-innerに対しての位置を指定するため、positionプロパティで「absolute」（P.139）を指定します。

```
.header-site-menu {
  position: absolute;
}
```

```
132
133    .header-site-menu {
134      position: absolute;
135    }
136  }
```

STEP 3 メニューの土台を作成する②

土台の位置を指定します。親要素から飛び出した状態で表示させたいので、topに「100%」を指定し、leftとrightにそれぞれ「0」と指定します。

```
.header-site-menu {
  position: absolute;
  top: 100%;
  left: 0;
  right: 0;
}
```

```
133    .header-site-menu {
134      position: absolute;
135      top: 100%;
136      left: 0;
137      right: 0;
138    }
139  }
```

フッターのメニューに重なってわかりにくいですが、赤枠の箇所にメニューが表示されています。

土台の背景色と文字色を指定する

土台の文字カラーを白、背景色をグレーにし
たいので、colorプロパティで「#ffffff」を
指定し、background-colorプロパティで
「#736E62」に指定します。

```
.header-site-menu {
  position: absolute;
  top: 100%;
  left: 0;
  right: 0;
  color: #ffffff;
  background-color: #736E62;
}
```

フッターのメニューは隠れて見えなくなりま
した。

土台の内側の余白を指定する

土台の内側上下に余白を入れます。padding
プロパティで上に「30px」下に「50px」の
余白を指定します。

```
.header-site-menu {
  position: absolute;
  top: 100%;
  left: 0;
  right: 0;
  color: #ffffff;
  background-color: #736E62;
  padding-top: 30px;
  padding-bottom: 50px;
}
```

2　ハンバーガーメニューのボタンを作成する

STEP 1

非表示になっていたボタンを表示する

まずは4章（P.116）で非表示にしたボタンtoggle-menu-buttonを表示します。displayプロパティに「block」を指定します。

```
.toggle-menu-button {
  display: block;
}
```

目視ではほとんど確認できませんが、右上に小さなグレーの四角が表示されています。

STEP 2

ボタンのサイズを指定する

現状はボタンの見た目が小さな四角になっているので、widthとheightプロパティでサイズを指定します。隠れていたボタンが表示されました。

```
.toggle-menu-button {
  display: block;
  width: 44px;
  height: 34px;
}
```

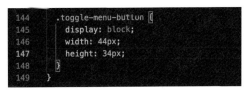

STEP 3

ボタンのアイコン画像を指定する

ハンバーガーメニューのアイコンを背景画像として設置します。background-imageプロパティで画像のパスを指定します。

```
.toggle-menu-button {
  display: block;
  width: 44px;
  height: 34px;
  background-image: url(../images/common/icon-menu.png);
}
```

background-image

要素の背景に画像を指定する。
【書式】background-image: url(画像ファイルへのパス);
【値】 url

アイコン画像のデザインを調整する

アイコン画像は2倍のサイズで作成しているので、表示サイズと位置を調整し、繰り返しを解除します。実装したいデザインにだいぶ近づいてきました。

```
.toggle-menu-button {
  display: block;
  width: 44px;
  height: 34px;
  background-image: url(../images/common/icon-menu.png);
  background-size: 50%;
  background-position: center;
  background-repeat: no-repeat;
}
```

background-size

背景画像の大きさを指定する。
【書式】background-size: キーワードまたは数値と単位
【値】 auto、contain、cover ／ (単位) %、pxなど

background-position

背景画像の位置を指定する。
【書式】background-position: キーワードまたは数値と単位
【値】 center、left、right、top、bottom ／ (単位) %、pxなど

background-repeat

背景画像の繰り返し方法を指定する。
【書式】background-repeat: キーワード
【値】 repeat (初期値)、repeat-x、repeat-y、no-repeat

STEP 5

デフォルトのスタイル指定を解除する

ハンバーガーボタンで使用しているbutton要素にデフォルトで指定してあるスタイルを解除します。背景色を透明に、borderプロパティで境界線を削除、border-radiusプロパティで角丸を解除します。さらにタップしたときに表示される枠線を削除するため、outlineプロパティに「none」を指定します。

```css
.toggle-menu-button {
  display: block;
  ...（略）...
  background-repeat: no-repeat;
  background-color: transparent;
  border: none;
  border-radius: 0;
  outline: none;
}
```

```
144    .toggle-menu-button {
145      display: block;
146      width: 44px;
147      height: 34px;
148      background-image: url(../images/commo
149      background-size: 50%;
150      background-position: center;
151      background-repeat: no-repeat;
152      background-color: transparent;
153      border: none;
154      border-radius: 0;
155      outline: none;
156    }
157  }
```

note

background-color プロパティの色指定に入力した「transparent」は「透明」を意味しています。

CSSプロパティ

border

要素の境界線のスタイルを指定するプロパティ。borde-style、border-width、border-colorの3つのプロパティをまとめて指定する。
【書式】border: キーワード または数値と単位
【値】 none、個別のプロパティの値（P.191参照）

CSSプロパティ

outline

要素の輪郭線のスタイルを指定するプロパティ。outline-style、outline-width、outline-colorの3つのプロパティをまとめて指定する。borderプロパティとの違いは、領域を占有しないためボックスのサイズに影響を与えない点、上下左右の概念がない点など。
【書式】outline: キーワード または数値と単位
【値】 none、個別のプロパティの値（P.191参照）

CSSプロパティ

border-radius

要素の角を丸くする。
【書式】border-radius: 数値と単位
【値】 px、%など

これでメニューボタンのデザインは完成です。

3　メニューの表示／非表示を設定する

続いて、ハンバーガーメニューの表示／非表示の設定をしていきます。

3章のHTML作成の際（P.80）に「toggle-menu.js」というJavaScriptファイルへリンクをしまし

たが、このjsファイルは「ボタンをタップ（クリック）したときにheader-site-menuのclass属性に『is-show』という値を追加する」という処理が書かれています。ここでは、このjsファイルの中身を理解する必要はありませんが、「クリックしたとき

にメニューにクラス名が追加される」ということを認識してください。

この挙動を利用し、メニューを「最初は非表示にしておき」「is-showというクラス名がついたら表示する」という指定をします。

STEP 1 メニューを非表示にする

まずはheader-site-menuを非表示にします。displayプロパティに「none」を指定しましょう。

```css
.header-site-menu {
  position: absolute;
  ...（略）...
  padding-bottom: 50px;
  display: none;
}
```

STEP 2 クラスが追加されたときに表示するよう指定する

次に、header-site-menuに「is-show」クラスが追加されたときに表示されるよう、以下のように指定します。

```css
.header-site-menu.is-show {
  display: block;
}
```

ボタンをタップするたび、表示／非表示が切り替わるはずです。これでハンバーガーメニューは完成です。

 note

ここでは複数のセレクタを指定しています。記述方法など詳細については P.155「学習ポイント」を参照してください。

5-4 モバイル用フッターのレイアウトを調整しよう

最後にフッターのレイアウトを調整します。ページ全体がスクロールし終わったときに表示されるフッターは、モバイルにおいては特に重要です。必要な情報が読みやすいこと、タップしやすいことなどに配慮してデザインを整えていきましょう。

1 見えない部分のレイアウトを整える

P.138でヘッダーを上部に固定したことで、フッターの上部が重なって見えなくなってしまっています。レイアウトの調整のために、main要素にヘッダーと重なっている高さ分の余白を確保します。

STEP 1 main要素の上部に余白を作る

main要素の上部にヘッダーの高さ分＝50pxの余白を作り、コンテンツが重ならないようにします。

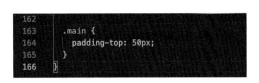

```css
.main {
  padding-top: 50px;
}
```

これでヘッダーの高さ分の余白が確保され、フッターの隠れていた部分が見えるようになりました。

position: fixed 設定前の状態

position: fixed 設定後の状態

position: fixed を指定したことで浮かんだような状態になる

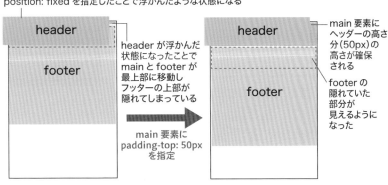

header が浮かんだ状態になったことで main と footer が最上部に移動しフッターの上部が隠れてしまっている

main 要素に padding-top: 50px を指定

main 要素にヘッダーの高さ分（50px）の高さが確保される

footer の隠れていた部分が見えるようになった

続いてフッターの中身の要素のレイアウトを調整していきます。

STEP 1

フッターロゴの上部の余白を狭くする

フッターロゴの上部の余白をモバイル表示では60pxに変更します。

```
.main {
  padding-top: 50px;
}

.footer-logo {
  margin-top: 60px;
}
}
```

```
166
167    .footer-logo {
168      margin-top: 60px;
169    }
170  }
```

STEP 2

電話番号の文字サイズを調整する

電話番号の文字サイズがモバイルでは大きすぎるので、サイズを調整します。

```
.footer-tel {
  font-size: 20px;
}
```

```
170
171    .footer-tel {
172      font-size: 20px;
173    }
174  }
```

STEP 3

コピーライトの上部の余白を狭くする

フッターロゴと同様にコピーライトの上部の余白も調整します。こちらは50pxにします。

```
.copyright {
  margin-top: 50px;
}
}
```

```
174
175    .copyright {
176      margin-top: 50px;
177    }
178  }
```

これでモバイル用レイアウトの作成は完了です。

5

学習ポイント

複数のセレクタを持つ要素を指定する

複数のセレクタを指定して対象を絞り込む場合、セレクタを連結して記述します。各セレクタのあいだに半角スペースや区切り文字は入れません。例えば、appleというクラス名とorangeという

クラス名の2つを併せ持つ要素を指定する場合、以下のように記述します。

```
.apple.orange {…}
```

COLUMN

モバイルファーストとは

レスポンシブデザインについて語られるとき、「モバイルファースト」という単語を耳にする機会があるかもしれません。これはCSSを設計する際に、PC用レイアウトではなく、モバイル用のレイアウトを先に考えて、それを大画面用に展開していくという考え方です。

昨今のウェブ全体の閲覧状況を見ると、モバイル端末からの閲覧のほうが多く今後も増加傾向にあるので、

それに比例してモバイルファーストという考え方もますます重要になっています。

しかし、HTMLとCSSをはじめて学ぶ方にとっては、まずはPCでのレイアウトをきちんと作れるようになることが重要と考え、本書ではPCのレイアウトを先に作り、それをモバイル用に調整していくという手法=デスクトップファーストを採用しています。

要素に名前をつけるもうひとつの方法「id属性」

CSS用の目じるしとして要素に名前をつける際、本書のサンプルサイトではclass属性を使用していますが、もうひとつの方法として「id属性」を使用する方法があります。どちらも目じるしをつけるという目的は同じですが、使い方が若干異なります。それは、id属性とclass属性には以下のようなルールの違いがあるためです。

属性	役割	ルール
id	固有の名前を割り当てる	同じid名は1ページ内に1度しか使えない
class	分類や種類を割り当てる	同じクラス名を何度でも使える

「id」という言葉は、IDカードや認証IDのように、個人や固有の何かを特定するために使用されます。一方「class」は学校のクラスや競技の階級など、どこかに所属する何かを表すことが多い言葉です。これをイメージすると、idは一度しか使えない、classは複数使えるということが理解できるでしょう。

■ ページ内リンクで使用する

また、id属性は原則的にページ内に1つしか存在しないため、ページ内リンクの際のアンカー（着地点）として使用できます。例えば、https://sample.comというページのコンテンツの途中にある「チャプター2」にリンクしたい場合、チャプター2の冒頭の要素に「chap-2」というid属性を指定します。そして「https://sample.com#chap-2」というようにURLの末尾に「#（ハッシュ）」とid名を追記することで、チャプター2の冒頭にリンクさせることができます。こういったページ内リンクは、長い記事の目次などでよく使用されます。

id ・・・固有の名前を割り当てる（同じ名前は一度しか使えない）

class ・・・分類や種類を割り当てる（同じ名前を何度でも使える）

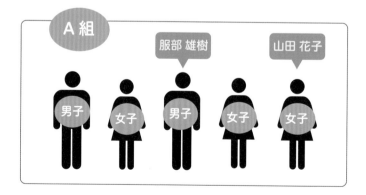

## Chapter 6

フルスクリーン
レイアウトを
制作する

ここからは、ウェブサイトの顔とも言えるトップページのコーディング
を行います。トップページでは、フルスクリーンレイアウトとフレック
スボックスレイアウトの2つを学ぶことができます。まずこの章では、
画像を背景全面に配置するフルスクリーンレイアウトを学びましょう。

6-1 ▶ フルスクリーンレイアウト制作で学ぶこと

この章では、画像を背景の全面に配置したフルスクリーンと呼ばれるレイアウトの制作方法を学びます。基本的なHTMLの記述とCSSによる簡単な装飾方法、画像の配置方法などを身につけましょう。

1 フルスクリーンレイアウト制作で学べるHTML&CSS

本書では「KISSA」という架空のカフェのウェブサイトを作りながら、さまざまなレイアウト手法を学びます。トップページの冒頭部分には、ウェブサイトの顔らしく画像を全面に配置したフルスクリーンレイアウトを採用しています。ページの上部に配置

したメインビジュアルの部分がブラウザの画面いっぱいに表示され、スクロールするとその下にコンテンツが続くレイアウトになっています。この章ではまず、フルスクリーンのメインビジュアル部分とその下の導入文エリアを制作します。

フルスクリーン表示エリアを含むトップページ上部のデザインカンプ

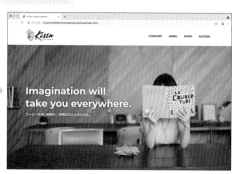

ブラウザの表示サイズに関係なく、メインビジュアルのエリアが画面いっぱいに表示されるサイトデザイン

学べるHTML

- br要素
- a要素で作成するボタン
- グローバル属性の属性値の記述ルール

学べるCSS

- 画面いっぱいに要素をレイアウトする方法
- 値に計算式を入力できる「calc関数」
- 背景画像を要素全体に表示する
- 文字に影をつける
- 複数のプロパティをまとめて指定する「ショートハンド」
- マウスオーバーで色が変わるボタン
- モバイル表示でPCと異なる背景画像を表示する

2 ウェブサイトのトップページのデザインを考える

トップページの冒頭部分は、画像を背景いっぱいに表示したフルスクリーンレイアウトを採用しました。ウェブサイトを開いたときに最初に表示されるこの冒頭部分のことを「ファーストビュー」といいます。ウェブサイトを雑誌に例えると、トップページは表紙にあたるページとなるため、まず目に飛び込んでくるファーストビューに何を掲載するかは非常に重要です。通常、トップページはサイト全体でもっとも多く目に触れるページとなるため、各ページへの導線や新着情報などを掲載するケースも多いです。

本書で制作するサンプルサイトのように、文字情報よりもイメージを印象づけたい業種では、フルスクリーンを使ったファーストビューは効果的です。しかしその反面、画像の上に重なった文字が読みづらいというデメリットもあり、文字の可読性への配慮は必須です。サンプルサイトでは、背景画像の文字が重なる箇所をあらかじめ決めたうえで、そのスペースを確保した構図でメインビジュアルを撮影し、さらに文字に薄く影をつけることで可読性を確保しました。

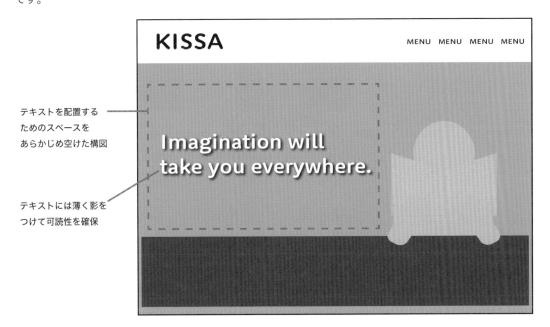

テキストを配置するためのスペースをあらかじめ空けた構図

テキストには薄く影をつけて可読性を確保

3 フルスクリーンレイアウトの設計について

4章の学習ポイント（P.113）でも解説しましたが、本書のサンプルサイトは横幅の最大サイズが1200pxになるよう設計しています。これは大型のディスプレイで閲覧したときにも見やすくするためであることは、すでに説明したとおりです。しかし、

最近のディスプレイは大型化が進んでおり、表示エリアの非常に広いディスプレイで見たときに左右がスカスカになってしまい、物足りなく感じることもあります。

その点フルスクリーンレイアウトでは、ブラウザのサイズに合わせて背景画像が全体に表示されるため、どのような大きさのディスプレイでも印象を大きく変えることなく閲覧してもらえるというメリットがあります。

トップページの印象はサイト全体の印象を大きく左右するので、ディスプレイサイズを問わず画面いっぱいの画像でインパクトを与えられることも、トップページにフルスクリーンレイアウトを採用した理由のひとつです。

一般的なレイアウト

一般的な PC のディスプレイに
合わせたサイズ設計のウェブサイト

大型のディスプレイで見ると左右の余白が
大きくスカスカになってしまう

フルスクリーンレイアウト

画面全体に画像が表示されるため、ディスプレイサイズが変わっても大きく印象は変わらない

4　メインビジュアルを選ぶときのポイント

画像は文字よりも直感的に情報を伝えることができるため、大きな画像は一瞬でサイトのテーマをユーザーに知らせることができます。しかしその分、どのような写真を選ぶかがとても重要になります。

■ 美しさだけでなく内容を端的に表した画像を

選定の際に陥りがちな失敗の1つとして、「綺麗だから」「かっこいいから」のような理由で画像を選んでしまうケースがあります。見た目がよいことはもちろん重要ですが、花屋さんであれば花の画像、レストランであれば料理の画像など、事業内容を端的に表した画像を採用しましょう。

本書のサンプルサイトでは、居心地のよいカフェという設定なので、お店の内観がわかるような構図で、本を読んでいる女性の画像を使用し、カフェで過ごすゆったりした時間を感じてもらえるような演出としました。

例：キャンプ場のウェブサイトの場合

テントという象徴的なアイテムを配置することで、キャンプ関連のウェブサイトであることが直感的にわかる

ロケーションの説明などのページで使うには良いが、メインビジュアルとしてはわかりにくい

C OLUMN

CSS3から手軽に実装できるようになったフルスクリーン画像

本章で学ぶ、CSSによる背景のフルスクリーン設定はCSS3から導入されたものです。これまではJavaScriptなどのプログラミング言語を使用する必要がありましたが、CSS3で新しく追加された「background-size」プロパティにより、非常に簡単に実装できるようになりました。このように、新しい技術の恩恵により、私たちサイト制作者はより手軽に表現を楽しむことができるのです。

6-2 フルスクリーンレイアウトの HTMLを書いてみよう

フルスクリーンレイアウトの概要がつかめたら、HTMLを記述します。文書構造を確かめながら各要素の記述方法を学んでいきましょう。フルスクリーンレイアウトは一見派手に見えますが、文書の構造としては、基本を学ぶのに最適なシンプルな構造となっています。

1 フルスクリーンレイアウトの文書構造を確認する

HTMLの記述をはじめる前に、まずは文書構造の確認をします。3章で作成した共通部分（common.htmlのヘッダーやフッターなど）を除くと、「見出し」「キャッチコピー」「導入文」「ボタン」の4つの要素のみのシンプルな構成です。この4つの記述方法を順番に説明していきます。

2 index.htmlの基本部分を作成する

STEP 1 common.htmlを複製する

HTMLコードを記述するための準備として、まずはここまで作成した「common.html」を開いて別名で保存します。

 note

8章以降も新しいページを作成する際には同じ手順で作成します。

VS Codeの［ファイル］メニューから［名前を付けて保存...］を選択し、「index.html」という名前でkissaフォルダに保存してください。

ote

HTML 文書ではファイル名を任意の名前に設定できますが、トップページだけは「index.html」という名前にすると決められています（P.83 参照）。

6

STEP 2 ページのタイトルと概要文を変更する

common.htmlでは、概要文が「ページの概要文を記載します」となっているので、これをページの内容にあったものに変更します。

```
<meta name="description" content="
自家焙煎したこだわりのコーヒーと、思わず長居したくなるような居心地の良い空間を提供するカフェ「KISSA」のウェブサイトです。">
```

head要素の内容は一部を除き基本的にブラウザには表示されないため、ブラウザ表示上の変化はありません。

STEP 3 CSSファイルへのリンクを追加する

トップページ＝index.htmlのスタイルは「index.css」というCSSファイルに記述します。CSSファイルはこの次の節（P.169）で作成するため、まだ存在しませんが先にlink要素を追加しておきましょう。10行目のcommon.cssへのリンクの次の行に記述します。

```
<link href="./css/index.css" rel="stylesheet">
```

ote

本書では、サイト全体に関係するスタイルは common.css に記述し、各ページのスタイルはそれぞれページごとに専用の CSS ファイルを用意して、そこに記述していく方法を採用しています。

ファーストビューエリア全体を表す div要素を作る

まずはファーストビューエリアから制作していきます。main要素の内側に「first-view」というclass名をつけたdiv要素を入力します。このdiv要素がファーストビュー全体を表す要素になります。

```
<main class="main">
  <div class="first-view"></div>
</main>
```

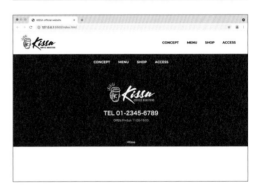

内側に見出しとキャッチコピーの エリアを作る

ファーストビューエリアの内側に、見出しとキャッチコピーを配置するためのdiv要素を追加します。class名は「first-view-text」とします。

```
<main class="main">
  <div class="first-view">
    <div class="first-view-text"></div>
  </div>
</main>
```

ここまではdiv要素で箱を作っているだけなので、ブラウザの表示に変化はありません。

h1要素で見出しを入力する

続いて見出しを入力します。見出しはh1からh6まであることは3章で説明しましたが、今回はトップページの大見出しを作成したいので、一番大きな見出しであるh1要素を使用します。STEP.2で作成したdiv要素の内側に見出しとなる文章を入力します。

```
<main class="main">
  <div class="first-view">
    <div class="first-view-text">
      <h1>Imagination will take you everywhere.</h1>
```

```
      </div>
    </div>
  </main>
```

STEP 4 見出しの途中に改行を入れる

見出しの途中に改行を入れます。改行はbr
要素を使用します。「br」は「break」の略で、
文中のテキストを強制的に改行します。ここ
では「take you」の前で改行したいので、「t」
の直前にbr要素を入力します。

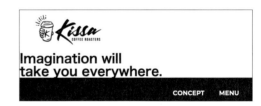

```
<div class="first-view">
  <div class="first-view-text">
    <h1>Imagination will <br>take you everywhere.</h1>
  </div>
</div>
```

STEP 5 キャッチコピーを入力する

続いてp要素でキャッチコピーを入力しま
す。h1要素の下に入力しましょう。

```
<div class="first-view-text">
  <h1>Imagination will <br>take you everywhere.</h1>
  <p>コーヒーを待つ時間も、特別なひとときになる。</p>
</div>
```

これでファーストビューエリアは完成です。
見出しとキャッチコピーがくっついて窮屈に
見えますが、次の節でCSSを使って調整し
ますので、今はこのままで問題ありません。

4 導入文エリアのコードを入力する

STEP 1

導入文エリア全体を表すdiv要素を作る

ファーストビューエリアの下に、導入文エリア全体を表すdiv要素を入力します。クラス名は「lead」とします。

```
<main class="main">
  <div class="first-view">
  ... （略） ...
  </div>
  <div class="lead"></div>
</main>
```

```
46          </div>
47        </div>
48      <div class="lead"></div>
49    </main>
50  <!-- mainここまで -->
```

STEP 2

導入文を入力する

作成したdiv要素の内側に、p要素で導入文を入力します。

```
48      <div class="lead">
49        <p>「想像力はあなたをどこにでも連れて行ってくれる」注文
          見つけたことば。ゆったり流れる時間の中で、想像をふくら
          を過ごすとき、おいしいコーヒーがあるとうれしい。</p>
50      </div>
51    </main>
```

```
<div class="lead">
  <p>「想像力はあなたをどこにでも連れて行ってくれる」注文を待つ間に広げた、一冊の本の中に見つ
  けたことば。ゆったり流れる時間の中で、想像をふくらませる楽しさを思い出す。そんな時間を過ごす
  とき、おいしいコーヒーがあるとうれしい。</p>
</div>
```

STEP 3

導入文を途中で改行する

br要素を使用し、導入文の途中に改行を入れていきます。

```
48      <div class="lead">
49        <p>「想像力はあなたをどこにでも連れて行ってくれる」<br>注文を待つ
          中に見つけたことば。<br>ゆったり流れる時間の中で、想像をふくらませ
          <br>そんな時間を過ごすとき、おいしいコーヒーがあるとうれしい。</
50      </div>
51    </main>
```

```
<div class="lead">
  <p>「想像力はあなたをどこにでも連れて行ってくれる」<br>注文を待つ間に広げた、一冊の本の中
  に見つけたことば。<br>ゆったり流れる時間の中で、想像をふくらませる楽しさを思い出す。<br>
  そんな時間を過ごすとき、おいしいコーヒーがあるとうれしい。</p>
</div>
```

5　リンクボタンを設定する

STEP 1　ボタンを配置するエリアを作成する

最後の要素のボタンを作成します。導入文の
p要素のすぐ下にdiv要素を使ってボタンを
配置するエリアを作成します。クラス名は
「link-button-area」とします。

```
<div class="lead">
  <p>「想像力は...（略）...とうれしい。</p>
  <div class="link-button-area"></div>
</div>
```

```
49        <p>「想像力はあなたをどこにでも連れて行ってくれる」
          中に見つけたことば。<br>ゆったり流れる時間の中で、そ
          <br>そんな時間を過ごすとき、おいしいコーヒーがある。
50        <div class="link-button-area"></div>
51      </div>
52    </main>
```

STEP 2　a要素でボタンを作成する

続いてa要素を使用してボタンを作成しま
す。リンク先は「./concept.html」で、ボタ
ンに表示させるテキストは「CONCEPT」と
します。

```
50        <div class="link-button-area">
51          <a href="./concept.html">CONCEPT</a>
52        </div>
53      </div>
```

```
<div class="link-button-area">
  <a href="./concept.html">CONCEPT</a>
</div>
```

STEP 3　a要素にクラス名を設定する

最後にa要素にclass属性を追加します。ク
ラス名は「link-button」とします。

```
50        <div class="link-button-area">
51          <a class="link-button" href="./conc
52        </div>
53      </div>
```

```
<div class="link-button-area">
  <a class="link-button" href="./concept.html">CONCEPT</a>
</div>
```

class属性を設定したことによる変化は特にありません。これでHTMLの記述は完成です。

長い属性値の記述方法

classなどの属性は「グローバル属性」と呼ばれていて、どんな要素にも追加することができる。さらに属性値＝名前も自由に決めることができるため、どのような名前を使うか悩むことがあります。自分の中で命名規則を決めて、できるだけわかりやすく、かつ短い名前をつけるようにするべきですが、どうしても長くなってしまうことがあります。

サンプルサイトでも「first-view」のように複数の単語を組み合わせた名前をつけていますが、単語をつなげる際にはおもに3種類の方法があります。

①ハイフンを使う

本書でも使用しているハイフンでつなぐ方法です。Googleなどの大手IT企業でも採用しており、HTMLとCSSにおいては現在もっとも主流の方法と言えます。

②アンダースコアを使う

「first_view」のようにアンダースコアでつなぐ方法もあります。アンダースコアを蛇に見立てて「スネークケース」と呼ばれています。

③大文字を使う

「firstView」のように単語の頭文字だけを大文字にする方法で、大文字をラクダのこぶに見立てて「キャメルケース」と呼ばれています。

ハイフン	first-view	単語間をハイフンでつなぐ
スネークケース	first_view	単語間をアンダースコアでつなぐ
キャメルケース	firstView	単語の頭文字だけを大文字にする

ハイフンがもっともシンプルで良いように思えますが、Javaなどのプログラミング言語ではハイフンは別の意味を持つため、使用を避けることからこのようなさまざまな手法が生まれました。どれを使用するかはよく論争になりますが、例えばCSSでは「line-height」プロパティなど、言語そのものがハイフンでつなぐ形式で作られているので、HTMLとCSSにおいてはハイフンでつなぐ方法で問題ないでしょう。

6-3 フルスクリーンレイアウトの CSSを書いてみよう

HTMLを記述したら、次はCSSで見た目を整えていきます。このページの最大の特徴であるフルスクリーンの背景画像もCSSで設定します。デザインカンプを確認しながら、ひとつずつ正確にコーディングしていきましょう。

1 フルスクリーンレイアウトのスタイリングを確認する

トップページに施すCSSの記述をはじめる前に、まずは完成形を確認しておきます。

3章で作成した共通部分に加えて、トップページの要素である「見出し」「キャッチコピー」「導入文」「ボ

タン」を装飾するCSSを記述していきます。そして、トップページの特徴であるファーストビューでのフルスクリーン表示を実現するため、さまざまなプロパティの使いこなしを学習します。

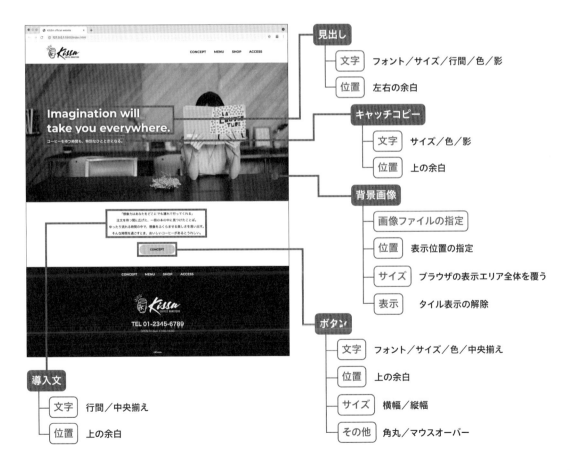

2　CSSファイルを作成する

本書のサンプルサイトでは、各ページごとに個別の CSSファイルを作り、そこにスタイルを記述して いくため、まず最初にトップページ＝index.html 専用のCSSファイルを作成します。

STEP 1　CSSファイルを新規作成する

VS Codeの［ファイル］メニューから［新規ファイル］をクリックし、新しいファイルを作成します。

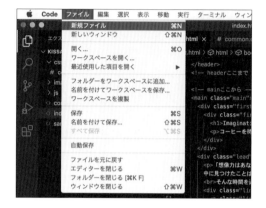

STEP 2　作業フォルダに保存する

［ファイル］→［名前を付けて保存...］をクリックし、「index.css」という名前で作業フォルダ内の「css」フォルダに保存します。このとき、保存する場所が「css」フォルダになっているか、必ず確認するようにしてください。同じフォルダには「common.css」があるはずです。

STEP 3　文字コードを記述する

作成したindex.cssの冒頭に、文字コードを記述します。このあとの章で作成する他のページのCSSファイルでも、必ず最初に記述するようにしましょう。

```
@charset "utf-8";
```

3　ファーストビューエリアの領域を作成する

それではここからいよいよトップページのスタイリングをはじめます。
まずはファーストビューエリアです。

STEP 1　ファーストビューエリアのセレクタを指定する

HTMLの制作工程で、ファーストビューエリ
ア全体を包むdiv要素につけておいた「first-
view」というクラス名をセレクタにします。

```
@charset "utf-8";

.first-view {}
```

STEP 2　ファーストビューエリアの領域を確保する

続いて、ファーストビューエリアの高さを確
保します。ファーストビューは、ブラウザの
高さ全体に表示されるようにします。高さの
指定にはheightプロパティを使用し、値に
は「vh」という単位を使用し「100vh」と
指定します。

```
@charset "utf-8";

.first-view {
  height: 100vh;
}
```

ブラウザで確認してみると、見出しとキャッ
チコピーの下に空白ができ、導入文が大きく
下に移動しているはずです。これでファース
トビューエリアが確保されました。

note

vhは「Viewport Height」の略で、ブラウザの高さに
対する割合を指定する単位です。100vhがブラウザの
高さの100%、つまりブラウザの高さいっぱいと同じ
サイズということになります。

ファーストビューエリアの高さを調整する

ファーストビューエリアの高さが確保できましたが、上部にヘッダーがあるため、ヘッダーの高さの110px分、メインビジュアルが下に下がって表示されます。これではメインビジュアルがブラウザの下辺からはみ出してしまいます。

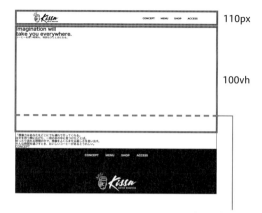

ブラウザの下辺

STEP.2で先ほど入力したheightの値を、100vhから110px分を引く計算式に置き換えます。

```
@charset "utf-8";

.first-view {
  height: calc(100vh - 110px);
}
```

```
1    @charset "utf-8";
2
3    .first-view {
4      height: calc(100vh - 110px);
5    }
```

これでブラウザの下辺にファーストビューエリアが収まりました。

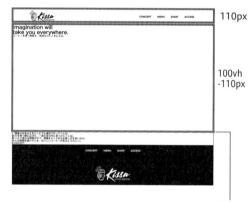

ブラウザの下辺

学習ポイント

計算で値を指定できる「calc 関数」

STEP.3のように値を絶対値で指定できない場合に役立つのが「calc関数」です。これはCSSの値を計算式で実行できる関数で、サンプルコードでも「100vh -110px」という値を指定しています。

記述方法は「calc」に続けて「( )」を記述し、丸

カッコの中に計算式を書きます。足し算は「+」、引き算は「-」、かけ算は「*」、わり算は「/」を使用し、各値と演算子のあいだには半角スペースを入力します。

```
calc(100vh␣-␣110px)
```

4　背景画像と表示方法を指定する

次はメインビジュアル画像を設定します。いくつかのプロパティを使い、ファーストビューエリア全体に表示されるよう指定していきましょう。

STEP 1　背景画像を指定する

まずは背景画像を指定します。画像の指定にはbackground-imageプロパティを使用します。以下のように画像ファイルへのパスを記述します。

```
.first-view {
  height: calc(100vh - 110px);
  background-image: url(../images/index/bg-main.jpg);
}
```

STEP 2　背景画像の繰り返しを解除する

背景画像は、デフォルトではタイル状に繰り返して配置されます。繰り返してもつなぎ目のわからない画像であればよいのですが、今回のように写真の場合はそうもいきません。background-repeatプロパティを使用して、繰り返しを解除します。値は「no-repeat」を指定します。

```
.first-view {
  height: calc(100vh - 110px);
  background-image: url(../images/index/bg-main.jpg);
  background-repeat: no-repeat;
}
```

よほどブラウザの表示を大きくしていなければ、ここでは見た目上の変化はありません。

STEP 3 背景画像の表示位置を調整する

次は画像の表示位置を調整します。デフォルトでは左上を基準にして画像が配置されますが、background-positionプロパティを使えば、指定した位置に自由に移動させることが可能です。pxや%などで数値を指定する方法と、leftやcenterなどキーワードで指定する方法があります。値を横位置、縦位置の順に半角スペースで区切って記述します。今回は上下左右とも中央（center）に配置したいので、以下のように入力します。

```
.first-view {
  height: calc(100vh - 110px);
  background-image: url(../images/index/bg-main.jpg);
  background-repeat: no-repeat;
  background-position: center center;
}
```

STEP 4 背景画像の大きさを指定する

背景画像がブラウザのサイズより大きいため、ブラウザのサイズに合わせて可変するように指定をします。背景画像の大きさの指定にはbackground-sizeプロパティを使用します。ここでは、縦横比を保持したまま、領域を完全に覆うサイズに拡大縮小する値である「cover」を指定します。

```
.first-view {
  height: calc(100vh - 110px);
  background-image: url(../images/index/bg-main.jpg);
  background-repeat: no-repeat;
  background-position: center center;
  background-size: cover;
}
```

これで背景画像の設定は完了です。ブラウザを広げたり縮めたりしてみましょう。サイズに合わせて、背景画像も拡大縮小することが確認できます。

5 　見出しとキャッチコピーをスタイリングする

続いて見出しとキャッチコピーのスタイリングを行います。

STEP 1 　見出しとキャッチコピーを上下中央に配置する

まずは、見出しとキャッチコピーの位置を、ファーストビューエリア全体の上下（天地）中央に配置されるよう調整します。上下（天地）中央の配置には、フレックスボックスのalign-itemsプロパティを使用します。ファーストビューエリアにdisplayプロパティで「flex」を指定し、align-itemsプロパティで「center」と指定します。

```
7    background-position: center center;
8    background-size: cover;
9    display: flex;
10   align-items: center;
11 }
```

```
.first-view {
  height: calc(100vh - 110px);
  background-image: url(../images/index/bg-main.jpg);
  background-repeat: no-repeat;
  background-position: center center;
  background-size: cover;
  display: flex;
  align-items: center;
}
```

見出しとキャッチコピーがファーストビューエリアの上下（大地）中央に移動しました。

見出しとキャッチコピーエリアの大きさを調整する

続いて、見出しとキャッチコピーエリアの大きさを調整します。2つの要素を包んでいるdiv要素につけたクラス名「first-view-text」をセレクタにしてCSSを記述していきます。まずは、親要素いっぱいに広がるよう、widthプロパティに「100%」を指定し、そのうえでmax-widthプロパティで最大幅を指定します。最大幅はヘッダーと同じく「1200px」とします。

```
.first-view-text {
  width: 100%;
  max-width: 1200px;
}
```

ブラウザ上では変化がないが、要素の幅が1200pxに変更された

見出しとキャッチコピーの位置を調整する

次に、見出しとキャッチコピーの掲載位置を調整していきます。margin-left、margin-rightプロパティにそれぞれ「auto」を指定し、左右中央に配置します。

```
.first-view-text {
  width: 100%;
  max-width: 1200px;
  margin-left: auto;
  margin-right: auto;
}
```

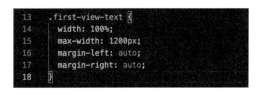

note

1200px以下のブラウザ幅でのプレビュー環境では、変化がわかりにくい場合があります。

エリア全体がブラウザの
左右中央に表示された

STEP 4

見出しとキャッチコピーの位置をさらに細かく調整する

paddingプロパティを使い、さらに細かく位置を調整します。やや右上に移動したいので、padding-left、padding-bottomプロパティにそれぞれ以下のように指定します。

```
16    margin-left: auto;
17    margin-right: auto;
18    padding-left: 40px;
19    padding-bottom: 80px;
20 }
```

```css
.first-view-text {
    ... (略) ...
    margin-right: auto;
    padding-left: 40px;
    padding-bottom: 80px;
}
```

STEP 5

テキストの色と太さを変更する

続いて、テキストのスタイリングを進めます。まずは、テキストの色と太さを変更しましょう。colorプロパティとfont-weightプロパティでそれぞれ以下のように指定します。

```
18    padding-left: 40px;
19    padding-bottom: 80px;
20    color: #ffffff;
21    font-weight: bold;
22 }
```

```css
.first-view-text {
    ... (略) ...
    padding-bottom: 80px;
    color: #ffffff;
    font-weight: bold;
}
```

テキストの色が白になり太字になりました。

テキストに薄く影をつける

本書のサンプルサイトでは薄く焦げ茶色の影をつけたいので、文字に影をつけるtext-shadowプロパティに以下のように指定します。

```
.first-view-text {
  width: 100%;
  ...（略）...
  font-weight: bold;
  text-shadow: 1px 1px 10px #4b2c14;
}
```

見出しとキャッチコピーに薄く影がつきました。これで文字が読みやすくなります。

CSSプロパティ

text-shadow

テキスト要素に影をつける。
【書式】text-shadow: 専用のルールに基づいて記述
【値】　左右　上下　ぼかし　色の順に指定

```
20     color: ■#ffffff;
21     font-weight: bold;
22     text-shadow: 1px 1px 10px □#4b2c14;
23   }
```

Imagination will
take you everywhere.
コーヒーを待つ時間も、特別なひとときになる。

note

サンプルサイトでは、わかりやすいように少し濃い目の影をつけていますが、色や影の位置、ぼかしの強度などを調整して、より自然で見やすい設定を探してみてもよいでしょう。

学習ポイント

テキスト要素に影をつける

画像の上に文字をのせるときに、可読性への配慮が必要であることはすでに説明しました。その際よく使われる手法として、文字に薄く影（ドロップシャドウ）をつける方法があります。
文字に影をつけるにはtext-shadowプロパティを使用します。値はx方向（横方向）の位置、y方向（縦方向）の位置、ぼかしの大きさ、色、の順にそれぞれ半角スペースで区切って記述します。

例えば、「文字の3px右、4px下、5px分ぼかして、黒い影をつける」という指定は以下のようになります。

```
text-shadow: 3px 4px 5px #000000;
```

値の指定については、P.144の学習ポイント「要素に影をつける」も参考にしてください。

STEP 7 見出しのデザインを調整する

続いて、見出しのフォントや文字サイズ、行間を調整します。フォントは、ナビゲーションメニューで使用したGoogle Fontsの「'Montserrat', sans-serif」を指定します（P.126）。「first-view-text内のh1要素」をセレクタにして以下のように指定します。

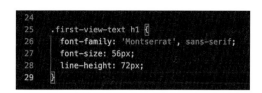

```
.first-view-text h1 {
  font-family: 'Montserrat', sans-serif;
  font-size: 56px;
  line-height: 72px;
}
```

STEP 8 キャッチコピーのデザインを調整する

最後にキャッチコピーのデザインを調整します。「first-view-text内のp要素」をセレクタにして、font-sizeを「18px」にし、marginプロパティで上部に20pxの余白を作ります。

```
.first-view-text p {
  font-size: 18px;
  margin-top: 20px;
}
```

テキストのサイズと位置が調整できました。これでファーストビューエリアのスタイリングは完成です。

6 導入文エリアをスタイリングする

続いて、ファーストビューの下にある導入文エリアのスタイリングを進めていきましょう。

 導入文エリアの幅を指定する
STEP 1

まずは、導入文エリア全体の幅を指定します。こちらもヘッダーと同じく1200pxとします。導入文エリアを包むdiv要素につけたクラス名「lead」をセレクタにして、max-widthプロパティで最大幅を指定しましょう。

```
.lead {
  max-width: 1200px;
}
```

まだ見た目上の変化はありません。

ブラウザ上では変化がないが、要素の幅が1200pxに変更された。

STEP 2

導入文エリアの位置を指定する

続いて導入文エリアの表示位置を調整します。marginプロパティを使用して、上下に「60px」、左右に「auto」を指定します。こういった場合、4つのプロパティをひとつずつ指定するのではなく、1つのプロパティでまとめて指定することもできます。これをショートハンドプロパティといいます。今回のケースでは以下のような記述になります。コードを簡略化できるので、覚えておくと良いでしょう。

```
.lead {
  max-width: 1200px;
  margin: 60px auto;
}
```

180

学習ポイント

複数のプロパティをまとめて指定できるショートハンドプロパティ

CSSでは関連するいくつかのプロパティを1つのプロパティでまとめて指定することができます。これをショートハンドプロパティといいます。本書でも、marginやborderなど一部のプロパティでこの手法を採用しています。他に代表的なものでは、padding、background、fontプロパティなどでもショートハンドプロパティで指定が可能です。

■ 指定方法

```
margin-top: 10px;
margin-right: auto;
margin-bottom: 30px;
margin-left: auto;
```

例えば上記のスタイルは、marginに関する4つのプロパティを指定していますが、このように置き換えることができます。

```
margin: 10px auto 30px auto;
```

順番は「上」から順に「右」→「下」→「左」の時計回りと覚えます。

また、上記のような4箇所の指定以外にも、入力する値の数によって指定する対象をまとめることもできます。

値×1つ	「上下左右」
値×2つ	「上下」と「左右」
値×3つ	「上」と「左右」と「下」
値×4つ	「上」と「右」と「下」と「左」

例えば、先の1行にまとめたコードは「右」（2つ目）と「左」（4つ目）の値が同じ「auto」なので、このように置き換えることができます。

```
margin: 10px auto 30px;
```

四辺のうち「上下」「左右」などの組み合わせで同じ値が存在する場合に活用しましょう。

■ 数値以外の値の指定

他にも例えば、borderに関するスタイルもショートハンドプロパティで指定可能です。

```
border-width: 1px;
border-style: solid;
border-color: #cccccc;
```

上記の3つのプロパティをまとめて記述すると以下のようになります。

```
border: 1px solid #333333;
```

このように、ショートハンドプロパティを活用すればCSSコードをシンプルに記述でき、制作時間を短縮できるだけでなく、ファイルサイズが小さくなる、管理がしやすくなるなどのメリットがあります。

STEP 3 導入文のスタイルを指定する

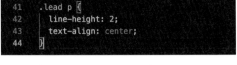

続いて導入文のテキストのスタイルを調整し
ます。「lead内のp要素」をセレクタにして
行間と文字揃えを指定します。行間はline-
heightプロパティで「2」を指定し、文字揃
えはtext-alignプロパティで「center」を指
定します。

```
.lead p {
  line-height: 2;
  text-align: center;
}
```

これで導入文のスタイル調整は完了です。

7 リンクボタンをスタイリングする

STEP 1 リンクボタンの表示位置を調整する

次にリンクボタンのスタイルを調整します。
まずはボタンとなるa要素を囲っているdiv
要素につけた「link-button-area」というク
ラス名をセレクタにして、テキストを中央揃
えに、ボタンの上部に40pxの余白を作りま
す。以下のように指定しましょう。

```
.link-button-area {
  text-align: center;
  margin-top: 40px;
}
```

これでボタンとなるa要素が正しい位置に表
示されました。

STEP 2　リンクボタンの色を調整する

位置が調整できたらリンクボタンに色をつけ
ます。a要素につけた「link-button」という
クラス名をセレクタにして、background-
colorプロパティで背景色を「#f4dd64」に
指定します。

```
.link-button {
  background-color: #f4dd64;
}
```

これでa要素の背景が黄色になりました。

```
50
51    .link-button {
52      background-color: ■#f4dd64;
53    }
```

「想像力はあなたをどこにでも連れて行ってくれる」
注文を待つ間に広げた、一冊の本の中に見つけたことば。
ゆったり流れる時間の中で、想像をふくらませる楽しさを思い出す。
そんな時間を過ごすとき、おいしいコーヒーがあるとうれしい。

CONCEPT

STEP 3　リンクボタンの幅を調整する

次にボタンの幅を指定します。a要素はデフォ
ルトではインライン要素となっておりwidthに
よる幅指定ができないので、displayプロパ
ティを使用し「inline-block」に変更します。
そのうえで、min-widthプロパティで幅を
「180px」に指定します。

```
.link-button {
  background-color: #f4dd64;
  display: inline-block;
  min-width: 180px;
}
```

ボタンの幅が広がりました。

CSSプロパティ

min-width

要素の幅の下限を指定する。
【書式】min-width: キーワードまたは数値と単位
【値】　none ／（単位）px、%、em、vwなど

```
51    .link-button {
52      background-color: ■#f4dd64;
53      display: inline-block;
54      min-width: 180px;
55    }
```

「想像力はあなたをどこにでも連れて行ってくれる」
注文を待つ間に広げた、一冊の本の中に見つけたことば。
ゆったり流れる時間の中で、想像をふくらませる楽しさを思い出す。
そんな時間を過ごすとき、おいしいコーヒーがあるとうれしい。

CONCEPT

STEP 4　リンクボタンの高さを調整する

次に高さを調整します。heightプロパティ
で指定すると、ボタン内のテキストの位置が
上下中央にならないため、こういった場合は、
line-heightプロパティを使用しa要素内のテ
キストに高さを与えます。

```
53      display: inline-block;
54      min-width: 180px;
55      line-height: 48px;
56    }
```

```
.link-button {
    background-color: #f4dd64;
    display: inline-block;
    min-width: 180px;
    line-height: 48px;
}
```

だいぶボタンらしくなってきました。

STEP
5 **リンクボタンの角を丸くする**

次にリンクボタンの角を丸くします。角を丸くするにはborder-radiusプロパティを使用します。値はボタンの高さ（line-heightの値である48px）の半分の「24px」を指定します。

```
.link-button {
    background-color: #f4dd64;
    display: inline-block;
    min-width: 180px;
    line-height: 48px;
    border-radius: 24px;
}
```

```
54 |    min-width: 180px;
55 |    line-height: 48px;
56 |    border-radius: 24px;
57 | }
```

STEP
6 **リンクボタンの文字スタイルを
調整する**

次にボタン内のテキストの調整をします。フォントはGoolge Fontsの「'Montserrat', sans-serif」を使用して、フォントサイズを「14px」に指定しましょう。

```
.link-button {
    background-color: #f4dd64;
    display: inline-block;
    min-width: 180px;
    line-height: 48px;
    border-radius: 24px;
    font-family: 'Montserrat', sans-serif;
    font-size: 14px;
}
```

```
55 |    line-height: 48px;
56 |    border-radius: 24px;
57 |    font-family: 'Montserrat', sans-serif;
58 |    font-size: 14px;
59 | }
```

184

STEP 7

リンクボタンにポインタを置いたとき のスタイルを調整する

最後に、リンクボタンにマウスポインタを置いたときのスタイルを指定します。しかし、「マウスポインタを置いたとき」という状態をあらわすHTMLタグは存在しません。こういった場合は「疑似クラス」を使用し、要素の特定の状態を指定してスタイルを適用します。

学習ポイント

要素の状態を指定する「疑似クラス」

疑似クラスはその要素が「どういった状態にあるのか」を指定するためのものです。これにより、同じa要素でも条件によって別々のCSSを適用することができます。
疑似クラスは「a:hover」のように、

[要素]:[状態]

という文法で記述し、例えば「a:visited」は訪問済みのリンク、「a:hover」はマウスポインタを置いた状態を意味します。

6

リンクボタンに、「マウスポインタを置いたとき」を意味する疑似クラス「:hover」を使用して、背景色を「#d8b500」に指定しましょう。

```css
.link-button:hover {
  background-color: #d8b500;
}
```

ボタンにマウスポインタを置くと、ボタンの色が変わることを確認できます。

通常の状態　　　　　　　マウスオン時

以上でスタイリングは完了となります。ブラウザで全体を確認してみましょう。

フルスクリーン表示をスクロールして、ページ下部のデザインも確認

フルスクリーンレイアウトの モバイル用CSSを書いてみよう

PC用のデザインが完成したら、次はモバイル用のCSSを記述しスマートフォンでもきれいに表示されるよう最適化していきます。

1 デベロッパーツールで表示を確認する

まずChromeのデベロッパーツールを起動し、レスポンシブモードに切り替えます。そして、現状どのように表示されているかを確認しましょう。

ヘッダーとフッター以外の多くの箇所で表示が崩れていることが確認できるはずです。これを正しく表示されるように整えていきます。

note

https://web-design.camp/books/kissa/ でモバイル版の完成サイトを確認できます。制作途中の表示は確認できませんが、実際にスマートフォンで完成サイトを表示すると、レイアウトやデザインがどのように変わっていくのかイメージがつかみやすくなります。

2 メディアクエリを記述する

5章で学習したcommon.cssの制作と同じく、モバイル表示専用のCSSを記述するための目じるしであるメディアクエリを記述します。

```
.link-button:hover {
    background-color: #d8b500;
}

@media (max-width: 800px) {}
```

```
61    .link-button:hover {
62        background-color:  ■#d8b500;
63    }
64
65    @media (max-width: 800px) {}
```

3 ファーストビューエリアのスタイルを調整する

それでは、ここから具体的なスタイルの記述を進めます。まずはファーストビューエリアです。ファーストビューアエリアを確認すると、メインビジュアルがブラウザ全体に広がっていないことや、見出しが右側にはみ出していることなどが確認できます。

6

STEP 1
ファーストビューエリアの高さを調整する

PC版ではファーストビューエリアの高さは「100vh - 110px」と指定しました（P.172）。しかしモバイル用のヘッダーは高さが110pxではなく50pxのため、この値を「100vh - 50px」に変更します。

メディアクエリの「{ }」の内側で改行をして、66行目から以下のように記述しましょう。

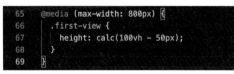

```
65    @media (max-width: 800px) {
66        .first-view {
67            height: calc(100vh - 50px);
68        }
69    }
```

```
@media (max-width: 800px) {
  .first-view {
    height: calc(100vh - 50px);
  }
}
```

まだブラウザ全体に広がっていませんが、このあとの工程で解消しますので、今はまだ崩れたままで問題ありません。

背景画像をモバイル表示用の画像に変更する

背景画像は、PCとモバイルで同じ画像を使う場合と、それぞれ
別に用意した画像を使う場合があります。構図を問わない画像で
あれば同じ画像を使ってもよいですが、今回のトップページでは
モバイル用の画像を用意しました。background-imageプロパ
ティで、モバイル用の画像を指定しましょう。

```
@media (max-width: 800px) {
  .first-view {
    height: calc(100vh - 50px);
    background-image: url(../images/index/bg-main-sp.jpg);
  }
}
```

```
65    @media (max-width: 800px) {
66      .first-view {
67        height: calc(100vh - 50px);
68        background-image: url(../images/index/bg-main-sp.jpg);
69      }
70    }
```

背景画像がモバイル用の画像に変更されました。

見出しとキャッチコピーの位置を上部に移動する

PC版では見出しとキャッチコピーはファーストビューエリアの
上下中央に配置されるよう指定してありますが、モバイル用では
ファーストビューエリアの上部に表示されるよう調整します。
align-itemsプロパティを使用し、「flex-start」と指定します。

```
@media (max-width: 800px) {
  .first-view {
    height: calc(100vh - 50px);
    background-image: url(../images/index/bg-main-sp.jpg);
    align-items: flex-start;
  }
}
```

```
67        height: calc(100vh - 50px);
68        background-image: url(../images/index/bg-main-sp.jpg);
69        align-items: flex-start;
70      }
71    }
```

見出しとキャッチコピーが上部に移動しました。

STEP 4

見出しとキャッチコピーの位置を細かく調整する

次に、見出しとキャッチコピーを包んでいる
div要素「first-view-text」のpaddingの値
を調整し、表示位置を細かく整えます。

```
.first-view-text {
  padding-top: 60px;
  padding-left: 20px;
}
}
```

6

 STEP 5

見出しのスタイルを調整する

次に、見出しの文字サイズと行間を調整しま
す。

```
.first-view-text h1 {
  font-size: 36px;
  line-height: 48px;
}
}
```

STEP 6

キャッチコピーのスタイルを調整する

そしてキャッチコピーのスタイルも調整しま
す。

```
.first-view-text p {
  font-size: 14px;
  margin-top: 15px;
}
}
```

これでファーストビューエリアの調整は完了
です。

4 導入文のスタイルを調整する

続いて導入文のスタイルを調整していきます。ブラウザで確認すると、テキストが読みづらくなっていることがわかります。ボタンはこのままで問題ないでしょう。

STEP 1 導入文の左右に余白を作る

導入文が左右いっぱいに広がっているので、クラス名「lead」をセレクタにpaddingプロパティで左右に余白を作ります。

```
.lead {
  padding-left: 20px;
  padding-right: 20px;
}
}
```

```
86
87    .lead {
88      padding-left: 20px;
89      padding-right: 20px;
90    }
91    }
```

「想像力はあなたをどこにでも連れて行ってくれる」
注文を待つ間に広げた、一冊の本の中に見つけたことば。
ゆったり流れる時間の中で、想像をふくらませる楽しさを思い出す。
そんな時間を過ごすとき、おいしいコーヒーがあるとうれしい。

STEP 2 テキストを左揃えにする

導入文のテキストは中央揃えになっていますが、モバイルの場合、さまざまな大きさの端末が存在するため、見る人の環境によって改行の位置が異なります。中央揃えのテキストで段落の途中に改行が入ると読みづらくなってしまうため、テキストを左揃えに変更します。

```
91
92    .lead p {
93      text-align: left;
94    }
95    }
```

```
    .lead p {
      text-align: left;
    }
  }
```

テキストが読みやすくなりました。

これでモバイルCSSの記述は完了です。調整前と調整後の表示を比べてみましょう。

「border」「outline」プロパティを構成する個別のプロパティ

border-style
要素の境界線の種類を指定する。
【書式】border-style: キーワード
【値】　none、hidden、dotted、dashed、solid、double、groove、ridge、inset、outset

border-width
要素の境界線の幅を指定する。
【書式】border-width: キーワードまたは数値と単位
【値】　thin、medium、thick ／（単位）px、%、em、vwなど

border-color
要素の境界線の色を指定する。
【書式】border-color: 色の値
【値】　#rrggbb、#rgb、カラーネーム、rgb(r, g, b)、rgba(r, g, b, a) など

outline-style
要素の輪郭線の種類を指定する。
【書式】outline-style: キーワード
【値】　none、dotted、dashed、solid、double、groove、ridge、inset、outset

outline-width
要素の輪郭線の幅を指定する。
【書式】outline-width: キーワードまたは数値と単位
【値】　thin、medium、thick ／（単位）px、%、em、vwなど

outline-color
要素の輪郭線の色を指定する。
【書式】outline-color: 色の値
【値】　#rrggbb、#rgb、カラーネーム、rgb(r, g, b)、rgba(r, g, b, a) など

2つのファイルを比較して差分を表示する

サンプルサイトの制作中に解説どおりにページが表示されない場合、入力したコードのどこかが間違っている可能性が高いです。VS Codeには2つのファイルを比較して、コードの異なる部分（差分）をハイライト表示してくれる機能が標準で備わっています。この機能を使用して、ダウンロードファイル内の「完成サイト」フォルダにある完成ファイルと制作中のファイルを比較すると、間違っている部分をすぐに見つけることができます。

ここでは、2つのファイルを比較して差分を確認する方法を解説します。例として、index.htmlにコードの入力ミスがあるケースを想定してハイライト表示してみます。

STEP.1 比較する2つのファイルを開く

まずは、制作中のファイルと「完成サイト」フォルダ内の完成ファイルを2つとも開き、制作中のファイルを表示した状態にします。

完成ファイル内のindex.html

制作中のindex.html

STEP.2 コマンドパレットを開く

VS Codeの［表示］メニューから［コマンドパレット…］をクリックします。

STEP.3 比較コマンドを呼び出す

上部に入力窓が表示されるので、「比較」（英語の場合は「Compare」）と入力してください。選択肢の中から［ファイル：アクティブ ファイルを比較しています…］をクリックします。

STEP.4 比較対象のファイルを選択する

表示される選択肢の中から、比較対象となるファイル（この場合は完成ファイルのindex.html）を選択します。

STEP.5 間違っている箇所を確認する

画面が左右に分割され、差分がハイライト表示されます。ここではクラス名の「header-logo」が「header-rogo」になっていることが確認できます。

入力ミスは自分では気が付きにくく、誤入力した箇所を見つけるために長い時間がかかってしまうこともよくあります。この比較機能を有効活用して、スムーズに学習を進めていきましょう。

※concept.htmlおよびaccess.html内のiframe要素にあるsrc属性の値は、外部サービスが出力するコードのため、本書掲載のコードと異なる場合があります。比較した結果ハイライトで表示されても、誤入力ではない可能性があります。

## Chapter 7

フレックスボックス
レイアウトを
制作する

フルスクリーンレイアウトの次は、フレックスボックスレイアウトの作成方法を学びます。フレックスボックスの基本である横並びのレイアウトを作りながら、CSSの記述方法を学習していきましょう。

7-1 フレックスボックスレイアウト制作で学ぶこと

この章では、トップページの下部におすすめ商品を掲載する「RECOMMENDED」エリアを作成します。フレックスボックスという手法を使って要素を並べる方法や、ブラウザの幅からはみ出た要素の表示のしかたについて学習していきましょう。

1 フレックスボックスレイアウト制作で学べるHTML&CSS

「RECOMMENDED」エリアでは、商品を横並びに配置し、ブラウザの幅からはみ出た分は横スクロールで表示するレイアウトを採用しています。スマートフォンのように幅の狭い端末でも多くの情報を掲載できることから、レスポンシブデザインではよく使用されるレイアウトです。横並びにはフレックスボックスという手法を使います。ブラウザ幅から要素がはみ出る場合の設定についても学習しましょう。また、各要素の説明文にはdl要素を使用し、記述リストの使用方法を学びます。

学べるHTML
- ul、li要素による商品リストの作成
- dl要素による記述リストの作成

学べるCSS
- 背景色の変更
- フレックスボックスによる要素の横並び
- 疑似要素による見出しの装飾
- はみ出た要素を横スクロールで表示する
- 疑似クラスで特定の要素を指定する

2 フレックスボックスレイアウトとは

「フレックスボックスレイアウト」とは、正確には「CSS Flexible Box Layout Module」といい、フレキシブル＝柔軟性の言葉が表すとおり、ボックスを使って柔軟にレイアウトを作成する手法です。ここまでの学習でも、ナビゲーションメニューを横並びにしたり、フッターの要素を縦に並べるなど、すでにいくつかのレイアウト作成で使用しています。あらためてこの章では、「フレックスボックスレイアウト」について詳しく説明します。

HTMLという言語は、各要素がボックス、つまり箱のようなイメージで、積み上げたり、箱の中に箱を入れたりすることで文書が構成されています。それらの箱は何も指定をしない場合は、単純に縦に積み上げられたり、決められたルールに沿って幅が設定されてしまいますが、箱の並び方や大きさ、並び順、並べる方向などをCSSで細かく指定して、柔軟にレイアウトできるように考えられたのがフレックスボックスレイアウトです。

何も指定をしていない HTML　　　**フレックスボックスを使用すると…**

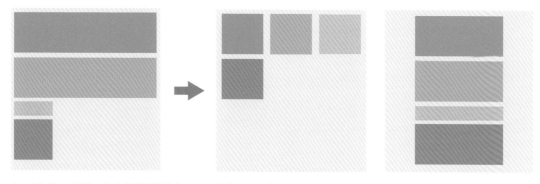

ルールに沿って要素のサイズや配置が決まる　　　要素のサイズや配置を細かく指定でき、柔軟なレイアウトが可能

> **note**
>
> フレックスボックスが登場する前は、要素を横並びにするには「float」というプロパティを使用するケースが多かったのですが、仕様が難解できちんと理解しないと表示が崩れることもよくありました。フレックスボックスはそういった問題を解消し、より簡単に、かつ自在にレイアウトを組めることから、デザインの自由度を高めてくれる重要なプロパティといえます。

> **COLUMN**
>
> ### 古いブラウザへの対応
>
> フレックスボックスはほとんどのブラウザに対応していますが、比較的新しいプロパティのため一部の古いブラウザに対応していません。こうした古いブラウザに対しては、プロパティに「ベンダープレフィックス」という文字列を追加することで適用できる場合が多く、実務ではベンダープレフィックスを追加しておいたほうが安心です。
>
> 本書ではChromeでの表示を前提に紹介しているため、Chrome以外のベンダープレフィックスについては省略します。
> 最新のブラウザ対応状況は、以下のリンク先からご確認ください。
>
> ```
> https://caniuse.com/#search=flex
> ```

3　フレックスボックスのきほん

まずはフレックスボックスの基本的な使い方を理解しましょう。フレックスボックスを使用したレイアウトは「フレックスコンテナ」と呼ばれる親要素の中に「フレックスアイテム」と呼ばれる子要素が入った入れ子構造で作成します。

■displayプロパティで「flex」を設定
以下のサンプルHTMLにCSSの指定を追加し、仕様を解説していきます。何も指定をしなければ、縦にli要素が積み上がった状態です。

▼HTML
```
<ul class="flex-container">
  <li class="flex-item1">item1</li>
  <li class="flex-item2">item2</li>
  <li class="flex-item3">item3</li>
</ul>
```

これをフレックスボックスが適用されたレイアウトにするには、親要素に「display: flex;」を指定します。

▼CSS
```
.flex-container {
  display: flex;
}
```

たったこれだけで子要素は自動的に横並びで表示されます。これまで、このような横並びのレイアウトを実現するために、float、table-cell、inline-boxなどさまざまなプロパティを使ったレイアウト手法が試されてきましたが、フレックスボックスを使えばたった1行のコードで簡単に実装することができます。

フレックスボックスは入れ子構造

縦に並んだ要素が…

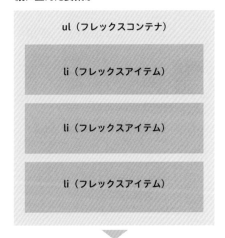

たった1行のコードで横並びになる

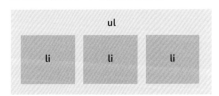

4　フレックスボックスは横並びに配置するだけではない

このように、簡単に要素を横並びに配置できる点はフレックスボックスの最大の特徴ですが、これだけであれば他の手法でも実装できます。他の手法に比べてフレックスボックスが優れている点はその応用力にあり、むしろそれが真骨頂といえます。フレックスコンテナ（親要素）、フレックスアイテム（子要素）それぞれに専用のプロパティが数多く存在し、それらを組み合わせることで、単に左から右への横並びだけでなく、並び順を逆にしたり、縦に並べたり、アイテムの幅を個別に変更したりと

いった、柔軟なレイアウト構造を実現することができます。

フレックスボックスには多くの関連するプロパティが存在し、それぞれのプロパティに入力する値も多岐にわたるため、紙面の都合ですべてを紹介することはできません。ここでは親要素、子要素それぞれに指定するプロパティと値の中から、よく利用される代表的なものを紹介するので覚えていきましょう。

5　親要素で使用するプロパティ

まずは親要素であるフレックスコンテナに指定するプロパティです。

■ 子要素の並ぶ方向を指定するflex-direction

flex-directionは、子要素であるフレックスアイテムの並ぶ方向を指定するプロパティです。このプロパティを使えばアイテムの並ぶ向きを左右逆にしたり、上下にすることが可能です。

row（初期値）	水平方向に左から右へ配置
row-reverse	水平方向に右から左へ配置
column	垂直方向に上から下へ配置
column-reverse	垂直方向に下から上へ配置

▼CSSの記述例

```
.flex-container {
  display: flex;
  flex-direction: row;
}
```

・flex-direction: row;（初期値）
子要素は水平方向に左から右へ配置されます。

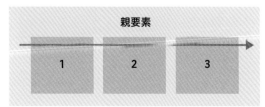

・flex-direction: row-reverse;
子要素は水平方向に右から左へ配置されます。

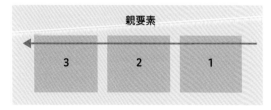

· flex-direction: column;
子要素は垂直方向に上から下へ配置されます。

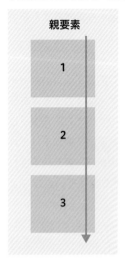

· flex-direction: column-reverse;
子要素は垂直方向に下から上へ配置されます。

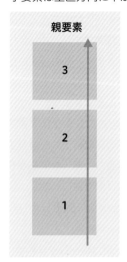

■ 水平方向の揃えを指定するjustify-content

justify-contentは、フレックスボックスの初期値では子要素の水平方向の揃えを指定するプロパティです。左揃え、右揃え、中央揃えはもちろん、親要素の幅に合わせて均等に配置することも可能です。

flex-start（初期値）	親要素の開始位置側に揃えて配置
flex-end	親要素の終了位置側に揃えて配置
center	親要素の中央に配置
space-between	最初と最後の子要素は端に、残りの子要素は均等に配置
space-around	すべての子要素を均等に配置

▼CSSの記述例

```
.flex-container {
  display: flex;
  justify-content: flex-start;
}
```

· justify-content: flex-start;（初期値）
親要素の開始位置側に揃えて配置されます。

· justify-content: flex-end;
親要素の終了位置側に揃えて配置されます。

· justify-content: center;

親要素の中央に配置されます。

親要素

1　　　2　　　3

· justify-content: space-between;

最初と最後の子要素は端に、残りの子要素は均等に
配置されます。

親要素

1　　　2　　　3

· justify-content: space-around;

すべての子要素が均等に配置されます。

親要素

1　　　2　　　3

note

フレックスボックスは flex-direction プロパティ（P.197）
により子要素の並ぶ向きを変更できますが、この向きを「主
軸方向」といい、それにクロスする向きを「交差軸方向」
といいます。

本書は入門書のためわかりやすさを優先して、初期値で
ある「水平・垂直方向」と解説していますが、正確には、
justify-content は主軸方向での、align-items は交差軸
方向での子要素の配置を指定するプロパティとなります。

■ 垂直方向の揃えを指定する**align-items**

align-itemsは、フレックスボックスの初期値では子
要素の垂直方向の揃えを指定するプロパティです。

▼CSSの記述例

```
.flex-container {
  display: flex;
  align-items: stretch;
}
```

stretch（初期値）	親要素の高さいっぱいに配置
flex-start	親要素の始点から上揃えに配置
flex-end	親要素の終点から下揃えに配置
center	親要素の中央に配置

· align-items: stretch;（初期値）

親要素の高さいっぱいに配置されます。

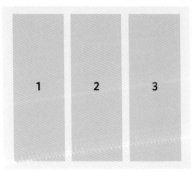

1　　2　　3

· align-items: flex-start;

親要素の始点から上揃えに配置されます。

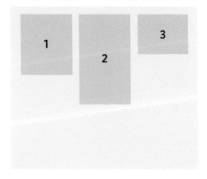

1　　2　　3

・align-items: flex-end;
親要素の終点から下揃えに配置されます。

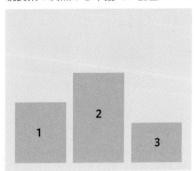

・align-items: center;
親要素の中央に配置されます。

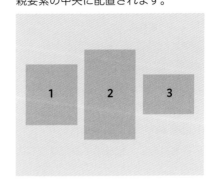

■ 子要素の折り返しを指定するflex-wrap

子要素が親要素の幅を超えてしまった場合に、複数のアイテムを1行または複数行に配置するかを指定するプロパティです。

▼CSSの記述例

```
.flex-container {
  display: flex;
  flex-wrap: nowrap;
}
```

CSSプロパティ

flex-wrap

フレックスアイテムの折り返しを指定する。
【書式】flex-wrap: キーワード
【値】 nowrap、wrap

---

nowrap（初期値）	子要素を親要素の幅に収まるように配置
wrap	子要素を複数行に折り返して配置

・flex-wrap: nowrap;（初期値）
子要素を親要素の幅に収まるように横一列に並べます。

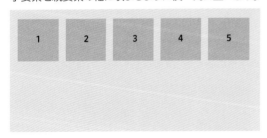

・flex-wrap: wrap;
子要素を複数行に折り返して並べます。

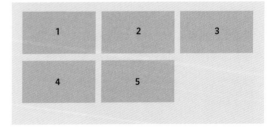

6 子要素で使用するプロパティ

続いて、子要素であるフレックスアイテムに指定するプロパティを紹介します。

■ アイテムの表示順を指定するorder

アイテムを配置する順番を指定するプロパティです。数字の小さい要素から順に配置されます。

> **CSS プロパティ**
> ## order
> フレックスアイテムの表示順を指定する。
> 【書式】order: 数値
> 【値】 0（初期値）を含む整数（マイナスの値も可）

▼CSSの記述例

```css
.flex-item1 {
  order: 2;
}
.flex-item2 {
  order: 3;
}
.flex-item3 {
  order: 1;
}
```

表示結果

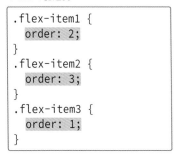

■ アイテムの幅を指定するflex-basis

アイテムの幅を指定するプロパティで、widthと同じような使い方ができます。初期値は「auto」で、autoに指定したアイテムは内容に合わせて自動で幅が設定されます。

> **CSS プロパティ**
> ## flex-basis
> フレックスアイテムの幅を指定する。
> 【書式】flex-basis: キーワードまたは数値と単位
> 【値】 auto ／ （単位）px、%など

▼CSSの記述例

```css
.flex-item1 {
  flex-basis: 100px;
}
.flex-item2 {
  flex-basis: 40%;
}
.flex-item3 {
  flex-basis: auto;
}
.flex-item4 {
  flex-basis: auto;
}
```

表示結果

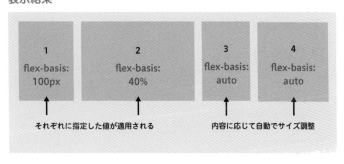

■ アイテムの拡大率を指定するflex-grow

親要素の幅に空きがある場合の、各アイテムの相対的な拡大率を指定するプロパティです。大きな値を指定するほど拡大率は高くなります。「0」を指定したアイテムは拡大せずオリジナルのサイズを維持します。

▼CSSの記述例

```
.flex-item1 {
  flex-grow: 0;
}
.flex-item2 {
  flex-grow: 1;
}
.flex-item3 {
  flex-grow: 2;
}
```

表示結果

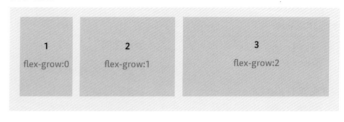

■ アイテムの縮小率を指定するflex-shrink

親要素の幅に空きがなくすべてのアイテムが入り切らない場合の、各アイテムの相対的な縮小率を指定するプロパティです。大きな値を指定したアイテムほどよく縮みます。「0」を指定するとそのアイテムは縮まずオリジナルのサイズを維持します。

▼CSSの記述例

```
.flex-item1 {
  flex-shrink: 0;
}
.flex-item2 {
  flex-shrink: 1;
}
.flex-item3 {
  flex-shrink: 2;
}
```

表示結果

フレックスボックスの代表的なプロパティは以上です。他にもいくつかのプロパティが存在しますが、まずはここで紹介したプロパティを覚えておきましょう。

7-2 フレックスボックスレイアウトの HTMLを書いてみよう

フレックスボックスレイアウトの概要がつかめたら、HTMLを記述します。文書構造を確かめながら、「RECOMMENDED」エリアの見出しと、5つの商品メニュー、ボタンの記述方法を学んでいきましょう。

1 フレックスボックスレイアウトページの文書構造を確認する

HTMLの記述をはじめる前に、まずは文書構造の確認をします。6章で制作した導入文エリアの下に、中見出しと商品が5つ並び、最後にボタンを配置します。各商品は「商品画像」「商品名」「説明文」「商品価格」の4つの要素で構成されます。

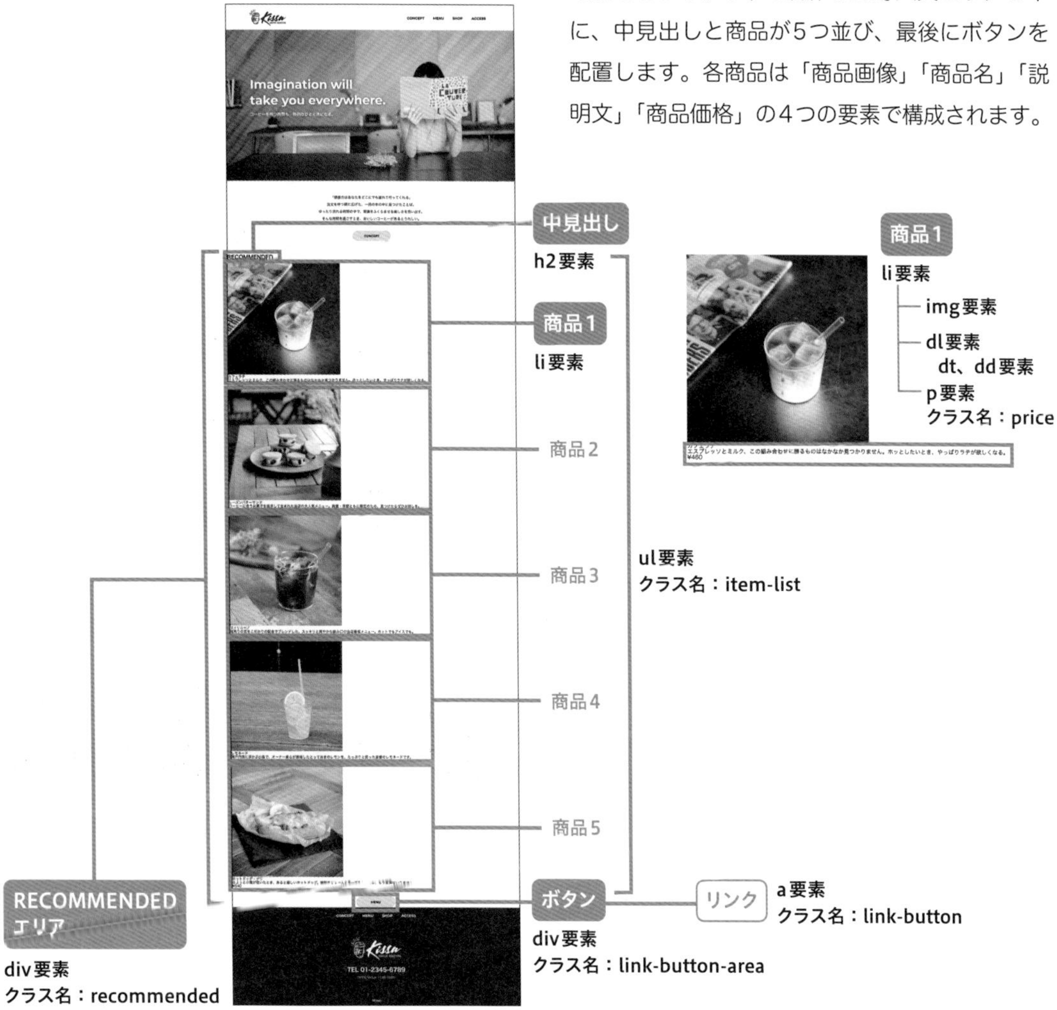

中見出し
h2要素

商品1
li要素

商品2

商品3

ul要素
クラス名：item-list

商品4

商品5

ボタン
div要素
クラス名：link-button-area

リンク
a要素
クラス名：link-button

RECOMMENDED エリア
div要素
クラス名：recommended

商品1
li要素
  — img要素
  — dl要素
      dt、dd要素
  — p要素
    クラス名：price

2　RECOMMENDEDエリアの領域と中見出しを作成する

STEP 1　RECOMMENDEDエリアの領域を作成する

「index.html」ファイルの導入文エリアにあるクラス名を「lead」としたdiv要素の下に、RECOMMENDEDエリアの領域となるdiv要素を作成します。クラス名は「recommended」とします。

```
<div class="lead">
... (略) ...
</div>
<div class="recommended"></div>
```

プレビューでは特に変化はありません。

STEP 2　中見出しを作成する

div要素の中にh2要素を使用して中見出しを作成します。

```
<div class="recommended">
  <h2>RECOMMENDED</h2>
</div>
```

画面左側に見出しが追加されました。

3　1つ目の商品を作成する

STEP 1　ul要素を作成する

見出しの下に商品を追加していきます。商品はul、li要素で作成します。まずは、ul要素を入力します。ul要素にはclass属性で「item-list」という名前をつけます。

```
<div class="recommended">
  <h2>RECOMMENDED</h2>
  <ul class="item-list"></ul>
</div>
```

204

STEP 2

li要素を作成する

続いて、ul要素の中に1つ目のli要素を作成します。このli要素が商品の1品目を入れるボックスになります。

```
54    <div class="recommended">
55        <h2>RECOMMENDED</h2>
56        <ul class="item-list">
57            <li></li>
58        </ul>
59    </div>
```

```html
<ul class="item-list">
  <li></li>
</ul>
```

STEP 3

商品画像を入力する

li要素の中に各商品の情報を入れていきます。まずは商品画像を入れていきましょう。画像にはalt属性で画像の説明を入れます。

```html
<ul class="item-list">
  <li>
    <img src="./images/index/img-item01.jpg" alt="カフェラテの商品画像">
  </li>
</ul>
```

```
56        <ul class="item-list">
57            <li>
58                <img src="./images/index/img-item01.jpg" alt="カフェラテの商品画像">
59            </li>
60        </ul>
61    </div>
```

カフェラテの画像が追加されました。

STEP 4

商品名と説明文を入力する

画像の下にdl、dt、dd要素を使用し、商品名と説明文を入力していきます。

```html
<ul class="item-list">
  <li>
    <img src="./images/index/img-item01.jpg" alt="カフェラテの商品画像">
    <dl>
      <dt>カフェラテ</dt>
      <dd>エスプレッソとミルク、この組み合わせに勝るものはなかなか見つかりません。ホッとしたいとき、やっぱりラテが欲しくなる。</dd>
    </dl>
  </li>
</ul>
```

```
57            <li>
58                <img src="./images/index/img-item01.jpg" alt="カフェラテの商品画像">
59                <dl>
60                    <dt>カフェラテ</dt>
61                    <dd>エスプレッソとミルク、この組み合わせに勝るものはなかなか見つかりません。
                    としたいとき、やっぱりラテが欲しくなる。</dd>
62                </dl>
63            </li>
```

商品名と説明文が追加されました。

HTMLタグ
\<dl\>
記述リストを表す。
【終了タグ】必須

HTMLタグ
\<dt\>
記述リストの用語を表す。
【終了タグ】省略可

HTMLタグ
\<dd\>
記述リストの説明部分を表す。
【終了タグ】省略可

note

この3つはセットで使用する要素で、この3つをまとめて「記述リスト」と呼びます。

学習ポイント

記述リストを使いこなす

記述リストは、指定した用語とそれに関連する説明を一対で表すリストで、使用するシーンは表を作成するtable要素によく似ています。例えば次のようにマークアップします。

```
<dl>
    <dt>ゾウ</dt>
    <dd>鼻が長い動物</dd>
    <dt>キリン</dt>
    <dd>首が長い動物</dd>
</dl>
```

今回のように商品リストで使用する場合は、商品名をdt要素、商品の説明文をdd要素でマークアップします。

```
<dl>
    <dt>商品名</dt>
    <dd>商品の説明文</dd>
</dl>
```

206

STEP 5 商品価格を入力する

続いて、dl要素の下にp要素で商品価格を入力します。p要素にはclass属性で「price」という名前をつけましょう。

```
<li>
  <img src="./images/index/img-item01.
  jpg" alt="カフェラテの商品画像">
  <dl>
    <dt>カフェラテ</dt>
    <dd>エスプレッソとミルク、この組み合わせに
    勝るものはなかなか見つかりません。ホッとし
    たいとき、やっぱりラテが欲しくなる。</dd>
  </dl>
  <p class="price">¥460</p>
</li>
```

商品価格が追加されました。これで1つ目の商品の入力は完了です。

4 残りの商品を作成する

STEP 1 li要素を複製する

1つ目の商品の情報を入力したli要素を複製して、残りの4商品の情報を入力していきます。57 ～ 64行目をまるごとコピーして、そのすぐ下にペーストします。

57 ～ 64行をコピーして

65 ～ 72行へペーストする

▼57 ～ 64行目のコード

```
<li>
  <img src="./images/index/img-item01.
  jpg" alt="カフェラテの商品画像">
  <dl>
    <dt>カフェラテ</dt>
    <dd>エスプレッソとミルク、この組み合わせに勝
    るものはなかなか見つかりません。ホッとしたいと
    き、やっぱりラテが欲しくなる。</dd>
  </dl>
  <p class="price">¥460</p>
</li>
```

カフェラテの情報が2つ連続して掲載されます。

STEP 2 情報を書き換える

画像のパスとalt属性、商品名と説明文、商品価格を2つ目の商品の情報に書き換えます。

```
<li>
  <img src="./images/index/img-item02.jpg" alt="レーズンバターサンドの商品画像">
  <dl>
    <dt>レーズンバターサンド</dt>
    <dd>コーヒーに合うお菓子を追求して生まれた当店の大人気メニュー。数量・季節ともに限定のため、
    見つけたらぜひお試しを。</dd>
  </dl>
  <p class="price">¥480</p>
</li>
```

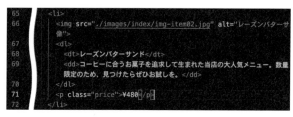

2つ目の商品の情報がレーズンバターサンドのものに変更されました。

STEP 3 残りの3商品も同様の作業を繰り返す

STEP.1 ～ 2で行った、「li要素をコピーしてペーストし、情報を書き換える」という一連の作業を、残りの3商品についても同様に行います。

▼商品情報の書き換えは以下

変更行	画像のパス	alt属性
74行目	img-item03.jpg	アメリカーノの商品画像
82行目	img-item04.jpg	レモネードの商品画像
90行目	img-item05.jpg	ホットドッグ - チリの商品画像

変更行	商品名
76行目	アメリカーノ
84行目	レモネード
92行目	ホットドッグ - チリ

変更行	説明文
77行目	浅煎りの豆をこだわりの配合でブレンドした、スッキリと爽やかな飲み口の当店看板メニュー。ホットでもアイスでも。
85行目	瀬戸内海に浮かぶ小島で、オーナー自らが栽培したとっておきのレモンを、たっぷりと使った自慢のレモネードです。
93行目	ちょっと小腹が空いたとき、あると嬉しいホットドッグ。特製チリソースとチーズをかければ、もう言葉はいりません。

変更行	価格
79行目	¥420
87行目	¥420
95行目	¥540

7

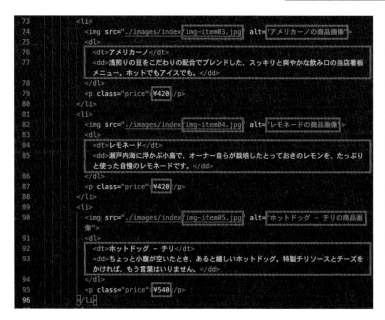

これで5商品分の情報が入力されました。

Windows環境での¥の入力と表示

Windows PC でキーボードから半角の「¥」を入力すると、VS Code 内では「\」（バックスラッシュ）で表示されますが、ブラウザでは「¥」で表示されます。

STEP 1

導入文エリアのボタンを複製する

ボタンの作成は、導入文エリアで入力したリンクボタンのコード
を流用します。50 〜 52行目のコードをコピーして、商品情報
を入力したul要素の終了タグのすぐ下にペーストします。

▼50 〜 52行目のコード

```
<div class="link-button-area">
  <a class="link-button" href="./concept.html">CONCEPT</a>
</div>
```

50 〜 52行を
コピーして

98 〜 100行へ
ペーストする

ボタンが配置されました。6章で入力したボ
タンのスタイルもそのまま引き継がれている
ことがわかります。

STEP 2

リンク先とテキストを変更する

リンク先とボタン内のテキストを変更します。

```
<div class="link-button-area">
  <a class="link-button" href="./menu.html">MENU</a>
</div>
```

ボタン内のテキストが変更されていることを
確認します。これでHTMLの記述は完了で
す。

7-3 フレックスボックスレイアウトのCSSを書いてみよう

HTMLを記述したら、続いてCSSで見た目を整えていきます。フレックスボックスで要素を横並びにする方法や、背景色の切り替え、横スクロールのためのCSSの記述方法などを身につけましょう。

1 フレックスボックスレイアウトページのスタイリングを確認する

CSSの記述をはじめる前に、まずはレイアウトの完成形を確認します。RECOMMENDEDエリアは背景に薄いグレーを敷き、5つの商品を横並びでレイアウトします。ブラウザの幅からはみ出した部分は横スクロールで閲覧できるようにします。エリアのタイトルとなる中見出しには短い下線を入れてアクセントとしています。

2 RECOMMENDEDエリアの背景と余白を設定する

STEP 1 背景色を指定する

まずは、背景色を設定します。CSSの記述は、前章6-3で記述した「index.css」ファイルのリンクボタンに関する記述（P.185）の下

で改行し、「65行目」から書きはじめます。RECOMMENDEDエリア全体を包むdiv要素に指定したクラス名「recommended」をセレクタにし、background-colorプロパティで背景色に「#f8f8f8」を指定しましょう。

```css
.recommended {
  background-color: #f8f8f8;
}
```

RECOMMENDEDエリアの背景が薄いグレーになりました。

STEP
2
上下の余白を指定する

続いてpaddingプロパティで上に45px、下に55pxの余白を設定します。

```css
.recommended {
  background-color: #f8f8f8;
  padding-top: 45px;
  padding-bottom: 55px;
}
```

上下の内側に余白ができました。

3 中見出しのスタイルを指定する

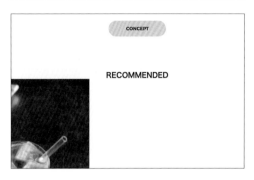

STEP 1 **h2要素のスタイリングをする**

続いて中見出しのスタイリングをします。
「recommended内のh2要素」をセレクタに
して、font-sizeを「22px」、font-weightを
「bold」、text-alignを「center」にそれぞれ
指定しましょう。

```css
.recommended h2 {
  font-size: 22px;
  font-weight: bold;
  text-align: center;
}
```

見出しが中央揃えになり、文字のスタイルも
変更されました。

STEP 2 **疑似要素を作成する**

続いて見出しの下の短い下線を追加します。
下線には疑似要素の「::after」を使用します。
「.recommended h2」に疑似要素「::after」
を使用して、見出しの後ろに擬似的な要素を
追加します。

```css
.recommended h2::after {}
```

学習ポイント
要素に対して文字や画像を追加できる「疑似要素」

疑似要素とは、要素の前後にテキストや画像、ボッ
クスを追加したり、要素内の特定箇所に対してス
タイルを指定することができる記述方法です。
書き方はセレクタ名に続いて「::」（コロン2個）
を記述し、それに続いて疑似要素名を記述します。

コロンは1つでも動作しますが、「:hover」など
の擬似クラスと区別するためにコロンは2つで記
述するとよいでしょう。

[セレクタ]::[疑似要素名]

要素の前に追加したい場合は「::before」、後ろに追加したい場合は「::after」という疑似要素を使用します。

疑似要素の「::after」と「::before」を使用する場合、必ずcontentプロパティを指定する必要があります。contentプロパティは値の「''」とセットで使用し、「''」の中に表示させたい文字列を入力します。

```
content: '表示させたい内容';
```

STEP 3 contentプロパティを指定する

今回は文字列ではなく下線を疑似的に表示したいので、contentプロパティの「''」内は空のままで以下のように指定します。

```
.recommended h2::after {
  content: '';
}
```

ここまでブラウザ上では特に変化はありません。

CSS プロパティ

content

::before疑似要素、::after疑似要素の前後に、仮想的に文字列や画像を生成する。
【書式】content: 値（文字列の場合は「'」または「"」で囲む）
【値】 文字列、URL、カウンタ、attr(x)、open-quote、close-quote、no-open-quote、no-close-quote

```
76
77    .recommended h2::after {
78        content: '';
79    }
80
```

STEP 4 displayプロパティを指定する

疑似要素はデフォルトではインライン要素（P.118）のため、displayプロパティで「block」を指定します。

```
.recommended h2::after {
  content: '';
  display: block;
}
```

```
77    .recommended h2::after {
78        content: '';
79        display: block;
80    }
```

STEP 5 疑似要素の大きさを指定する

疑似要素で作成する下線の大きさを指定します。ここでは幅36px、高さ3pxの線を引くことにします。

```
77    .recommended h2::after {
78        content: '';
79        display: block;
80        width: 36px;
81        height: 3px;
82    }
```

```
.recommended h2::after {
  content: '';
  display: block;
  width: 36px;
  height: 3px;
}
```

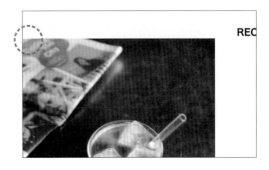

この時点でカフェラテの画像のすぐ上に疑似要素が表示されていますが、色がついていないため、ブラウザで見てもあまり変化がわかりません。

STEP 6 疑似要素に背景色を指定する

続いて疑似要素に背景色を指定します。background-colorプロパティで「#000000」を指定します。

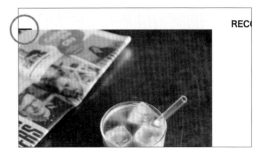

```
.recommended h2::after {
  content: '';
  display: block;
  width: 36px;
  height: 3px;
  background-color: #000000;
}
```

ようやく疑似要素の姿が見えてきました。カフェラテの画像のすぐ左上に、黒い短い線が入っていることを確認してください。

STEP 7 疑似要素の表示位置を調整する

疑似要素は、見出しの下に少し余白を空けて中央揃えで配置したいので、marginプロパティで表示位置を調整します。

```
77  .recommended h2::after {
78      content: '';
79      display: block;
80      width: 36px;
81      height: 3px;
82      background-color: ☐#000000;
83      margin-top: 20px;
84      margin-left: auto;
85      margin-right: auto;
86  }
```

```
.recommended h2::after {
  content: '';
  display: block;
  width: 36px;
  height: 3px;
  background-color: #000000;
  margin-top: 20px;
  margin-left: auto;
  margin-right: auto;
}
```

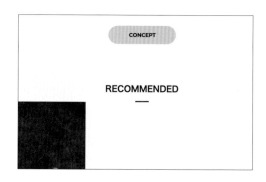

見出しの下に線が移動しました。これで中見出しのスタイリングは完了です。

4　商品表示エリアを作成する

 STEP 1　子要素を横並びにする

続いて、商品を横並びで表示するエリアの指定を進めます。ul要素に指定したクラス名「.item-list」をセレクタにして、displayプロパティで「flex」を指定し、子要素を横並びにします。

```
.item-list {
  display: flex;
}
```

5つの商品が横並びに表示されました。

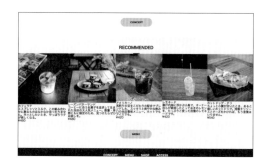

STEP 2　商品表示エリアの余白を指定する

続いて、paddingプロパティで商品表示エリアの上下左右に余白を指定します。

```
88    .item-list {
89      display: flex;
90      padding-top: 40px;
91      padding-bottom: 10px;
92      padding-left: 60px;
93      padding-right: 60px;
94    }
95
```

```
.item-list {
  display: flex;
  padding-top: 40px;
  padding-bottom: 10px;
  padding-left: 60px;
  padding-right: 60px;
}
```

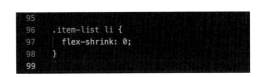

上下左右に余白ができました。

5　商品欄のスタイルを調整して横スクロール表示にする

STEP 1　商品欄のサイズが縮まないようにする

続いて商品欄のスタイルを指定していきます。現状は各商品欄の幅が自動調整され、ブラウザの幅に収まるよう縮んで表示されています。まずはこれを解除します。li要素をセレクタにして、flex-shrinkプロパティで「0」を指定し、商品欄の幅が縮まないように指定します（P.202）。

```
.item-list li {
  flex-shrink: 0;
}
```

各商品が縮まずに表示され、ブラウザの幅からはみ出して表示されました。

STEP 2　商品欄の幅を指定する

次に、商品欄の幅を指定します。widthプロパティで「260px」と入力しましょう。

```
.item-list li {
  flex-shrink: 0;
  width: 260px;
}
```

各商品欄の幅が260pxになりました。

STEP
3

商品欄の余白を指定する

商品写真の隣同士がくっついて表示されているので、商品間に余白を設けましょう。marginプロパティで左に75pxの余白を指定します。

```
.item-list li {
    flex-shrink: 0;
    width: 260px;
    margin-left: 75px;
}
```

商品のあいだに余白が生まれ、だんだん完成形に近づいてきました。

STEP
4

1つ目の商品の余白を調整する

一番左に配置されている1つ目の商品と、ブラウザの端とのあいだに大きく余白が空いています。これは、親要素に指定した「padding-left:60px」と商品欄に指定した「margin-left:75px」が合算され、135pxの余白が空いてしまっているからです。

こういったときには、疑似クラスの「:first-child」を使用すれば、1つ目の商品のmargin-leftだけを個別に調整することができます。margin-leftを「0」に指定しましょう。

```
.item-list li:first-child {
  margin-left: 0;
}
```

これで最初の商品欄だけ左側の余白が調整されました。

学習ポイント

特定の条件に当てはまる要素を指定する疑似クラス

「:first-child」という疑似クラスは、ある要素の一番はじめの要素だけを指定することができる疑似クラスです。「:nth-child()」という疑似クラスを指定すれば、具体的に何番目の要素を指定する

かを選択することができます。例えば「2番目の要素」を指定する場合は、「:nth-child(2)」と指定します。

7

---

6 横スクロールではみ出す部分を調整する

STEP 1

商品表示エリアを横スクロールして確認する

商品表示エリアを横にスクロールしてみると、飛び出た商品の分だけ右側に余計なスペースが作られ、背景の薄いグレーが途中で切れてしまっています。これはフレックスアイテムであるli要素にflex-shrink:0を指定したことにより、各アイテムが縮まずに配置されるため、ブラウザの幅に収まりきらない商品が右に飛び出しているという状態です。これを修正しましょう。

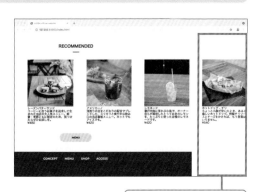

収まりきらない商品がはみ出したことで、意図しないスペースが生じている

STEP 2

はみ出したコンテンツの表示方法を指定する

88行目の「.item-list」に対して、overflowプロパティを使用し、「scroll」と指定します。overflowプロパティは「要素からはみ出したコンテンツをどのように処理するか」を制御するプロパティです。scrollを指定した場

CSSプロパティ

overflow

ボックスからはみ出た要素の表示方法を指定する。
【書式】overflow: キーワード
【値】 visible、hidden、scroll、auto

合、「はみ出したコンテンツをスクロールして表示する」という指定になります。

```
.item-list {
  display: flex;
  padding-top: 40px;
  padding-bottom: 10px;
  padding-left: 60px;
  padding-right: 60px;
  overflow: scroll;
}
```

これで、はみ出た部分が横にスクロールして表示できるようになりました。

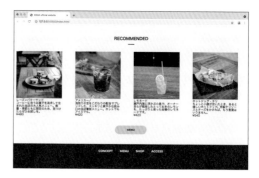

7　商品欄のテキストをスタイリングする

STEP 1

画像とのあいだに余白を作る

ここからは各商品欄のテキストの見た目を調整します。107行目から記述を追加していきます。
まずは画像とのあいだに余白を設けます。「.item-list内のdl要素」をセレクタにして、marginプロパティで余白を指定しましょう。

```
.item-list dl {
  margin-top: 20px;
}
```

商品欄の画像とテキストのあいだに余白ができました。

220

商品名を太字にする

続いて、「.item-list内のdt要素」
をセレクタにして、商品名が太字
になるよう指定します。

```
110
111    .item-list dt {
112        font-weight: bold;
113    }
114
```

```
.item-list dt {
  font-weight: bold;
}
```

商品名が太字になりました。

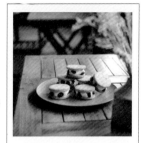

商品説明文のスタイルを指定する

次に「.item-list内のdd要素」を
セレクタにして、商品説明文のス
タイルを指定します。文字サイズ
は13pxで、行間が20px、商品
名とのあいだに10pxの余白を作
りましょう。

```
114
115    .item-list dd {
116        font-size: 13px;
117        line-height: 20px;
118        margin-top: 10px;
119    }
120
```

```
.item-list dd {
  font-size: 13px;
  line-height: 20px;
  margin-top: 10px;
}
```

説明文のスタイルが調整できまし
た。

商品価格のスタイルを調整する

最後に、商品価格のp要素に指定したクラス名「.price」をセレクタにして、文字の太さと上部の余白を指定します。

```
.item-list .price {
    font-weight: bold;
    margin-top: 15px;
}
```

商品価格のスタイルが調整できました。PC版サイトのRECOMMENDEDエリアのスタイリングは終了です。PC版サイトのトップページも、これで完成となります。

7-4 フレックスボックスレイアウトのモバイル用CSSを書いてみよう

PC用のデザインが完成したら、次はモバイル用のCSSを記述しスマートフォンでもきれいに表示されるよう最適化していきます。

1 デベロッパーツールで表示を確認する

デベロッパーツールを起動し、ChromeをレスポンシブモードにE切り替えます。そして、現状の表示を確認しましょう。

RECOMMENDEDエリアには、カフェラテだけが表示されています。大きく崩れている箇所はなく、PC版と同じように横スクロールをすれば他の商品も表示されますが、右側に商品紹介のつづきがあるということがわかりにくいので、サイズを調整して使いやすくしましょう。

2 商品表示エリアの左右の余白を調整する

P.191で記述したメディアクエリの内側「.lead p」の下、157行目からCSSを追加していきます。まずは、商品表示エリアの左右の余白を調整しましょう。「.item-list」のpaddingはPC版では60pxになっていますが、これを「20px」に指定します。

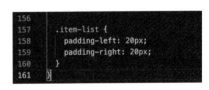

```
.item-list {
    padding-left: 20px;
    padding-right: 20px;
  }
}
```

左側の余白が小さくなりました。横にスクロールしてみると右側の余白も同様に小さくなっているはずです。

3　商品欄の大きさと余白を調整する

STEP 1　商品欄を小さくする

続いて商品欄の大きさと余白を調整します。まずは大きさです。「item-list li」はPC版では260pxですが、これを「220px」に指定します。

```
.item-list li {
  width: 220px;
}
}
```

商品欄の幅が小さくなりました。

STEP 2　商品間の余白を小さくする

最後に商品間の余白を小さくします。PC版ではmargin-leftに75pxが指定されていますが、これを「30px」に指定します。

```
.item-list li {
  width: 220px;
  margin-left: 30px;
}
}
```

余白が小さくなり、右側に商品が続いていることが伝わりやすくなりました。

このように、表示が崩れていなくても「使いやすさ」のためにスタイルを調整するのもレスポンシブデザインにおいて大切な考え方です。これで6章からコーディングしてきたトップページは完成です。お疲れさまでした。

## Chapter 8

シングルカラムで
動画コンテンツページ
を制作する

トップページの次は、各詳細ページの制作に移ります。CONCEPTページの制作ではGIFアニメーションやYouTube動画を掲載し、動画コンテンツを活用したページの制作方法を学びます。

8-1 シングルカラムレイアウト制作で学ぶこと

この章では、CONCEPTページとしてお店のコンセプトや店舗紹介ムービーを掲載するページを制作します。動画コンテンツのうち1つめにはGIFアニメーションを使用して"動く画像"の掲載方法を学び、店舗紹介ムービーのエリアではYouTubeにアップした動画を埋め込む方法を紹介します。

1 シングルカラムレイアウト制作で学べるHTML&CSS

CONCEPTページでは、まず一番上のページタイトルエリアで画像をブラウザの横幅いっぱいに配置し、その上にタイトルを掲載します。そしてコンセプトエリアでは、動画とテキストの横並びの配置と、並び順を逆転する方法を学びます。動くコンテンツの1つにはGIFアニメーションを使用します。そして最後にYouTube動画の埋め込み方法を解説します。

コンセプトページのデザインカンプ

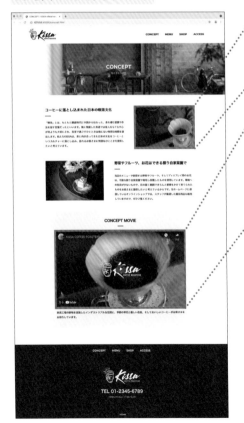

GIFアニメーションによる動きのあるコンテンツ

YouTube動画コンテンツ

学べるHTML

- GIFアニメーションの配置
- classを複数使う
- iframeによるYouTube動画の埋め込み

学べるCSS

- フレックスボックスによる上下中央揃え
- 横並びの左右反転
- iframe要素のサイズ指定

2　シングルカラムレイアウトのメリット・デメリット

ここ数年のウェブデザインの傾向として、シングルカラムのレイアウトが増えています。これはスマートフォンの普及に深く関係しており、携帯端末の小さな画面にコンテンツを表示したときに、少しでも表示エリアを大きく確保したい、という要望からシングルカラムが多く採用されるようになりました。同じ理由から、端末によって表示サイズを変更するレスポンシブデザイン（P.26）が導入されていく中で、サイドバーのないレイアウトであれば文字サイズの調整などの最低限の変更だけでレスポンシブ化できるため、そういった制作時の利便性や合理性といった観点からも、シングルカラムのレイアウトが主流になりつつあります。

■シングルカラムに不向きなサイトとは

しかしすべての面で優れているかというと、そうではありません。例えばECサイトなどページ数の多いウェブサイトでは、サイドバーがあったほうがサイト内での回遊性が高く使いやすいケースもあります。また、ブログなどの媒体でも、過去記事のアーカイブや人気記事の一覧、広告を表示する場所としてサイドバーは有効活用されています。このように、作成するウェブサイトの目的や、訪れる人にどのような行動をとってほしいのかによって、選択するべきレイアウトパターンは異なり、どういったレイアウトならより使いやすいのかをつねに考えながら、サイトをデザインするのがサイト制作者の仕事です。

8

シングルカラムと2カラムページの比較

2カラムレイアウト

コンテンツエリアの幅が狭くなるので横幅の狭い端末で見たときに、写真や文字が小さくなってしまう

シングルカラムレイアウト

端末の幅いっぱいまでコンテンツエリアとして使えるので、横幅の狭い端末でも見やすく表示できる

3　ウェブサイトのコンテンツに動画を使用するメリット

YouTubeなどの動画サイトを中心に、インターネット上で動画を楽しむことが一般的になりました。NetflixやHuluなど動画配信サービスに加入している人も多いのではないでしょうか。

企業や個人のウェブサイトも例外ではありません。

特にYouTubeの存在感は大きく、比較的簡単に誰でも動画をアップできることから、YouTubeにアップした動画をウェブサイト上に掲載しているケースをよく見かけます。

■ 情報量だけでなくサイト訪問者の滞在時間にも影響

動画のメリットは、まず第一に「伝えられる情報量が多い」という点があります。テキストや写真ではなかなか伝わらないことも、動画であれば数十秒という短い時間でも非常に多くの情報を届けることができます。

また、今回のようにカフェのサイトであれば、映像でお店の雰囲気を伝えることができるばかりでなく、素敵な音楽を一緒に流したり、パティシエの解説付きレシピ紹介動画を載せるなど、「音声データを同時に扱える」という点も大きなメリットです。

さらに、ページ内に"動き"を施すことでコンテンツにリズムや変化が生まれる点や、動画を閲覧することによりサイト内の滞在時間が伸びるという点も見逃せません。

このようにメリットが多い動画コンテンツの取り扱いは、今後ますます重要になっていくでしょう。

4　注目を集めている「GIFアニメーション」とは

「GIFアニメーション」と呼ばれる、動く画像もよく使われています。これはコマ送りの静止画をパラパラ漫画のような原理で組み合わせた「画像ファイル」で、厳密には動画ではありませんが、ウェブサイト上では動画のような使い方をされます。

特別新しい技術ではなく以前から存在していましたが、画質が粗く、音声も扱えないため動画に押されてほとんど見かけなくなっていました。それが、ここ数年で再度注目を集め、GIFアニメーションを掲載するウェブサイトはどんどん増えています。これは、スマートフォンの普及と関係しています。

GIFアニメーションのしくみ

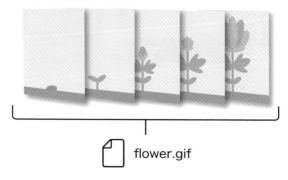

flower.gif

1つのファイルの中に複数の画像データが入っていて、指定した順番で連続して表示されることで動画のように見える

■ 動画ファイルのデメリットを補うGIFアニメーション

スマートフォンでの閲覧を想定する際に、レスポンシブデザインなどの「表示サイズ」の問題とは別にもう一つ考えなければいけない点があります。それは「データ通信量」についてです。自宅のPCで閲覧する際にはほとんど問題になることはありませんが、移動中や外出先で使用することの多いスマートフォンでの閲覧においては、ウェブサイトのデータを少しでも軽くし、快適な表示を実現することはとても重要です。

その点において、動画ファイルはデータ量が大きく、スマートフォンユーザーにとっては好ましいコンテンツとは言えません。ユーザーが見たい動画を自分で選択して見るならいいのですが、勝手に再生する動画により通信量を圧迫されれば、二度とサイトにアクセスすることはないでしょう。このような理由から積極的に使用するべきではないのです。

データサイズの小さいGIFアニメーションは、通信量や読み込み速度に大きな影響を与えないことから、スマホユーザー向けの手軽に扱える動きのあるコンテンツとして注目されているのです。

このように、ユーザーの閲覧環境を想像し、見た目だけでなくさまざまな観点から「使いやすいウェブサイト」を考えることも、ウェブ制作者に求められる大事なスキルのひとつです。

COLUMN

GIFアニメーションの作り方

GIFアニメーションの作り方にはいくつか方法があり、もっとも手軽な方法は、オンラインサービスやスマートフォンのアプリを使うことでしょう。YouTubeなどのURIを入力するだけでGIFアニメーションとして書き出してくれるサービスもあります（https://gifs.com）。また、あまり知られていませんが、PowerPointやKeynoteなどのプレゼンテーション制作ソフトにも、GIFアニメーションとして書き出す機能が備わっています。興味のある人は試してみてもよいでしょう。

gifs
https://gifs.com/

シングルカラムレイアウトの HTMLを書いてみよう

トップページと同じく、CONCEPTページもまずはHTMLから記述します。文書構造を確かめながら、ページタイトルエリアの作り方、画像とテキストの横並びでの配置、動画コンテンツの掲載方法などを学んでいきましょう。

1 シングルカラムレイアウトページの文書構造を確認する

まずは文書構造の確認をします。ヘッダーとフッターは全ページ共通部分なので省略します。まず最上部にページタイトルを掲載します。次にお店のコンセプトと画像を掲載したコンセプトエリアを2つ作成します。このうち1つ目のエリアではGIFアニメーションを使って動く画像とします。最後に店舗紹介動画として、YouTubeにアップした動画の埋め込み方法を解説します。

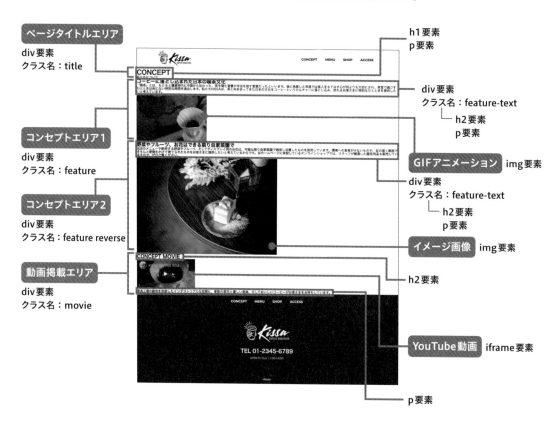

ページタイトルエリア
div要素
クラス名：title

コンセプトエリア1
div要素
クラス名：feature

コンセプトエリア2
div要素
クラス名：feature reverse

動画掲載エリア
div要素
クラス名：movie

h1要素
p要素

div要素
クラス名：feature-text
└ h2要素
　p要素

GIFアニメーション img要素
div要素
クラス名：feature-text
└ h2要素
　p要素

イメージ画像 img要素

h2要素

YouTube動画 iframe要素

p要素

2 concept.htmlの基本部分を作成する

STEP 1

common.htmlを複製する

6章で制作したトップページと同様に、まずは3章で作成した「common.html」を開いて別名で保存します。VS Codeの［ファイル］メニューから［名前を付けて保存...］を選択し、「concept.html」という名前でkissaフォルダに保存してください。

STEP 2

ページのタイトルと概要文を変更する

タイトルと概要文をページの内容にあったものに変更します。

```html
<title>CONCEPT | KISSA official website</title>
<meta name="description" content="カフェ「KISSA」は日本の喫茶文化をコーヒーに落とし
込み、訪れるお客さまに特別なひとときを提供します。">
```

STEP 3

CSSファイルへのリンクを追加する

続いてCSSファイルへのリンクを記述します。CONCEPTページ＝concept.htmlのスタイルは「concept.css」というCSSファイルに記述します。CSSファイルはこの次の節で作成するためまだ存在しませんが、先にlink要素を追加しておきましょう。

```html
<script src="./js/toggle-menu.js"></script>
<link href="./css/common.css" rel="stylesheet">
<link href="./css/concept.css" rel="stylesheet">
```

3 ページタイトルを作成する

STEP 1
ページタイトルエリアの外枠を作成する

まずは冒頭のページタイトルエリアを作成します。main要素の中にdiv要素を作り外枠を作成します。div要素にはclass属性で「title」という名前をつけます。

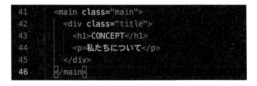

```html
<main class="main">
  <div class="title"></div>
</main>
```

STEP 2
英語の見出しと日本語のサブタイトルを入力する

div要素の中に、h1要素で英語のページタイトル「CONCEPT」を、p要素で日本語のサブタイトル「私たちについて」をそれぞれ入力します。

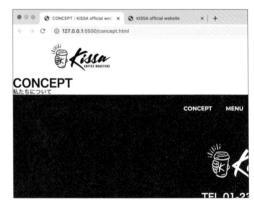

```html
<main class="main">
  <div class="title">
    <h1>CONCEPT</h1>
    <p>私たちについて</p>
  </div>
</main>
```

ページタイトルとサブタイトルが入力されました。

4 1つ目のコンセプトエリアを作成する

STEP 1
コンセプトエリアの外枠を作成する

次にコンセプトエリアを作成します。まずはdiv要素で外枠を作成します。class属性で「feature」という名前をつけましょう。

```html
<div class="feature"></div>
```

STEP 2 テキストエリアを作成する

div要素の中に中見出しとコンセプト文が入
るエリアを作成します。div要素を使用し
「feature-text」という名前をつけます。

```
<div class="feature">
  <div class="feature-text"></div>
</div>
```

STEP 3 中見出しとコンセプト文を入力する

テキストエリアのdiv要素の中に、h2要素で
中見出しを、p要素でコンセプト文を入力し
ます。

```
<div class="feature">
  <div class="feature-text">
    <h2>コーヒーに落とし込まれた日本の喫茶文化</h2>
    <p>「喫茶」とは、もともと鎌倉時代に中国から伝わった、茶を嗜む習慣や作法を指す言葉だったと
    いいます。後に発展した茶道では客人をもてなす心が何よりも大切にされ、茶室で過ごすひととき
    は他にない特別な時間を演出します。私たちKISSAは、茶と向き合ってきた日本の文化をコーヒー
    というカルチャーに落とし込み、訪れるお客さまに特別なひとときを提供したいと考えています。
    </p>
  </div>
</div>
```

中見出しとコンセプト文が掲載できました。

STEP 4 イメージ画像を掲載する

続いて、「feature-text」と名前をつけたdiv要素のすぐ下に、img要素でイメージ画
像へのパスと、alt属性を入力します。このとき、div要素の内側のp要素の下に記述
してしまうミスが起きやすいので、必ずdiv要素の下（51行目）に入力するようコー
ドの記述場所に注意しましょう。

```
<div class="feature">
  <div class="feature-text">
    <h2>コーヒーに落とし込まれた日本の喫茶文化</h2>
    <p>「喫茶」とは...（略）...考えています。</p>
  </div>
  <img src="./images/concept/img-item01.gif" alt="コーヒーを淹れている画像">
</div>
```

紙面では静止画ですが、ブラウザ上ではコー
ヒーを淹れる画像が動いていることを確認で
きるはずです。

5　2つ目のコンセプトエリアを作成する

STEP 1

1つ目のコンセプトエリアを複製する

続いて2つ目のコンセプトエリアを作成します。1つ目のコンセプト文のdiv要素（46
～52行目）をまるごとコピーしてすぐ下（53行目）に貼り付けます。

▼46 ～ 52行目のコード

```
<div class="feature">
  <div class="feature-text">
    <h2>コーヒーに落とし込まれた日本の喫茶文化</h2>
    <p>「喫茶」とは...（略）...考えています。</p>
  </div>
  <img src="./images/concept/img-item01.gif" alt="コーヒーを淹れている画像">
</div>
```

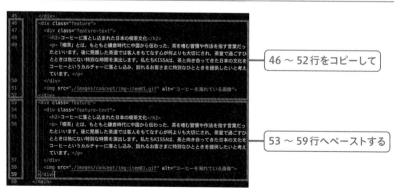

46 ～ 52行をコピーして

53 ～ 59行へペーストする

コンセプトエリアが複製されました。

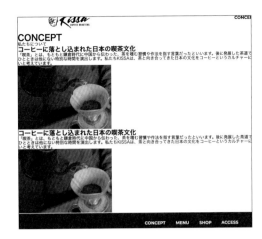

中見出しとコンセプト文を書き換える

2つ目のコンセプトエリアに掲載するコンテンツに合わせて、中見出し、コンセプト文、画像のパスをそれぞれ書き換えます。

```
<div class="feature">
    <div class="feature-text">
        <h2>野菜やフルーツ、お花はできる限り自家菜園で</h2>
        <p>当店のメニューで使用する野菜やフルーツ、そしてディスプレイ用のお花は、可能な限り自
        家菜園で栽培し収穫したものを使用しています。環境への負荷が少ないものや、目の届く範囲で
        きちんと愛情をかけて育てられたものをお客さまに提供したいと考えているからです。当ホーム
        ページに併設しているオンラインショップでは、スタッフが厳選した園芸用品も販売しています
        ので、ぜひご覧ください。</p>
    </div>
    <img src="./images/concept/img-item02.jpg" alt="ケーキとドライフラワーの画像">
</div>
```

2つ目の画像とコンセプト文が変更されました。

note

本書のサンプルサイトの画像は2倍の大きさで用意していることは先述しました。一方、GIFアニメーションはもともとあまり高画質でないため、そこまで神経質になる必要がないことと、JPGファイルなどに比べてファイルサイズが大きくなるため、本書のサンプルサイトでは等倍の大きさで書き出したものを使用しています。

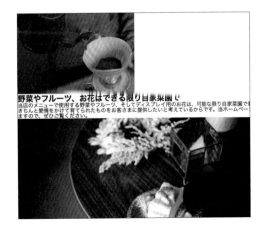

STEP 3 クラス名を追加する

2つ目のコンセプトエリアは画像とテキスト
の並び順が、1つ目のコンセプトエリアと左
右逆になります。CSSでスタイリングする
ための目じるしとして「reverse」というク
ラス名を追加します。

```
<div class="feature reverse">
```

```
52      </div>
53   <div class="feature reverse">
54      <div class="feature-text">
55        <h2>野菜やフルーツ、お花はできる限り自家栽
```

学習ポイント

1つの要素に複数のクラス名を設定する

ここまでの学習では1つの要素に1つのクラス名
をつけて、CSSで参照していました。実はclass
属性には複数のクラス名を設定することができ
ます。

1つの要素に複数のクラス名をつける場合は、各
class属性値のあいだに半角スペースを入れて記
述します。

6　YouTubeの動画を掲載する

STEP 1 動画の掲載エリアを作成する

続いてYouTube動画を掲載していきます。
まずは動画の掲載エリアを作成します。2つ
目のコンセプトエリアの下にdiv要素を入力
し、class属性で「movie」という名前をつ
けましょう。

```
<div class="movie"></div>
```

```
59      </div>
60      <div class="movie"></div>
61   </main>
62   <!-- mainここまで -->
```

236

STEP 2 中見出しを入力する

div要素の中にh2要素で中見出しを入力します。

```
<div class="movie">
  <h2>CONCEPT MOVIE</h2>
</div>
```

中見出しが追加されました。

STEP 3 YouTubeにアクセスする

続いて、YouTubeの動画を埋め込むため、掲載したい動画のページへアクセスします。サンプルサイトでは

```
https://youtu.be/bHzURMA0SKc
```

の動画を埋め込みます（ご自身のお好きな動画でもかまいません）。

STEP 4 埋め込みコードを取得する

埋め込みたい動画のページへアクセスしたら、動画の下部にある［共有］ボタンをクリックします。すると、下の右図のようなメニューが表示されるので［埋め込む］を選択します。

STEP 5 埋め込みコードをコピーする

埋め込みコードが表示されるので、［コピー］をクリックして、コードをクリップボードにコピーします。

STEP 6 埋め込みコードをペーストする

VS Codeに戻り、コピーしたコードをh2要素の下にペーストします。

```html
<div class="movie">
  <h2>CONCEPT MOVIE</h2>
  <iframe width="560" height="315" src="https://www.youtube.com/embed/
  bHzURMA0SKc" title="YouTube video player" frameborder="0"
  allow="accelerometer; autoplay; clipboard-write; encrypted-media;
  gyroscope; picture-in-picture" allowfullscreen></iframe>
</div>
```

動画が掲載されました。

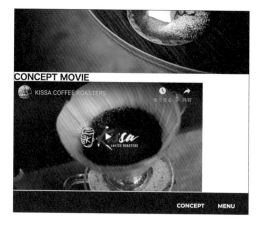

STEP 7 幅と高さを削除する

ペーストしたコードはiframe要素といって、外部のウェブサイトの内容を読み込んで表示させる要素です。コード内にはwidth属性とheight属性で幅と高さが指定されています

> **HTMLタグ**
>
> ### `<iframe>`
>
> 文書内に別の文書のコンテンツを埋め込む。インラインフレームという。
> 【属性】src 埋め込むページのURLを指定
> 　　　　ほか width、height、name、sandbox、srcdoc、allowfullscreen
> 【終了タグ】必須

が、表示サイズはCSSで指定したいので、この2つの属性を削除します。

```
<iframe width="560" height="315"
src="https://www.youtube.com/
embed/bHzURMA0SKc"...（略）...</
iframe>
```

動画が小さくなってしまいましたが、CSSでサイズを調整するので問題ありません。

STEP 8 動画の下のテキストを入力する

動画の下に簡単な説明文を掲載します。iframe要素の下にp要素を使用して入力します。

```
<p>家具工場の跡地を改装したインダストリア
ルな空間に、季節の草花と優しい音楽、そして
おいしいコーヒーがお客さまをお待ちしていま
す。</p>
```

説明文が掲載されました。これでHTMLの入力は完了です。

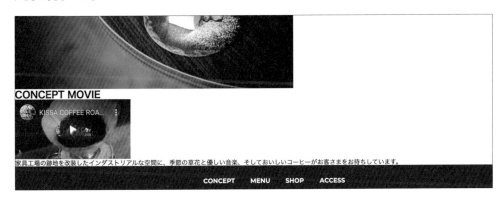

8-3 シングルカラムレイアウトのCSSを書いてみよう

HTMLを記述したら、CSSで見た目を整えていきます。ページタイトルエリアのスタイリングや、画像とテキストの横並び方法、動画エリアのレイアウト作成など、デザインカンプを確認しながら進めていきましょう。

1 シングルカラムレイアウトページのスタイリングを確認する

CSSの記述をはじめる前に、まずは完成形を確認します。ページタイトルエリアには、背景画像を敷き、その上にタイトルを表示します。2つのコンセプトエリアは、同じレイアウトで左右を入れ替えた形でスタイリングをします。動画掲載エリアには、薄いグレーの背景を敷き、他のコンテンツとの差別化をします。

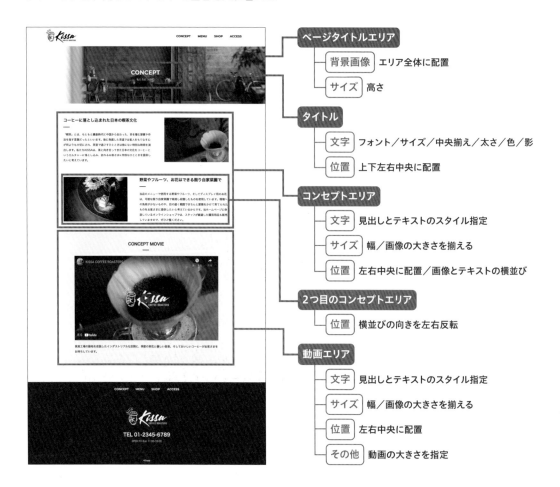

2 CSSファイルを作成する

それではさっそくconcept.html専用のCSSファイルを作成します。

STEP 1 CSSファイルを新規作成する

VS Codeの［ファイル］メニューから［新規ファイル］をクリックし、新しいファイルを作成します。

STEP 2 作業フォルダに保存する

［ファイル］→［名前を付けて保存...］をクリックし、「concept.css」という名前で作業フォルダ内の「css」フォルダに保存します。このとき、保存する場所が「css」フォルダになっているか、必ず確認するようにしてください。同じフォルダにはこれまで作成したCSSファイルがあるはずです。

8

STEP 3 文字コードを記述する

作成したconcept.cssの冒頭に、文字コードを記述します。ここまでの流れは6章で制作したindex.cssとほとんど同じです。

```
@charset "utf-8";
```

3 ページタイトルエリアの領域を作成する

それではスタイリングをはじめます。まずはページタイトルエリアです。

STEP 1 ページタイトルエリアのセレクタを指定する

前節でページタイトルエリアを包むdiv要素につけておいた「title」というクラス名をセレクタにします。

```
@charset "utf-8";

.title {}
```

STEP 2 ページタイトルエリアの領域を確保する

続いて、ページタイトルエリアの高さを確保します。heightプロパティを使用し「310px」と指定します。

```
.title {
  height: 310px;
}
```

ブラウザで確認してみましょう。ページタイトルの下部に空白ができ、高さが確保されていればOKです。

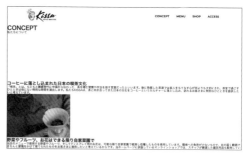

---

4 背景画像を指定する

次は背景画像を設定します。6章で作成したファーストビューに関する指定とほとんど同じです。

STEP 1 背景画像を指定する

まずは背景画像を指定します。background-imageプロパティを使用し、画像ファイルへのパスを記述します。

```
.title {
  height: 310px;
  background-image: url(../images/concept/bg-main.jpg);
}
```

背景画像が掲載されました。

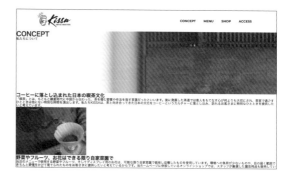

背景画像のスタイルを調整する

背景画像の繰り返しと、表示位置、表示サイズはトップページのメインビジュアルの仕様と同じです。background-repeat、background-position、background-sizeの3つのプロパティを、トップページと同様に指定します（P.173〜174）。

```
.title {
  height: 310px;
  background-image: url(../images/concept/bg-main.jpg);
  background-repeat: no-repeat;
  background-position: center center;
  background-size: cover;
}
```

背景画像が意図した大きさで正しい位置に配置されました。

---

5 ページタイトルとサブタイトルを設定する

続いてページタイトルとサブタイトルのスタイリングをします。

ページタイトルエリアに
フレックスボックスを指定する

レイアウトをしやすくするため、まずはページタイトルエリアにdisplayプロパティで「flex」を指定します。

```
.title {
  height: 310px;
  ...（略）...
  display: flex;
}
```

```
6    background-repeat: no-repeat;
7    background-position: center center;
8    background-size: cover;
9    display: flex;
10  }
```

ページタイトルとサブタイトルが横並びになりました。しかしデザインファイルでは縦並びになっています。このあと縦に戻しますので現時点では問題ありません。

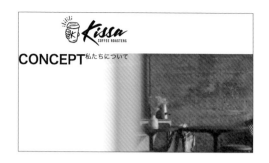

STEP 2 並び順を縦並びに変更する

flex-directionプロパティで「column」を指定して、ページタイトルとサブタイトルの並びを縦並びにします。

```
.title {
  height: 310px;
  ... (略) ...
  display: flex;
  flex-direction: column;
}
```

縦並びに変更されました。

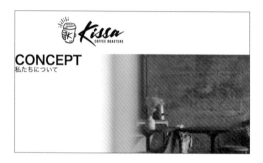

学習ポイント

縦並びでも便利に使えるフレックスボックス

HTMLのデフォルトでは、要素は縦に並びます。それをフレックスボックスで横並びにして、また縦に戻してと、一見意味のないことをしているように見えます。しかし、デフォルトの何もしていない縦並びと、フレックスボックスを指定したうえでの縦並びでは、スタイリングのしやすさが大きく異なります。後者はフレックスボックスの関連プロパティで、要素の並び順や配置などを細かく設定できるためです。

このように、フレックスボックスは「要素を横に並べる」という基本的な使い方だけでなく、さまざまなレイアウトに応用することができます。

STEP 3 ページタイトルとサブタイトルの位置を調整する

次にページタイトルとサブタイトルの掲載位置を調整していきます。justify-contentとalign-itemsの2つのプロパティに、それぞ

れ「center」を指定し、上下左右
中央に配置します。

```
.title {
  height: 310px;
  ... (略) ...
  flex-direction: column;
  justify-content: center;
  align-items: center;
}
```

上下と左右の中央に配置されました。

STEP 4 ページタイトルエリアの文字色を調整し影をつける

トップページのメインビジュアルと同様に、
colorプロパティで文字色を「#ffffff」に指
定し、text-shadowプロパティ（P.178）で
影をつけます。

```
.title {
  height: 310px;
  ... (略) ...
  align-items: center;
  color: #ffffff;
  text-shadow: 1px 1px 10px #4b2c14;
}
```

文字色が白になり、目視ではわかりにくいで
すが薄い影もつきました。

STEP 5 ページタイトルのスタイルを調整する

続いて、ページタイトルのスタイルを調整し
ます「.tilte内のh1要素」をセレクタにして、
フォントや文字サイズなどのスタイルを記述
していきます。

```
.title h1 {
  font-family: 'Montserrat', sans-serif;
  font-size: 32px;
  font-weight: bold;
}
```

ページタイトルのフォントが変わり、文字サイズや太さも変更されました。

サブタイトルのスタイルを調整する

続いて、サブタイトルのスタイルを調整します。「.tilte内のp要素」をセレクタに、文字サイズと上部の余白を指定します。

```
.title p {
  font-size: 14px;
  margin-top: 15px;
}
```

これでページタイトルエリアは完成です。

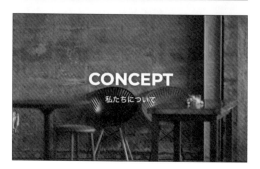

6　コンセプトエリアをスタイリングする

続いて、コンセプトエリアのスタイリングを進めていきましょう。

画像とテキストを横並びに配置する

まずは、画像とテキストを横並びにします。div要素につけた「feature」というクラス名をセレクタにして、displayプロパティで「flex」を指定しましょう。同時にjustify-contentプロパティで要素が両端いっぱいに配置されるよう「space-between」を指定します。

```
.feature {
  display: flex;
  justify-content: space-between;
}
```

要素が横並びになり、ブラウザの幅いっぱい
に配置されました。

STEP 2 コンセプトエリアの幅と最大幅を設定する

続いて、コンセプトエリアの幅を指定します。
widthプロパティで「930px」を指定し、
max-widthプロパティで「90%」を指定し
ます。max-widthを指定しているのは、
930px以下の小さいブラウザで見たときに
も、左右の余白を5%ずつ確保するためです。

```
28    .feature {
29      display: flex;
30      justify-content: space-between;
31      width: 930px;
32      max-width: 90%;
33    }
```

```
.feature {
  display: flex;
  justify-content: space-between;
  width: 930px;
  max-width: 90%;
}
```

コンセプトエリアの幅が狭くなり、左に寄り
ました。

STEP 3 コンセプトエリアの表示位置を設定する

marginプロパティで表示位置を調整します。

```
31      width: 930px;
32      max-width: 90%;
33      margin-top: 75px;
34      margin-left: auto;
35      margin-right: auto;
36    }
```

```
.feature {
  display: flex;
  justify-content: space-between;
  width: 930px;
  max-width: 90%;
  margin-top: 75px;
  margin-left: auto;
  margin-right: auto;
}
```

表示位置が調整できました。

STEP 4 フレックスアイテムの上下の表示位置を調整する

続いて、align-itemsプロパティで、フレックスアイテムの上下の表示位置を調整します。初期値は「stretch」になっており、各アイテムは高さが揃うように伸縮して配置されるため（P.199）、テキストが長文になり画像の高さを上回った場合、画像はその高さに合わせて上下に伸びてしまいます。これを解消するため、「flex-start」を指定します。

ここではブラウザでのプレビュー上の変化はありません。

```css
.feature {
  display: flex;
  ...（略）...
  margin-right: auto;
  align-items: flex-start;
}
```

```
32   max-width: 90%;
33   margin-top: 75px;
34   margin-left: auto;
35   margin-right: auto;
36   align-items: flex-start;
37 }
```

align-items: stretch（初期値）

長文になると…

フレックスアイテムの高さが揃うよう伸縮するためテキストエリアの高さに引っ張られて、画像が縦に伸びてしまう

align-items: flex-start

長文になると…

親要素の上辺に揃えて配置されるため、画像の高さは影響を受けない

STEP 5 画像の大きさを揃える

「.feature内のimg要素」をセレクタにして、画像の大きさを揃えます。

```css
.feature img {
  width: 360px;
}
```

GIFアニメーションと画像の表示サイズが揃いました。

STEP 6 テキストエリアの幅と余白を調整する

次に、クラス名「feature-text」をセレクタにして、テキストエリアの幅と余白を調整します。幅は、固定値にするとブラウザ幅が縮小したときにレイアウトが崩れるので、max-widthを使用して可変するようにします。値は「500px」と指定し、右側に40pxの余白を設定します。

```css
.feature-text {
  max-width: 500px;
  margin-right: 40px;
}
```

テキストエリアの幅と余白が調整されました。

7 2つ目のコンセプトエリアを左右反転する

次に、2つ目のコンセプトエリアを左右反転させます。

STEP 1 要素の並び順を変更する

HTMLの制作時につけておいた「reverse」というクラス名をセレクタにします。並び順の変更にはflex-directionプロパティで、

「row-reverse」を指定しましょう。これで「横並びで逆順に並べる」という指定になります。

```
.reverse {
  flex-direction: row-reverse;
}
```

画像とテキストの並びが左右反転しました。

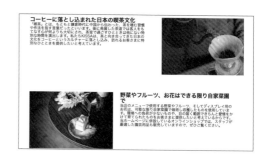

STEP 2 余白を左右反転する

先ほどテキストエリアの右側に40pxの余白を指定しましたが、この余白も左右反転させます。「.reverse内の.feature-text」をセレクタにして、左側に40pxの余白を指定し、右側に指定してある40pxの余白を解除するため「0」を指定します。

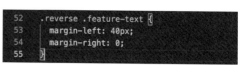

```
.reverse .feature-text {
  margin-left: 40px;
  margin-right: 0;
}
```

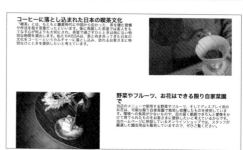

これで余白も左右反転できました。

8 中見出しとコンセプト文をスタイリングする

続いて中見出しとコンセプト文のスタイルを調整していきます。

STEP 1 中見出しのスタイルを調整する

「.feature-text内のh2要素」をセレクタにして、フォントサイズ、太さ、行間を指定します。

```
.feature-text h2 {
  font-size: 22px;
  font-weight: bold;
  line-height: 30px;
}
```

中見出しのスタイルが調整されました。

> **コーヒーに落とし込まれた日本の喫茶文化**
> 「喫茶」とは、もともと鎌倉時代に中国から伝わった、茶を嗜む習慣や作法を指す言葉だったといいます。後に発展した茶道では客人をもてなす心が何よりも大切にされ、茶室で過ごすひとときは他にない特別な時間を演出します。私たちKISSAは、茶と向き合ってきた日本の文化をコーヒーというカルチャーに落とし込み、訪れるお客さまに特別なひとときを提供したいと考えています。

> **コーヒーに落とし込まれた日本の喫茶文化**
>
> 「喫茶」とは、もともと鎌倉時代に中国から伝わった、茶を嗜む習慣や作法を指す言葉だったといいます。後に発展した茶道では客人をもてなす心が何よりも大切にされ、茶室で過ごすひとときは他にない特別な時間を演出します。私たちKISSAは、茶と向き合ってきた日本の文化をコーヒーというカルチャーに落とし込み、訪れるお客さまに特別なひとときを提供したいと考えています。

STEP 2 中見出しに短い下線をつける

次に、中見出しに短い下線をつけましょう。これはトップページの「RECOMMENDED」エリアの中見出しと同じスタイルを使用します（P.213〜216）。異なる点はトップページでは中見出しが中央揃えだったのに対して、今回は左揃えであるという点だけです。7章の疑似要素の箇所を参考に、「.feature-text h2」に疑似要素「::after」を設定し、以下の指定を入力します。中央揃えではないので左右のmarginは不要です。

```
63  .feature-text h2::after {
64    content: '';
65    display: block;
66    width: 36px;
67    height: 3px;
68    background-color: □#000000;
69    margin-top: 20px;
70  }
```

> **コーヒーに落とし込まれた日本の喫茶文化**
>
> 「喫茶」とは、もともと鎌倉時代に中国から伝わった、茶を嗜む習慣や作法を指す言葉だったといいます。後に発展した茶道では客人をもてなす心が何よりも大切にされ、茶室で過ごすひとときは他にない特別な時間を演出します。私たちKISSAは、茶と向き合ってきた日本の文化をコーヒーというカルチャーに落とし込み、訪れるお客さまに特別なひとときを提供したいと考えています。

```
.feature-text h2::after {
  content: '';
  display: block;
  width: 36px;
  height: 3px;
  background-color: #000000;
  margin-top: 20px;
}
```

中見出しの下に短い下線が表示されました。

STEP 3 コンセプト文のスタイルを調整する

次にコンセプト文の本文のスタイルを調整します。「.feature-text内のp要素」をセレクタにして、フォントサイズ、行間、上部の余白を指定します。

```
72  .feature-text p {
73    font-size: 15px;
74    line-height: 28px;
75    margin-top: 25px;
76  }
```

8

```
.feature-text p {
  font-size: 15px;
  line-height: 28px;
  margin-top: 25px;
}
```

コンセプト文のスタイルが調整できました。これでコンセプトエリアのスタイリングは完了です。

コーヒーに落とし込まれた日本の喫茶文化
—

「喫茶」とは、もともと鎌倉時代に中国から伝わった、茶を嗜む習慣や作法を指す言葉だったといいます。後に発展した茶道では客人をもてなす心が何よりも大切にされ、茶室で過ごすひとときは他にない特別な時間を演出します。私たちKISSAは、茶と向き合ってきた日本の文化をコーヒーというカルチャーに落とし込み、訪れるお客さまに特別なひとときを提供したいと考えています。

9　動画掲載エリアの大きさと位置を調整する

続いて動画掲載エリアをスタイリングしていきます。まずはエリア全体の大きさと表示位置の調整です。

STEP 1

動画掲載エリアの幅を調整する

動画掲載エリアの幅を指定します。クラス名「movie」をセレクタにして、コンセプトエリアと同じく、幅「930px」、最大幅「90%」を指定します。

```
78    .movie {
79      width: 930px;
80      max-width: 90%;
81    }
```

```
.movie {
  width: 930px;
  max-width: 90%;
}
```

ブラウザ上での変化はまだありません。

STEP 2

動画掲載エリアの背景色を指定する

次に、背景色を設定します。background-colorプロパティで「#f8f8f8」と指定します。

```
78    .movie {
79      width: 930px;
80      max-width: 90%;
81      background-color: ■#f8f8f8;
82    }
```

```
.movie {
  width: 930px;
  max-width: 90%;
  background-color: #f8f8f8;
}
```

薄いグレーの背景色がつきました。

STEP 3 内側の余白を調整する

paddingプロパティで、上下に50px、左右に60pxの余白を作ります。ここはショートハンドプロパティで以下のように入力してみましょう。

```
.movie {
  width: 930px;
  max-width: 90%;
  background-color: #f8f8f8;
  padding: 50px 60px;
}
```

内側に余白ができました。

STEP 4 動画掲載エリアの表示位置を調整する

marginプロパティで、上部の余白と左右の中央揃えを指定します。

```
.movie {
  width: 930px;
  max-width: 90%;
  background-color: #f8f8f8;
  padding: 50px 60px;
  margin-top: 55px;
  margin-left: auto;
  margin-right: auto;
}
```

表示位置を調整できました。

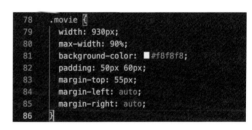

10 動画掲載エリアのコンテンツをスタイリングする

動画掲載エリアの各コンテンツのスタイルを1つずつ調整していきます。

STEP 1 中見出しのスタイルを調整する

まずは中見出しのスタイルを調整します。「.movie内のh2要素」をセレクタにして、文字サイズ、太さ、文字揃えを指定します。

```
88   .movie h2 {
89     font-size: 22px;
90     font-weight: bold;
91     text-align: center;
92   }
```

```
.movie h2 {
  font-size: 22px;
  font-weight: bold;
  text-align: center;
}
```

STEP 2 中見出しに短い下線を引く

これはトップページの「RECOMMENDED」
の箇所とまったく同じスタイルを使用しま
す。7章を参考（P.213〜216）に、疑似要
素を使って以下のように指定します。

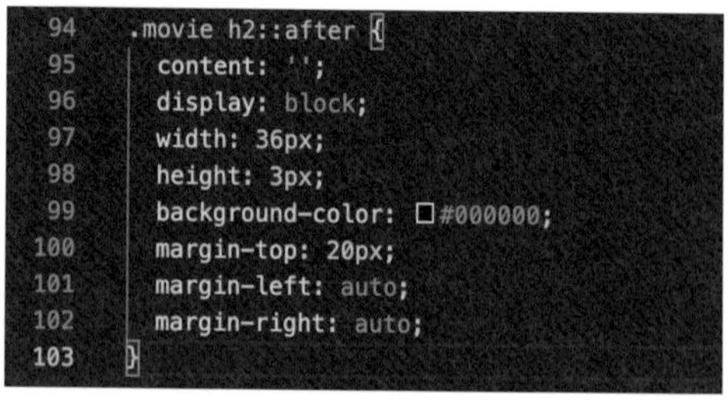

```
.movie h2::after {
  content: '';
  display: block;
  width: 36px;
  height: 3px;
  background-color: #000000;
  margin-top: 20px;
  margin-left: auto;
  margin-right: auto;
}
```

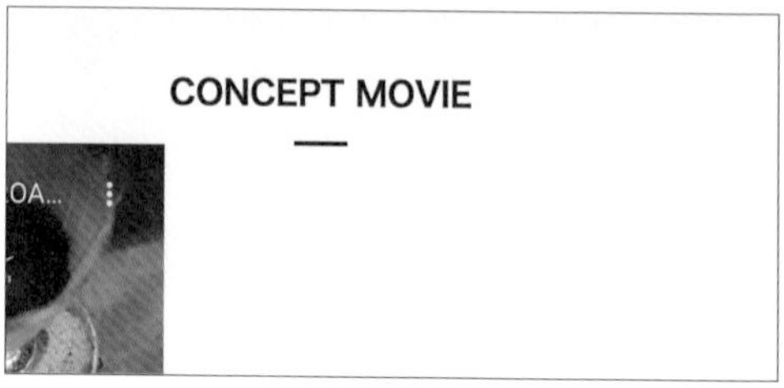

下線が表示されました。

STEP 3 iframe要素の幅と高さを
指定可能にする

次に動画の大きさを調整します。動画の調整
は「.movie内のiframe要素」をセレクタに
します。iframe要素はデフォルトではイン
ライン要素のため、まずは幅と高さを指定で
きるよう、displayプロパティで「block」を
指定します。

```
.movie iframe {
  display: block;
}
```

このステップではブラウザ上の変化はありま
せん。

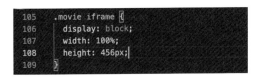

動画の幅と高さを指定する

次に動画の幅と高さを指定します。幅はブラウザのサイズに合わせて可変するよう「100%」とします。高さは「456px」を指定します。

```
.movie iframe {
  display: block;
  width: 100%;
  height: 456px;
}
```

これで動画が大きく表示されました。

動画の高さの算出方法

この「456px」という数値の算出方法について解説します。今回、YouTubeにアップした動画は「16:9」の比率になっています。幅が16に対して高さが9の割合になります。動画掲載エリアは幅930pxで左右に60pxの余白を指定しているため、動画の幅は「930-60-60=810px」と算出できます。これを16で割り9をかけた値、つまり「810 ÷ 16 × 9=455.625」が高さになり、小数点以下を四捨五入した値が「456px」となります。

8

動画の上部に余白を作る

次に、marginプロパティで上部に余白を作ります。

```
.movie iframe {
  display: block;
  width: 100%;
  height: 456px;
  margin-top: 30px;
}
```

STEP 6 動画の解説文のスタイルを調整する

続いて、動画の下にある解説文のスタイルを調整します。「.movie内のp要素」をセレクタに、文字サイズ、行間、上部の余白を指定します。

```
.movie p {
  font-size: 15px;
  line-height: 28px;
  margin-top: 20px;
}
```

これで動画掲載エリアのスタイリングは完成です。

11 フッターの上部に余白を作る

最後にフッターの上部に余白を作りましょう。クラス名「footer」をセレクタにして、marginプロパティで100pxの余白を指定します。

```
.footer {
  margin-top: 100px;
}
```

動画掲載エリアとフッターのあいだに余白ができました。これでCONCEPTページのPC版レイアウトは完成です。

8-4 シングルカラムレイアウトのモバイル用CSSを書いてみよう

PC用のデザインが完成したら、次はモバイル用のCSSを記述します。横並びの要素を縦並びに切り替え、余白やサイズなどを調整していきましょう。

1 モバイル用レイアウトのデザインカンプを確認する

PC表示では横並びで配置されていたコンセプト文とイメージ画像を、モバイル用レイアウトでは縦並びに変更します。この「横並び→縦並び」への変更は、レスポンシブデザインではよく使用するオーソドックスな手法です。また、コンテンツエリア全体のサイズや動画の表示サイズなどを調整しながら、モバイル用レイアウト作成のポイントを掴んでいきましょう。

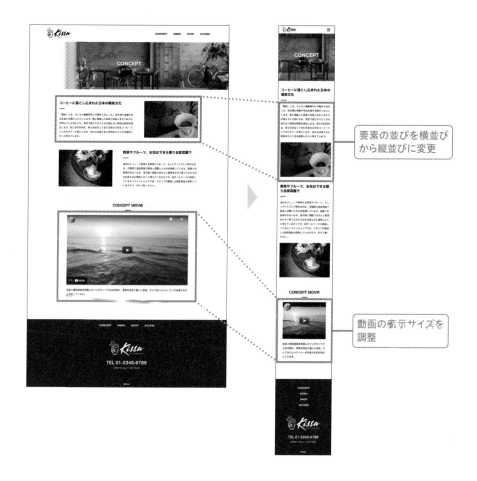

要素の並びを横並びから縦並びに変更

動画の表示サイズを調整

2　デベロッパーツールで表示を確認する

デベロッパーツールを起動し、Chromeをレスポンシブモードに切り替えます。そして、現状の表示を確認しましょう。

コンセプトエリアが横並びになっていて、狭い幅の中に押し込まれたような形になっています。スクロールして見ていくと、YouTube動画の部分も表示が崩れていることがわかります。

3　コンセプトエリアのレイアウトを調整する

まずはコンセプトエリアの表示の崩れを修正していきます。

STEP 1　メディアクエリを記述する

これまでのモバイル対応と同様にメディアクエリを記述しましょう。.footerへの指定の下に入力します。

```
.footer {
  margin-top: 100px;
}

@media (max-width: 800px) {}
```

```
118   .footer {
119     margin-top: 100px;
120   }
121
122   @media (max-width: 800px) {}
```

STEP 2 コンセプト文と画像の横並びを解除する

コンセプトエリアである、クラス名「feature」に指定してあるdisplay:flexの指定を解除します。メディアクエリの内側に「.feature」をセレクタにして、displayプロパティで「block」と入力しましょう。

```css
@media (max-width: 800px) {
  .feature {
    display: block;
  }
}
```

横並びが解除され、見やすくなりました。

STEP 3 iPadの幅で表示を確認する

次に、コンセプトエリアの幅を調整していきます。ここでは、iPhoneサイズの表示では何が問題なのかわかりにくいので、可視化しやすいようにデベロッパーツールを一旦「iPad Mini」の表示にします。

水色で塗りつぶされているのがコンセプトエリアの幅です。現状ではwidth: 930px、max-width: 90%という指定になっているため、ブラウザの幅90%まで広がっています。

 タブレットサイズの表示も意識する

レスポンシブデザインというと、スマートフォンサイズでの表示を中心に考えることが多いですが、タブレットや小さなPCのような、中間サイズのブラウザで閲覧したときに表示が崩れていないかについても注意を払うことが大切です。ときどき iPad モードに切り替えて表示を確認するようにしましょう。

STEP 4 コンセプトエリアの幅を指定する

コンセプトエリアの幅を狭くし、要素が中央に揃うように調整します。widthプロパティで「500px」と指定します。

```
@media (max-width: 800px) {
  .feature {
    display: block;
    width: 500px;
  }
}
```

```
122  @media (max-width: 800px) {
123    .feature {
124      display: block;
125      width: 500px;
126    }
127  }
```

STEP 5 コンセプトエリアの上部の余白を調整する

上部の余白がモバイル表示では大き過ぎるので、サイズを調整します。

```
@media (max-width: 800px) {
  .feature {
    display: block;
    width: 500px;
    margin-top: 45px;
  }
}
```

```
122  @media (max-width: 800px) {
123    .feature {
124      display: block;
125      width: 500px;
126      margin-top: 45px;
127    }
128  }
```

STEP 6 コンセプト文の左右の余白を削除する

下方向にスクロールしていくと、1つ目のコンセプト文と2つ目のコンセプト文が左右にズレていることがわかります。これは左右にmarginが指定されていることにより、それぞれ右と左に余白があるためです。

それぞれの要素に指定されている左右の余白を解除しましょう。

```css
.feature-text {
  margin-right: 0;
}

.reverse .feature-text {
  margin-left: 0;
}
```

左右のズレがなくなりました。

STEP 7 画像のサイズを調整する

img要素に指定されている画像のサイズをエリアいっぱいに広がるように「100%」を指定します。高さは自動で調整されるよう「auto」を指定します。

```css
.feature img {
  width: 100%;
  height: auto;
}
```

画像のサイズが揃いました。

STEP 8 画像の上部に余白を作成する

marginプロパティで、画像の上部に余白を作成します。

```
.feature img {
  width: 100%;
  height: auto;
  margin-top: 25px;
}
}
```

画像とテキストのあいだに余白が作成されました。

4 動画掲載エリアの表示を調整する

続いて、動画掲載エリアの表示を調整します。

STEP 1 動画掲載エリアの幅を調整する

まずは動画掲載エリアの幅をコンセプトエリアと同じ「500px」に設定しましょう。「.movie」をセレクタにして、widthプロパティで幅を指定します。

```
.movie {
  width: 500px;
}
```

動画掲載エリアの幅がコンセプトエリアの幅と揃いました。

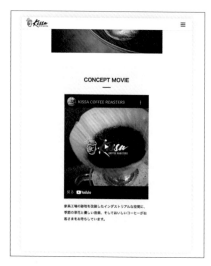

STEP 2　内側の余白を調整する

paddingプロパティで内側の余白を調整します。上下・左右の値をそれぞれPC版レイアウトの半分にします。

```
.movie {
  width: 500px;
  padding: 30px 25px;
  }
}
```

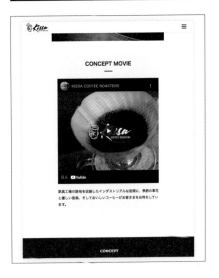

余白が調整されました。

STEP 3　動画の高さを調整する

動画が正方形に近いサイズで表示されているので、高さを調整します。幅が固定されていたPC表示と異なり、モバイル表示では幅がデバイスによって異なるため正確な高さを算出することができません。タブレットサイズからスマートフォンサイズまで無理なく収まるよう「240px」とします。「.movie iframe」をセレクタにしてheightプロパティで高さを指定します。

```
.movie iframe {
  height: 240px;
  }
```

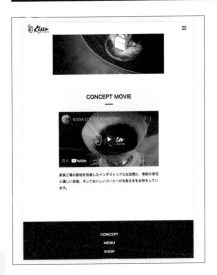

動画の表示サイズが調整されました。

iframe 要素のレスポンシブ対応について
YouTube 動画を埋め込むときに、幅に応じて「高さも可変する」よう CSS を記述する方法もあります。ただ、この方法は設定が複雑なため、本書では高さを固定値の「240px」としました。

これですべての記述が完了しました。デベロッパーツールを「iPhone 6/7/8」サイズに戻して、スマートフォンサイズでの表示を確認します。

下までスクロールして、スマートフォンサイズでもきれいに表示されていることを確認しましょう。

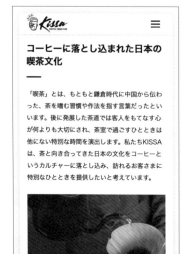

Chapter **9** ◀ ◀ ◀

グリッドで
格子状レイアウトを
制作する

この章で制作するMENUページでは、グリッドという手法を使い格子
状のレイアウトを作成します。さまざまなレイアウトに応用できるグリッ
ドですが、まずは基本となるレイアウトを作りながら、実装方法を学
んでいきましょう。

9-1 ▶ グリッドレイアウト制作で学ぶこと

この章では、お店のドリンクやフードを掲載するMENUページを制作します。グリッドを使った格子状のレイアウトを実装する方法や、要素を90°回転する方法などを学びます。

1 グリッドレイアウト制作で学べるCSS

まず、一番上のページタイトルエリアはCOCEPTページと同様のスタイルを使用します。その下に、6つのメニューを並べて表示する方法を学習し、各メニューの英語のラベルを90°回転させる手法を学びます。

メニューページのデザインカンプ

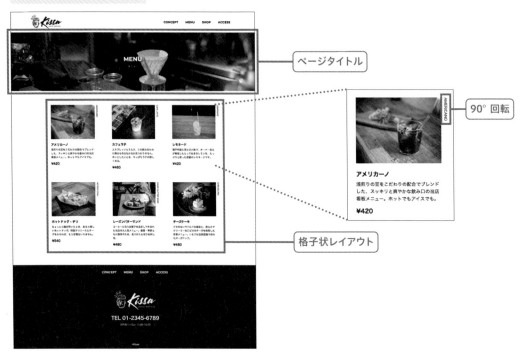

学べるCSS

- グリッドを使用したレイアウトの横並び
- 要素の回転

2　レイアウトの自由度を高めてくれる「グリッド」とは

グリッドとは「CSS Grid Layout Module」のことで、グリッド＝格子の言葉のとおり、ページを格子状に区切ってレイアウトする手法です。グリッドは、フレックスボックスのように箱を順番に並べていくレイアウト手法とは異なり、格子状のマス目を作り

そのマス目を埋めていくような作り方をします。はじめは難しく感じるかもしれませんが、しくみを理解できれば、既存の手法よりも効率的にレイアウトが作成できます。まずは基本的なしくみから学んでいきましょう。

フレックスボックス

指定したルールに従って、要素を順番に並べていく

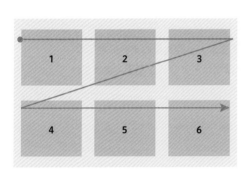

グリッド

格子状に区切って、マス目を埋めるように要素を並べていく

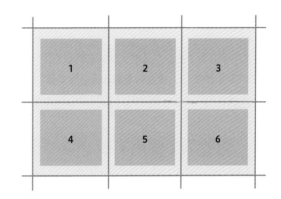

3　グリッドのきほん

まずはグリッドの基本的な構造を理解しましょう。グリッドは、格子の「枠」となる大きなボックス＝「グリッドコンテナ」と、その中に入る子要素＝「グリッドアイテム」の親子構造で構成されます。

ここでは例として、以下のようなグリッドコンテナの中に6つのグリッドアイテムが入った構造のHTMLを使って解説していきます

▼HTML

```
<div class="container">
  <div class="item1">item1</div>
  <div class="item2">item2</div>
  <div class="item3">item3</div>
  <div class="item4">item4</div>
  <div class="item5">item5</div>
  <div class="item6">item6</div>
</div>
```

6つのdiv要素が入ったグリッドコンテナ

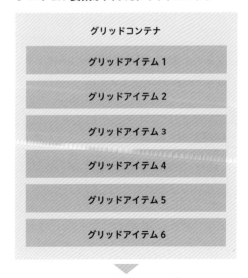

続いて、グリッドレイアウトを使用するためにCSSで
親要素に「display: grid;」と指定します。

▼CSS

```
.container {
  display: grid;
}
```

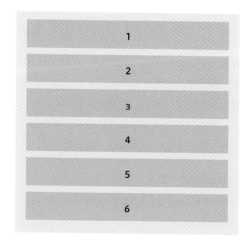

これだけでは特に変化はありません。
現状はひとつの大きなマス目に6つすべての要素が入っ
ている状態です。ここから格子のマス目の数や大きさを
定義していきます。

7章で学習したフレックスボックスと同じく、グリッドにも親要素、子要素それぞれに専用の
プロパティが存在し、それらを組み合わせて指定することで柔軟なレイアウトが実現できます。
まずは親要素に指定する代表的なプロパティから解説していきます。

4 親要素で使用するプロパティ

■ 格子の列を定義するgrid-template-columns

グリッドはボックスの中を格子状に区切ってレイアウト
を組み上げるため、格子の枠の指定と、マス目の数や大
きさをはじめに定義します。
まずは、格子の縦線＝列を定義しましょう。使用するプ
ロパティは「grid-template-columns」です。列を定義
するには、作りたい列の数だけ半角スペースで区切って
値を入力します。例えば300pxの列を3列作りたい場
合は以下のように記述します。

CSS プロパティ

grid-template-columns

グリッドコンテナの格子の列を定義する。
【書式】grid-template-columns: 数値と単位
　　　／繰り返しの場合はrepeat(回数，列の
　　　幅)

【値】 (単位) fr、px、%、emなど

▼CSS

```
.container {
  display: grid;
  grid-template-columns: 300px 300px 300px;
}
```

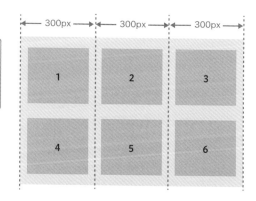

300pxの列が3つ作成され、アイテムが3列に並びます。
4つ目以降のアイテムは3つ目までと同じ条件が繰り返
されて並びます。

数値で列の幅を設定する

それぞれの数値を変更することで列の幅を変えることができます。

▼CSS

```
.container {
  display: grid;
  grid-template-columns: 300px 450px 150px;
}
```

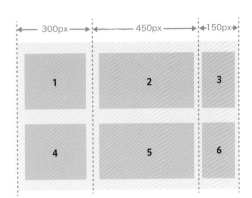

単位で列の幅を設定する

数値はpxや%以外に、グリッドのために制定された「fr」という単位を使用することができます。frを使えば列の幅を比率によって指定することが可能になります。例えば、幅を均等に3分割したい場合は以下のように記述します。

▼CSS

```
.container {
  display: grid;
  grid-template-columns: 1fr 1fr 1fr;
}
```

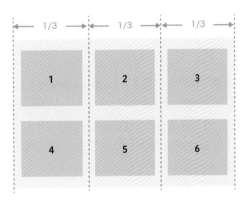

1fr + 1fr + 1fr = 3fr を分母とし、全体を3つに区切った3分の1の値を、自動で算出して配置されます。

frは等分割以外にも使用でき、数値を変更すると列の幅が変わります。

▼CSS

```
.container {
  display: grid;
  grid-template-columns: 1fr 2fr 1fr;
}
```

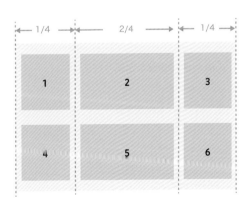

この場合、1fr + 2fr + 1fr = 4fr を分母とし、それぞれ4分の1、4分の2、4分の1の幅で表示されます。

簡略化した記述で列の幅を設定する

また、同じ値が繰り返される場合、記述を簡略化することもできます。繰り返しの記述は以下のような方法で指定します。

```
repeat([繰り返す回数], [列の幅])
```

右の2つのCSSのピンク色で示している部分は同じ意味を表しています。今回制作するサンプルサイトもそうですが、同じ列の幅で繰り返すレイアウトでは、この記述方法をよく使用するので覚えておきましょう。

```
.container {
  display: grid;
  grid-template-columns: 100px 100px 100px;
}
```

```
.container {
  display: grid;
  grid-template-columns: repeat(3, 100px);
}
```

■ 格子の行を定義するgrid-template-rows

格子の縦線である列を定義したら、次は横線＝行です。行を定義するにはgrid-template-rowsプロパティを使用します。記述方法はgrid-template-columnsと同じく、行の数だけ半角スペースで区切って、行の高さを入力します。

▼CSS

```
.container {
  display: grid;
  grid-template-columns: 1fr 1fr 1fr;
  grid-template-rows: 100px 100px;
}
```

行の高さが100pxと定義されました。

数値で行の高さを設定する

値を変更すると数値に応じて高さも変更されます。

▼CSS

```
.container {
  display: grid;
  grid-template-columns: 1fr 1fr 1fr;
  grid-template-rows: 150px 50px;
}
```

CSS プロパティ

grid-template-rows

グリッドコンテナの格子の行を定義する。
【書式】grid-template-rows: 数値と単位／繰り返しの場合はrepeat(回数, 行の高さ)
【値】（単位）fr、px、%、emなど

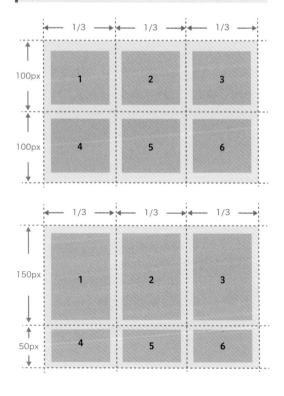

1行目と2行目の高さが定義し直されました。
ここで試しに、列を定義しているgrid-template-columnsの値も変更してみましょう。

▼CSS

```
.container {
  display: grid;
  grid-template-columns: 1fr 2fr 1fr;
  grid-template-rows: 150px 50px;
}
```

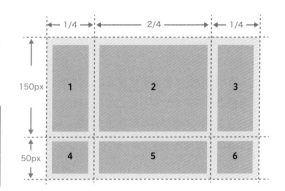

マス目の幅が変更されました。グリッドではこのように、格子のマス目の数や幅、高さを定義してレイアウトを作っていきます。

簡略化した記述で行の高さを設定する

また、同じ値を繰り返す場合は、grid-template-columnsと同じように、repeat()で繰り返しの指定をすることができます。

```
repeat([繰り返す回数], [行の高さ])
```

```
.container {
  display: grid;
  grid-template-rows: 100px 100px 100px;
}
```

```
.container {
  display: grid;
  grid-template-rows: repeat(3, 100px);
}
```

9

■ 列・行間の余白を定義するgap

列と行が定義できたら、次は各列・行のあいだの余白を定義します。列（左右）の余白にはcolumn-gap、行（上下）の余白にはrow-gapプロパティを使用します。

▼CSS

```
.container {
  display: grid;
  grid-template-columns: repeat(3, 100px);
  grid-template-rows: repeat(2, 100px);
  column-gap: 20px;
  row-gap: 10px;
}
```

CSS プロパティ

column-gap

グリッドコンテナの列と列のあいだの余白を指定する。
【書式】column-gap: キーワードまたは数値と単位
【値】　normal ／（単位）px、%、emなど

CSS プロパティ

row-gap

グリッドコンテナの行と行のあいだの余白を指定する。
【書式】row-gap: キーワードまたは数値と単位
【値】　normal ／（単位）px、%、emなど

列と列のあいだに20px、行と行のあいだに10px
の余白ができます。

このように格子状に要素を並べることができるの
で、本書のサンプルサイトのような3列で同じ要
素が繰り返すレイアウトであれば、非常に簡単に
実装することができます。

さらに、各グリッドアイテムに個別の指定をする
ことで、より自由度の高いレイアウトが作成でき
ます。今回のサンプルでは登場しませんが、グリッ
ドの特徴を理解するためにグリッドアイテムに指
定するプロパティも学んでおきましょう。

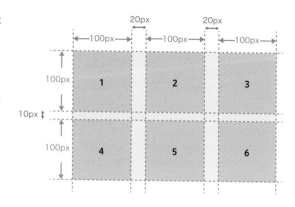

5 子要素で使用するプロパティ

子要素であるグリッドアイテムで使用するプロ
パティを紹介します。ここでは、挙動がわ
かりやすいようにグリッドコンテナの値を右
のように3×3のマス目になるように指定し
て解説を進めます。

マス目は3×3で9つ指定していますが、ア
イテムは6つなので6つしか表示されていま
せん。空いている3つのマス目はこのあと使
用するので、今はこのまま進めます。

さて、ここからがいよいよグリッドの真骨頂
です。これまで見てきただけでは、フレック
スボックスなどの手法に比べてグリッドの何
がどう優れているのかよく理解できていない
かもしれません。しかしグリッドアイテムに
個別の指定をしていくと、そのレイアウトの
自由度が認識できるはずです。

▼CSS

```
.container {
  display: grid;
  grid-template-columns: repeat(3, 100px);
  grid-template-rows: repeat(3, 100px);
}
```

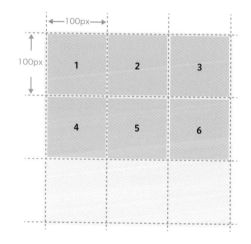

■ アイテムの横方向の配置を指定するgrid-column

まずは、横方向の配置を指定するgrid-columnプロパティについて解説します。grid-columnプロパティには、横方向の開始地点を指定するgrid-column-startと、終了地点を指定するgrid-column-endの2つのプロパティがあります。

まずは1つ目のアイテムである「.item1」要素のそれぞれの地点を、以下のように指定してみましょう。

CSSプロパティ

grid-column-start

グリッドアイテムの配置時に、横方向の開始地点を指定する。
【書式】grid-column-start: キーワードまたは数値
【値】　auto ／グリッドコンテナの列番号（整数）

CSSプロパティ

grid-column-end

グリッドアイテムの配置時に、横方向の終了地点を指定する。
【書式】grid-column-end: キーワードまたは数値
【値】　auto ／グリッドコンテナの列番号（整数）

▼CSS

```
.item1 {
  grid-column-start: 1;
  grid-column-end: 4;
}
```

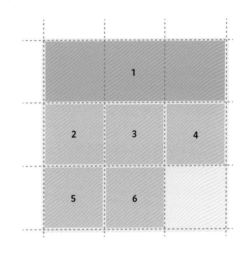

すると右図のように表示されます（わかりやすいように該当のアイテムだけ色を変えています）。
item1が1〜3列目までいっぱいに表示されます。ここで注意したいのが、列は3列しかないのにもかかわらず、grid-column-endの値は「4」です。普通に考えると1列目から3列目に配置されているので、「3」と指定したくなります。

これがグリッドを学ぶときにつまずきやすいポイントで、グリッドの格子の線を表す値は右図のようにカウントされます。

つまり、先ほどの指定は、「1本目の線から4本目の線まで」という指定になるため、3列目までが表示領域として使用されるというわけです。

note

グリッドでは列の数ではなく、線の数をカウントします。この感覚に慣れるまでは、配置する領域を指定する際に混乱してしまうこともありますが、メモ用紙などに格子を書き出したり方眼用紙を使用するなどして、線の数をカウントしながら進めるとスムーズです。

grid-column-start　　　　　　　　　　　　grid-column-end

■ アイテムの縦方向の配置を指定するgrid-row

次は縦方向の配置を指定します。縦方向の指定には grid-rowプロパティを使用します。grid-rowプロパティも、grid-columnプロパティと同じように grid-row-startとgrid-row-endプロパティの2つ で開始地点と終了地点を指定します。数のカウント 方法もgrid-columnと同じく線の数をカウントします。

「.item2」要素に以下のように指定してみます。

▼CSS

```
.item2 {
    grid-row-start: 2;
    grid-row-end: 4;
}
```

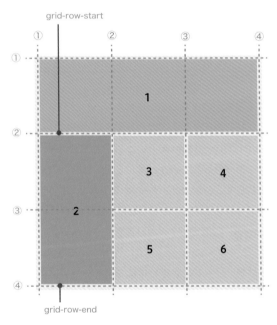

「縦方向の2本目の線から4本目の線」という指定 のため、item2が縦に長くなり2行分のスペースが 割り当てられました。

このように、格子状に引かれた線の番号を指定する ことで、平面に要素を置いていく感覚でレイアウト できるのがグリッドの最大の特徴です。

9-2 グリッドレイアウトのHTMLを書いてみよう

MENUページもまずはHTMLから記述します。メインコンテンツは6つのメニューが並んだエリアです。ページタイトルエリアなど、これまでに作成したページと同じ構造の箇所はコードをコピーして作業を短縮します。

1 グリッドレイアウトページの文書構造を確認する

他のページと同様に、まずは文書構造を確認します。まず最上部にページタイトルを掲載します。ここは8章で制作したCONCEPTページと同じ構造です。次にお店のメニューを6つ掲載したメニューエリアを作成します。ここがこのページのメインコンテンツとなります。構造としてはシンプルな繰り返しの文書構造です。

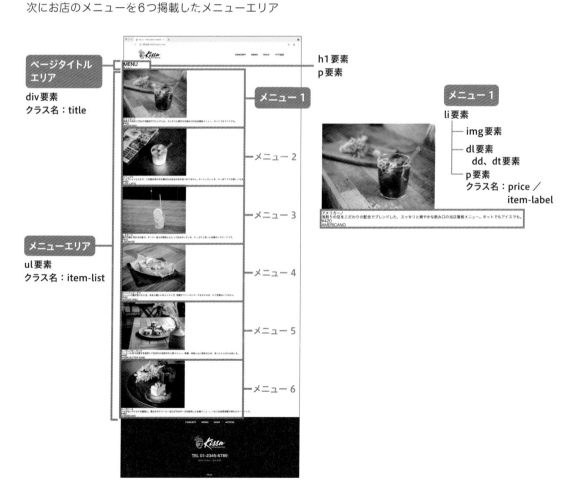

2 menu.htmlの基本部分を作成する

STEP 1

common.htmlを複製する

これまでと同じく、まずは3章で作成した「common.html」を開いて別名で保存します。VS Codeの［ファイル］メニューから［名前を付けて保存...］を選択し、「menu.html」という名前でkissaフォルダに保存してください。

STEP 2

ページのタイトルと概要文を変更する

タイトルと概要文をページの内容にあったものに変更します。

```
<title>MENU | KISSA official website</title>
<meta name="description" content="カフェ「KISSA」のメニューを掲載しています。こだわりの浅煎りコーヒーをはじめ、さまざまなメニューをご用意しています。">
```

STEP 3

CSSファイルへのリンクを追加する

続いてCSSファイルへのリンクを記述します。menu.htmlのスタイルは「menu.css」というCSSファイルに記述します。これまでと同じく、CSSファイルはこの次の節で作成しますが、先にlink要素を追加しておきます。

```
<script src="./js/toggle-menu.js"></script>
<link href="./css/common.css" rel="stylesheet">
<link href="./css/menu.css" rel="stylesheet">
```

3 ページタイトルを作成する

STEP 1 ページタイトルとサブタイトルを入力する

まずは冒頭のページタイトルエリアを作成します。8章で作成したconcept.htmlと同様（P.232）に、クラス名「title」のdiv要素の中にh1要素で英語のページタイトル「MENU」を、p要素で日本語のサブタイトル「メニュー」をそれぞれ入力します。

```
<main class="main">
  <div class="title">
    <h1>MENU</h1>
    <p>メニュー </p>
  </div>
</main>
```

ページタイトルとサブタイトルが入力されました。

```
40    <!-- mainここから -->
41    <main class="main">
42      <div class="title">
43        <h1>MENU</h1>
44        <p>メニュー</p>
45      </div>
46    </main>
```

4 1つ目のメニューを作成する

STEP 1 メニューエリア全体の外枠を作る

次にメニューエリアを作成します。まずはul要素で外枠を作成します。class属性で「item-list」という名前をつけましょう。

```
<ul class="item-list"></ul>
```

```
45      </div>
46      <ul class="item-list"></ul>
47    </main>
```

STEP 2 トップページのli要素をコピーする

ul要素の中に、li要素で各メニューを作成していきます。ここのコードは6章で制作したトップページ下部のRECOMMENDEDエリアのメニューとほとんど同じなので、このコードをコピーしましょう。

index.htmlを開き、アメリカーノのメニューである3つ目のli要素（index.html の73～80行目）をまるごとコピーします。

73～80行をコピー

ul要素の中にペーストする

menu.htmlに戻り、コピーしたコードをul要素の中にペーストします。

▼ 「index.html」の73～80行目のコード

```
<li>
  <img src="./images/index/img-item03.jpg" alt="アメリカーノの商品画像">
  <dl>
    <dt>アメリカーノ</dt>
    <dd>浅煎りの豆をこだわりの配合でブレンドした、スッキリと爽やかな飲み口の当店看板メニュー。
    ホットでもアイスでも。</dd>
  </dl>
  <p class="price">¥420</p>
</li>
```

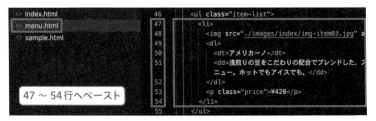

47～54行へペースト

画像とテキストが掲載されました。

STEP 4　画像のパスを書き換える

表示されている画像は、トップページ用の正方形の画像なので、img要素のパスをMENUページのものに書き換えます。

```
<img src="./images/menu/img-item01.jpg" alt="アメリカーノの商品画像">
```

MENUページ用の横長の画像が表示されました。

STEP 5　メニューの英語表記を追加する

続いて、英語のテキストを書き足します。商品価格のp要素のすぐ下に、同じくp要素を使用してメニューの英語表記を追加します。class属性で「item-label」という名前をつけます。

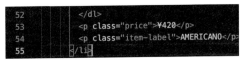

```
<p class="price">¥420</p>
<p class="item-label">AMERICANO</p>
```

商品価格の下に英語表記が追加されました。

5 残り5つのメニューを作成する

STEP 1　1つ目のメニューを5つ複製する

1つ目のメニューができたら残りの5つを作成します。1つ目のメニューのli要素（menu.html の 47〜55行目）をまるごとコピーし、すぐ下に5つペーストします。

▼47〜55行目のコード

```
<li>
  <img src="./images/menu/img-item01.jpg" alt="アメリカーノの商品画像">
  <dl>
    <dt>アメリカーノ</dt>
    <dd>浅煎りの豆をこだわりの配合でブレンドした、スッキリと爽やかな飲み口の当店看板メニュー。
    ホットでもアイスでも。</dd>
  </dl>
  <p class="price">¥420</p>
  <p class="item-label">AMERICANO</p>
</li>
```

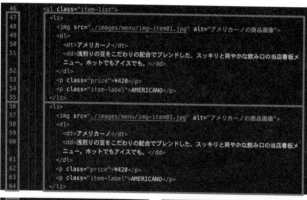

47〜55行をコピーして

56〜64行へペースト

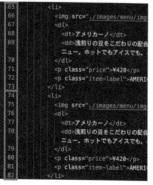

同様にペーストを
4回、繰り返す

全部で6つのli要素が表示されている
ことをブラウザで確認してください。

280

STEP 2

各メニューの内容を書き換える

複製した5つのli要素の内容(img要素のパス、img要素のalt属性、商品名、商品説明文、商品価格、英語表記)をそれぞれのメニューのものに書き換えます。

note

各商品の名前や説明文などは、レイアウトの作成には直接影響しないので時間のない人は省略してもかまいません。もしくは menu.txt からコピーするのもよいでしょう。ただし、いずれの場合も img 要素内の画像のパスは必ず正しいものに書き換えてください。

商品情報の書き換えは以下

変更行	画像のパス	alt属性
57行目	img-item02.jpg	カフェラテの商品画像
66行目	img-item03.jpg	レモネードの商品画像
75行目	img-item04.jpg	ホットドッグ - チリの商品画像
84行目	img-item05.jpg	レーズンバターサンドの商品画像
93行目	img-item06.jpg	チーズケーキの商品画像

変更行	商品説明文
60行目	エスプレッソとミルク、この組み合わせに勝るものはなかなか見つかりません。ホッとしたいとき、やっぱりラテが欲しくなる。
69行目	瀬戸内海に浮かぶ小島で、オーナー自らが栽培したとっておきのレモンを、たっぷりと使った自慢のレモネードです。
78行目	ちょっと小腹が空いたとき、あると嬉しいホットドッグ。特製チリソースとチーズをかければ、もう言葉はいりません。
87行目	コーヒーに合うお菓子を追求して生まれた当店の大人気メニュー。数量・季節ともに限定のため、見つけたらぜひお試しを。
96行目	クセのないマイルドな風味と、柔らかでクリーミーな口どけのチーズを使用した定番メニュー。いちごは自家菜園で採れたオーガニック。

変更行	商品名
59行目	カフェラテ
68行目	レモネード
77行目	ホットドッグ - チリ
86行目	レーズンバターサンド
95行目	チーズケーキ

変更行	商品価格
62行目	¥460
71行目	¥420
80行目	¥540
89行目	¥480
98行目	¥480

変更行	英語表記
63行目	CAFE LATTE
72行目	LEMONADE
81行目	HOTDOG CHILI
90行目	RAISIN BUTTER SAND
99行目	CHEESECAKE

9

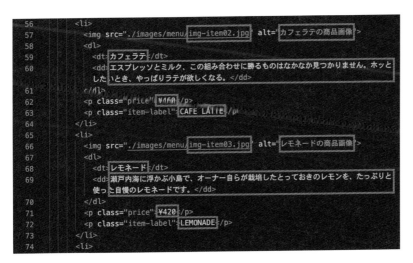

```
56      <li>
57          <img src="./images/menu/img-item02.jpg" alt="カフェラテの商品画像">
58          <dl>
59              <dt>カフェラテ</dt>
60              <dd>エスプレッソとミルク、この組み合わせに勝るものはなかなか見つかりません。ホッと
                したいとき、やっぱりラテが欲しくなる。</dd>
61          </dl>
62          <p class="price">¥460</p>
63          <p class="item-label">CAFE LATTE</p>
64      </li>
65      <li>
66          <img src="./images/menu/img-item03.jpg" alt="レモネードの商品画像">
67          <dl>
68              <dt>レモネード</dt>
69              <dd>瀬戸内海に浮かぶ小島で、オーナー自らが栽培したとっておきのレモンを、たっぷりと
                使った自慢のレモネードです。</dd>
70          </dl>
71          <p class="price">¥420</p>
72          <p class="item-label">LEMONADE</p>
73      </li>
74      <li>
```

```
75          <img src="./images/menu/img-item04.jpg" alt="ホットドッグ - チリの商品画像">
76          <dl>
77            <dt>ホットドッグ - チリ</dt>
78            <dd>ちょっと小腹が空いたとき、あると嬉しいホットドッグ。特製チリソースとチーズをか
              ければ、もう言葉はいりません。</dd>
79          </dl>
80          <p class="price">¥540</p>
81          <p class="item-label">HOTDOG CHILI</p>
82        </li>
83        <li>
84          <img src="./images/menu/img-item05.jpg" alt="レーズンバターサンドの商品画像">
85          <dl>
86            <dt>レーズンバターサンド</dt>
87            <dd>コーヒーに合うお菓子を追求して生まれた当店の大人気メニュー。数量・季節ともに限
              定のため、見つけたらぜひお試しを。</dd>
88          </dl>
89          <p class="price">¥480</p>
90          <p class="item-label">RAISIN BUTTER SAND</p>
91        </li>
92        <li>
93          <img src="./images/menu/img-item06.jpg" alt="チーズケーキの商品画像">
94          <dl>
95            <dt>チーズケーキ</dt>
96            <dd>クセのないマイルドな風味と、柔らかでクリーミーな口どけのチーズを使用した定番メ
              ニュー。いちごは自家菜園で採れたオーガニック。</dd>
97          </dl>
98          <p class="price">¥480</p>
99          <p class="item-label">CHEESECAKE</p>
100       </li>
```

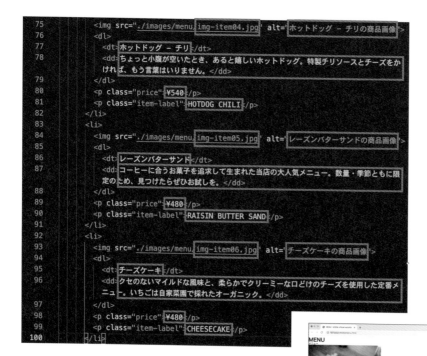

メニューの画像と内容が正しいものに入れ替わってい
ることを確認します。

これでHTMLの記述は完了です。

9-3 グリッドレイアウトのCSSを書いてみよう

ここからは、MENUページの見た目をCSSで整えていきます。グリッドを使用した格子状のレイアウトを制作する方法や、メニューの英語表記をスタイリングしながら、要素を90°回転させる方法などを学びましょう。

1 グリッドレイアウトページのスタイリングを確認する

これまでと同じく、まずはデザインの完成形を確認します。ページタイトルエリアは、CONCEPTページと同じレイアウトで背景画像だけが異なります。メインコンテンツとなるメニューエリアは6つのメニューが等間隔に並んで配置されます。各メニュー内の英語表記は90°回転して縦書きで掲載します。

メニューエリア

配置　横並びに配置
　　　表示幅に合わせた可変レイアウト

英語表記

配置　要素の回転

2 CSSファイルを作成する

これまでと同じように、まずはmenu.html専用のCSSファイルを作成します。

CSSファイルを新規作成する

VS Codeの［ファイル］メニューから［新規ファイル］をクリックし、新しいファイルを作成します。

STEP 2 作業フォルダに保存する

[ファイル]→[名前を付けて保存...]をクリックし、「menu.css」という名前で作業フォルダ内の「css」フォルダに保存します。

STEP 3 文字コードを記述する

作成したmenu.cssの冒頭に、文字コードを記述します。ここまでの流れはこれまでに制作したCSSファイルと同じです。

```
@charset "utf-8";
```

3 ページタイトルエリアを作成する

まずはページタイトルエリアのスタイリングからはじめます。

STEP 1 CONCEPTページの CSSを複製する

ページタイトルエリアは、背景画像以外はCONCEPTページと同じレイアウトなので、concept.cssを開き、ページタイトルエリアに関する記述（concept.css の3〜26行目）をまるごとコピーします。

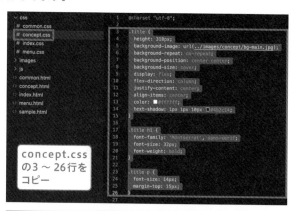

concept.css
の3〜26行を
コピー

STEP 2 コードをmenu.cssに ペーストする

menu.cssに戻り、コピーしたコードを3行目にペーストします。

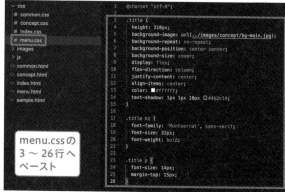

menu.cssの
3〜26行へ
ペースト

ページタイトルエリアがスタイリングされた
状態で表示されます。

<table><tr><td>

STEP 3

</td><td>

背景画像のパスを書き換える

</td></tr></table>

続いて、「.title」のbackground-imageプロ
パティで指定されている画像のパスを
MENUページのものに書き換えます。

```
background-image: url(../images/menu/bg-main.jpg);
```

MENUページ用の背景画像が表示されまし
た。

9

4 メニューエリアの大枠を作成する

次に、このページのメインコンテンツとなるメニューエリアを作成します。まずは大枠から作っていきます。

<table><tr><td>

STEP 1

</td><td>

メニューエリアの幅と配置を 指定する

</td></tr></table>

親要素となるul要素につけておいたクラス名
「item-list」をセレクタにして、メニューエ
リアの幅と配置を指定します。メニューエリ
ア の 幅 と 配 置 は、CONCEPTページ の
「.feature」と同じ値（concept.cssの31 ～
35行目）を入力します（P.247）。

```
28  .item-list {
29    width: 930px;
30    max-width: 90%;
31    margin-top: 75px;
32    margin-left: auto;
33    margin-right: auto;
34  }
```

```
.item-list {
  width: 930px;
  max-width: 90%;
  margin-top: 75px;
  margin-left: auto;
  margin-right: auto;
}
```

メニューエリアの表示位置が調整されました。

STEP 2 グリッドの大枠を作成する

続いて、グリッドの大枠を作ります。display
プロパティで「grid」を指定しましょう。

```
31    margin-top: 75px;
32    margin-left: auto;
33    margin-right: auto;
34    display: grid;
35  }
```

```
.item-list {
  ...（略）...
  margin-right: auto;
  display: grid;
}
```

ここではブラウザでの表示に変化はありません。

STEP 3 グリッドの列の数と幅を指定する

続いて、グリッドの列数と幅を指定します。
grid-template-columnsプロパティで、240px
の列を3つ作るように指定します。

```
31    margin-top: 75px;
32    margin-left: auto;
33    margin-right: auto;
34    display: grid;
35    grid-template-columns: repeat(3, 240px);
36  }
```

```
.item-list {
  ...（略）...
  display: grid;
  grid-template-columns: repeat(3, 240px);
}
```

メニューが格子状に並びました。

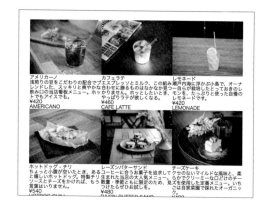

286

STEP 4　グリッドの列・行の間隔を指定する

列と行の間隔を指定します。column-gapプ
ロパティで左右の間隔「95px」を、row-
gapプロパティで上下の間隔「70px」を指
定します。

```
.item-list {
  ... (略) ...
  grid-template-columns: repeat(3, 240px);
  column-gap: 95px;
  row-gap: 70px;
}
```

各メニューのあいだに余白が作られました。

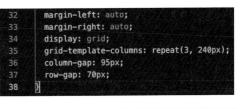

**STEP 5　幅の狭いブラウザでの表示を
確認する**

表示サイズの大きなブラウザであればこれで
よいのですが、小さいブラウザの利用者にも
配慮が必要です。ブラウザを少し縮めて確認
してみましょう。

右図のように、右側がはみ出した状態で表示
されています。

これは、grid-template-columnsで「240px
の列を3列表示する」という指定が入ってお
り、表示幅の狭いブラウザでも「3列」とい
う数字が固定されているため、要素の幅が足
りなくなってはみ出てしまっているというこ
とです。

幅の足りないブラウザで表示を折り返すようにする

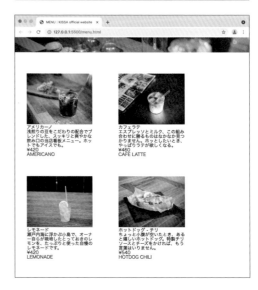

こういったときに便利なのが「auto-fit」です。grid-template-columnsプロパティのrepeat( )内にある「3」という数字を「auto-fit」に書き換えます。こうすると、ブラウザの表示幅が足りなくなったときに、自動で折り返して表示されるようになります。

```
grid-template-columns:
repeat(auto-fit, 240px);
```

3列目にあったアイテムが、折り返して2行目に表示されました。

アイテムの左右の揃えを指定する

折り返されたのはよいのですが、アイテムが左に寄ってしまっています。これを中央揃えにするにはjustify-contentプロパティを使用します。フレックスボックスで使用したプロパティ（P.198）ですが、グリッドでも同じように左右方向の揃えを指定するのに使うことができます。
justify-contentプロパティで「center」を指定しましょう。

```
.item-list {
  ...（略）...
  row-gap: 70px;
  justify-content: center;
}
```

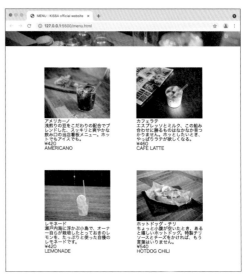

ブラウザの左右中央に配置されました。

ブラウザのサイズをもとに戻して確認してみ
ましょう。横の幅を広げたブラウザでは3列
で表示されています。これでグリッドの指定
は完了です。

5 メニューのスタイリングをトップページから流用する

続いて、メニュー内の各要素をスタイリングしていきます。メニュー内の各要素のスタイリングは、
英語表記の部分以外は、トップページの「RECOMMENDED」エリアのCSSを流用します。

STEP 1

トップページのスタイルを
コピーする

index.cssを 開 い て、「.item-list」
のdl、dt、dd、.priceに関する指定
（index.css の107 ～ 124行目）を
まるごとコピーします。

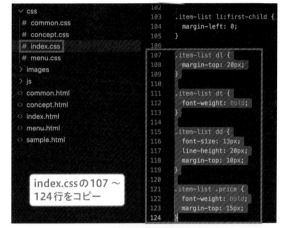

index.cssの107 ～
124行をコピー

STEP 2

menu.cssにペーストする

menu.cssに戻り、41行目にペース
トします。

英語表記以外のスタリングができあ
がった状態で表示されます。

menu.cssの41 ～
58行へペースト

6　英語表記のスタイルを指定する

続いて英語表記のスタイリングをしていきます。

STEP 1　親要素のpositionを指定する

英語表記の表示位置の指定にはposition「absolute」を指定するため、まずその親要素となるli要素「.item-list li」にpositionプロパティで「relative」を指定します（positionの解説はP.138を参照）。

```css
.item-list li {
  position: relative;
}
```

ブラウザでの表示に変化はありません。

```
59
60    .item-list li {
61      position: relative;
62    }
```

STEP 2　英語表記のpositionを指定する

続いて「.item-list内の.item-label」をセレクタにして、positionプロパティで「absolute」を指定します。これで、親要素であるli要素（relativeを指定）に対して、絶対位置での指定が可能になります。

```css
.item-list .item-label {
  position: absolute;
}
```

```
63
64    .item-list .item-label {
65      position: absolute;
66    }
```

2段めの商品の英語表記がフッターに重なっているが、次のステップで移動する

STEP 3　英語表記の表示位置を指定する

絶対位置での指定が可能になったので、topプロパティとleftプロパティで表示位置を指定します。topは「0」で親要素の「上辺から0px」の位置を指定します。leftはcalc関数（P.172）を使用し、「左辺から100% ＋ 18px」の位置を指定します。

```
.item-list .item-label {
  position: absolute;
  top: 0;
  left: calc(100% + 18px);
}
```

英語表記が「右上から18pxはみ出た位置」
に表示されています。

テキストのスタイルを指定する

まずはフォントサイズを「10px」に指定し
ましょう。
そして、テキストが改行されないように、
white-spaceプロパティで「nowrap」を指
定します。white-spaceプロパティはコード
内のホワイトスペース（連続する半角スペー
ス）や改行をどのように扱うかを指定するプ
ロパティで、nowrapを指定した場合は自動
での折り返しを行いません。

```
.item-list .item-label {
  position: absolute;
  top: 0;
  left: calc(100% + 18px);
  font-size: 10px;
  white-space: nowrap;
}
```

フォントサイズが小さくなり、テキストが改
行されなくなりました。

CSSプロパティ

white-space

コード内のホワイトスペース（連続する半角スペー
ス）・改行をどのように扱うかを指定する。
【書式】white-space: キーワード
【値】 normal、pre、nowrap、pre-wrap、
pre-line

```
64    .item-list .item-label {
65      position: absolute;
66      top: 0;
67      left: calc(100% + 18px);
68      font-size: 10px;
69      white-space: nowrap;
70    }
```

要素を回転させる基準点を指定する

このあと英語表記を回転させますが、まずは
回転の際の支点となる基準点を指定する必要
があります。今回は要素の「左上を基準」に
「90°」回転させます。基準点を指定するに
はtransform-originプロパティを使用しま
す。「top left」と指定することで「左上を基
準にする」という指定になります。

```
.item-list .item-label {
  ...（略）...
  white-space: nowrap;
  transform-origin: top left;
}
```

ブラウザ上はまだ変化はありません。

CSSプロパティ

transform-origin

要素を変更する際の基準点を指定する。
【書式】transform-origin: キーワードまたは数
値と単位
【値】 top、bottom、left、right、center／
（単位）px、%など

```
66      top: 0;
67      left: calc(100% + 18px);
68      font-size: 10px;
69      white-space: nowrap;
70      transform-origin: top left;
71    }
```

英語表記を90° 回転する

いよいよ英語表記を90°回転させます。要素
の回転にはtransformプロパティを使用しま
す。transformプロパティは指定した要素に
対して、回転や拡大縮小、傾斜、移動などを
行うことができるプロパティです。回転には
rotate( )という値を使用し、カッコ内に回
転させたい角度を入力します。角度の指定に
は「deg」という単位を使用します。

```
.item-list .item-label {
  ...（略）...
  transform-origin: top left;
  transform: rotate(90deg);
}
```

これで英語表記が右上に90°回転して表示さ
れました。

CSSプロパティ

transform

要素の移動、回転、傾斜、拡大縮小を指定する。
【書式】transform: キーワード（値）
【値】 translate、rotate、skew、scale

```
68      font-size: 10px;
69      white-space: nowrap;
70      transform-origin: top left;
71      transform: rotate(90deg);
72    }
```

アメリカーノ
浅煎りの豆をこだわりの配合でブレンド
した、スッキリと爽やかな飲み口の当店
看板メニュー。ホットでもアイスでも。
¥420

カフェラテ
エスプレッソとミルク、この組み合わせ
に勝るものはなかなか見つかりません。
ホッとしたいとき、やっぱりラテが欲し
くなる。
¥460

学習ポイント
要素を変形させる transform プロパティ

transformプロパティを使えば、指定した要素を変形させることができます。変形には、translate（移動）、rotate（回転）、skew（傾斜）、scale（拡大・縮小）の4つがあり、個別での使用だけでなく、複数まとめて適用することもでき

ます。また、10章（P.323）で紹介するtransition-durationプロパティと組み合わせれば、CSSだけでアニメーションを実装するなど、さまざまな表現が可能になります。

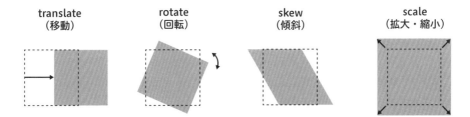

| translate（移動） | rotate（回転） | skew（傾斜） | scale（拡大・縮小） |

7 フッターの上部に余白を作成する

最後にフッターの上部に余白を作ります。クラス名「footer」をセレクタにして、marginプロパティで100pxの余白を指定します。

```
73
74    .footer {
75      margin-top: 100px;
76    }
```

```css
.footer {
  margin-top: 100px;
}
```

フッターの上部に余白ができました。これでPC版のレイアウトは完成です。

9-4 グリッドレイアウトのモバイル用 CSSを書いてみよう

続いてモバイル用のCSSを記述します。デベロッパーツールで表示を確認し、縦に並んだ要素の上下の余白を調整します。

1 モバイル用レイアウトのデザインカンプを確認する

PC用レイアウトでは格子状に並んでいた各商品が、モバイル用レイアウトでは縦一列に並びます。これは、すでにグリッドで指定したスタイルにより自動で配置されているので、レイアウトを変更するための新たな記述を追加する必要はありません。各部の余白の変更など、わずかなバランスの調整だけでモバイル用レイアウトが完成します。

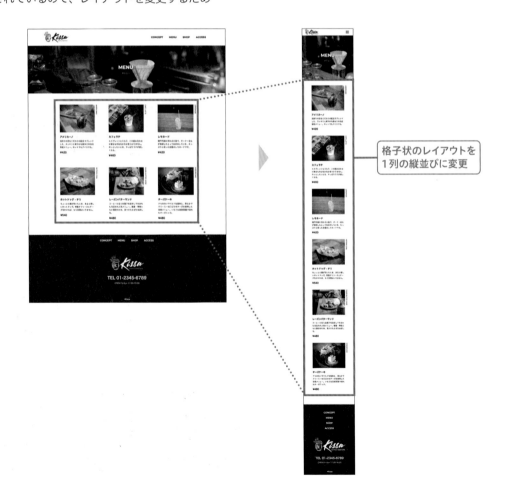

格子状のレイアウトを1列の縦並びに変更

2 デベロッパーツールで表示を確認する

デベロッパーツールを起動し、Chromeをレスポンシブモードに切り替えます。

PCでは3列だったレイアウトが1列で表示されています。スクロールして見ても大きく崩れている箇所はなさそうです。

3 エリア全体の余白と行間を調整する

表示は崩れていませんが、PC用に設けた余白がモバイルでは大きいのでバランスを調整していきます。

STEP 1 メディアクエリを記述する

これまでのモバイル対応と同様にメディアクエリを記述しましょう。.footerへの指定の下に入力します。

```
74  .footer {
75    margin-top: 100px;
76  }
77
78  @media (max-width: 800px) {}
```

```
@media (max-width: 800px) {}
```

STEP 2 メニューエリア上部の余白を調整する

```
78  @media (max-width: 800px) {
79    .item-list {
80      margin-top: 45px;
81    }
82  }
```

まずはメニューエリア全体の上部の余白を調整します。「.item-list」をセレクタにして、marginプロパティで上部の余白を「45px」に指定します。

```
@media (max-width: 800px) {
  .item-list {
    margin-top: 45px;
  }
}
```

余白が狭くなりました。

各メニューのあいだの余白を
調整する

各メニュー間の余白も狭くしましょう。row-
gapプロパティで「40px」を指定します。

```
78   @media (max-width: 800px) {
79     .item-list {
80       margin-top: 45px;
81       row-gap: 40px;
82     }
83   }
```

```css
@media (max-width: 800px) {
  .item-list {
    margin-top: 45px;
    row-gap: 40px;
  }
}
```

各メニューのあいだの余白も調整できました。

これでモバイル用CSSの記述は完了し、MENUページは完成です。

## Chapter 10

2カラムで
ショップページを
制作する

この章では、オンラインショップの一覧ページと詳細ページという、2
ページ構成のページを制作しながら、2カラムレイアウトの制作方法
を学びます。これまでに登場した要素やプロパティを復習しながら進
めていきましょう。

10-1 2カラムレイアウト制作で学ぶこと

ここではオンラインショップのページを作りながら、2カラムレイアウトの制作方法を学びます。オンラインショップページは、左側にサイドバーを配置した2カラムのレイアウトで、商品一覧ページと商品詳細ページの2ページそれぞれの作り方を学びます。

1 2カラムレイアウト制作で学べるHTML&CSS

冒頭にはページタイトルが配置されますが、コンセプトやメニューページと異なり、背景画像はありません。ページの左側にはサイドバーを配置し、右側にメインコンテンツとなる商品一覧および、詳細エリアが配置されます。詳細エリアには購入ボタンを設置し、今回はAmazonへリンクさせます。

商品一覧ページのデザインカンプ / **商品詳細ページのデザインカンプ**

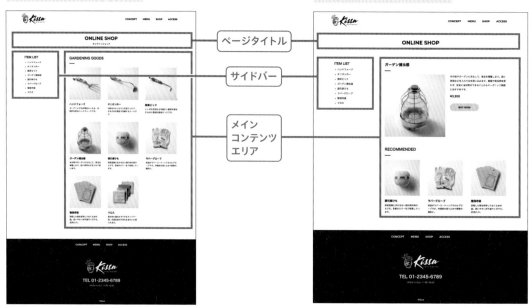

学べるHTML
- a要素で複数の要素を囲む
- aside要素でサイドバーを作る

学べるCSS
- マウスオーバーで要素を拡大
- 拡大するアニメーションの速度を指定
- スクロール時でも表示位置が固定されるサイドバー
- リストの行頭アイコンを指定

2　ウェブ制作者も身につけておきたいECサイトの知識

■ 多様化するサイトへのEC機能の備えかた

ECサイトとは、Electronic Commerce＝電子商取引の略で、いわゆるオンラインショップのことを指します。皆さんもインターネット上で買い物をされたことがあると思いますが、ネットで商品やサービスを購入するのは今や特別な行為ではありません。ウェブ制作者にとってもECサイト制作の知識は必須と言えます。

ECサイトの作り方はさまざまで、もっとも大掛かりなのが「自社EC」と呼ばれる、自社専用のECサイトの制作です。通常のウェブサイトと違い、ECサイトには決済機能やマイページ機能、顧客管理機能などのさまざまな機能が必要で、これを自社で開発すると大きなコストと時間がかかるため、中小企業や個人サイトにとっては現実的ではありません。

■ 外部サービスの活用は制作者と利用者の双方にメリットあり

そこで登場したのが、BASEやShopifyなどのECサイトに特化したサービスです。これらのサービスを使えば、自社開発よりも遥かに簡単にECサイトを開設することができます。また、Amazonや楽天などの大規模ECモールに出店するのもメリットが多いものです。商品と見込みユーザーとのタッチポイントが増えるのはもちろん、大規模モールを訪れるのは既にアカウントを持っているユーザーが大半

なため、住所や決済情報を入力する必要がなく少ないプロセスで買い物ができるからです。

自社のウェブサイトにはEC機能を持たせず、こうした外部のECサイトへリンクで飛ばすという方法もよく採用されます。本書のサンプルサイトでも外部サイト（Amazon）へリンクする方法でオンラインショップページを制作します。

10

自社 EC

sample-a.com

メリット
・同ドメイン内で完結
・ユーザーが離脱しないため買い回りが期待できる
・統一感のあるブランディング
・外部手数料が不要

デメリット
・多額の開発費用がかかる
・ユーザーは住所などの情報を入力する必要がある
・個人情報の漏洩リスク

外部 EC サイトとの連携

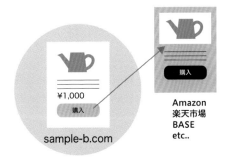

sample-b.com

Amazon
楽天市場
BASE
etc..

メリット
・既存システムを利用するため開発費が不要
・ユーザーは自分のアカウントで購入可能なため入力の手間が省ける
・目に触れる機会が増える
・強固なセキュリティ

デメリット
・手数料がかかる
・ブランディングの統一ができない
・別サイトへの移動のため自サイトから離脱してしまう

10-2 2カラムレイアウトのHTMLを書いてみよう

2カラムレイアウトとなるオンラインショップページは、一覧ページと購入ページの2ページを制作します。そのため、HTMLファイルも2つ必要になります。ここではまず、一覧ページの作成を進めます。

1 2カラムレイアウトページの文書構造を確認する

まずは商品一覧ページの文書構造を確認します。まず上部にページタイトルを掲載します。HTMLの構造としてはCONCEPTページやMENUページと同じです。次にメインコンテンツとなる商品一覧を作成します。そして最後にサイドバーを作成します。

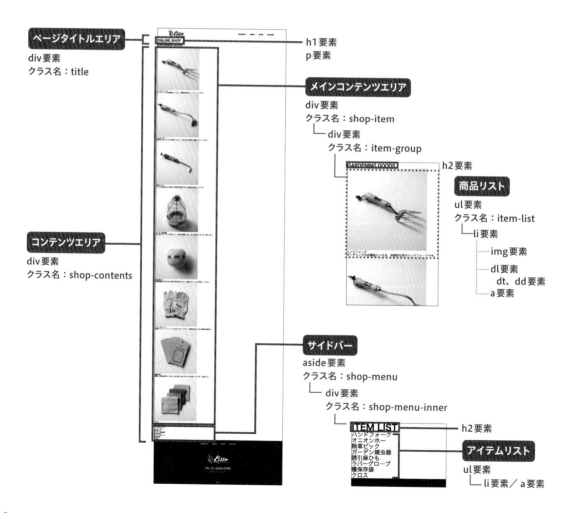

ページタイトルエリア
div要素
クラス名：title

h1要素
p要素

メインコンテンツエリア
div要素
クラス名：shop-item
└ div要素
クラス名：item-group

h2要素

商品リスト
ul要素
クラス名：item-list
└ li要素
┊ img要素
┊
┊ dl要素
┊ dt、dd要素
┊ a要素

コンテンツエリア
div要素
クラス名：shop-contents

サイドバー
aside要素
クラス名：shop-menu
└ div要素
クラス名：shop-menu-inner

h2要素

アイテムリスト
ul要素
└ li要素／a要素

2 shop.htmlの基本部分を作成する

STEP 1 common.htmlを複製する

まずは一覧ページとなる「shop.html」を作成します。これまでと同じように「common.html」を開いて、VS Codeの［ファイル］メニューから［名前を付けて保存…］を選択、「shop.html」という名前でkissaフォルダに保存してください。

STEP 2 ページのタイトルと概要文を変更する

タイトルと概要文をページの内容にあったものに変更します。

```
<title>ONLINE SHOP | KISSA official website</title>
<meta name="description" content="カフェ「KISSA」のスタッフが厳選した、園芸用品のオンラインショップのページです。">
```

STEP 3 CSSファイルへのリンクを追加する

続いてCSSファイルへのリンクを記述します。shop.htmlのスタイルは「shop.css」というCSSファイルに記述します。これまでと同じく、link要素でCSSへのパスを追加しておきます。

```
<script src="./js/toggle-menu.js"></script>
<link href="./css/common.css" rel="stylesheet">
<link href="./css/shop.css" rel="stylesheet">
```

3 ページタイトルを作成する

ページタイトルとサブタイトルを入力する

まずは冒頭のページタイトルエリアを作成します。8章で作成したconcept.htmlと同様に、クラス名「title」のdiv要素の中にh1要素で英語のページタイトル「ONLINE SHOP」を、p要素で日本語のサブタイトル「オンラインショップ」をそれぞれ入力します。

```html
41    <main class="main">
42      <div class="title">
43        <h1>ONLINE SHOP</h1>
44        <p>オンラインショップ</p>
45      </div>
46    </main>
```

```html
<main class="main">
  <div class="title">
    <h1>ONLINE SHOP</h1>
    <p>オンラインショップ</p>
  </div>
</main>
```

ページタイトルとサブタイトルが入力されました。

4 コンテンツエリア全体の構造を作成する

コンテンツエリア全体の外枠を作る

次にコンテンツエリアを作成します。まずはメインコンテンツエリアとサイドバーの両方を包む、div要素を入力します。class属性で「shop-contents」という名前をつけます。

```html
43        <h1>ONLINE SHOP</h1>
44        <p>オンラインショップ</p>
45      </div>
46      <div class="shop-contents"></div>
47    </main>
```

```html
<div class="shop-contents"></div>
```

メインコンテンツエリアとサイドバーを入力する

作成したdiv要素の中に、div要素とaside要素を並列で入力します。class属性で、div要素には「shop-item」、aside要素には

```html
46      <div class="shop-contents">
47        <div class="shop-item"></div>
48        <aside class="shop-menu"></aside>
49      </div>
50    </main>
```

「shop-menu」という名前をつけます。div
要素がメインコンテンツエリア、aside要素
がサイドバーとなります。

```
<div class="shop-contents">
  <div class="shop-item"></div>
  <aside class="shop-menu"></aside>
</div>
```

5 メインコンテンツエリアを作成する

STEP 1 商品の表示エリアを作成する

まずはメインコンテンツエリアを作成しま
す。「.shop-item」の中にdiv要素を入力し、
「item-group」というクラス名をつけます。
さらにその中にh2要素でカテゴリ　の中見
出しとなる「GARDENING GOODS」を入
力します。

```
<div class="shop-item">
  <div class="item-group">
    <h2>GARDENING GOODS</h2>
  </div>
</div>
```

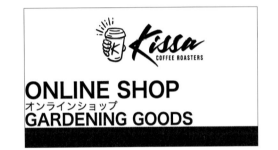

中見出しが入力されました。

STEP 2 商品リストの外枠を作る

商品リストはul、li要素で作成します。まず
はh2要素の下にul要素を入力し、「item-list」
というクラス名をつけます。

```
<div class="item-group">
  <h2>GARDENING GOODS</h2>
  <ul class="item-list"></ul>
</div>
```

STEP 3 1つ目の商品のHTMLコードを トップページから複製する

続いて、1つ目の商品の入
力を進めます。ここでも
MENUページと同じよう
に、トップページのコード
を流用します。index.html
を開き、RECOMMENDED
エリアの1つ目のli要素
（index.html の 57 ～ 64行
目）をコピーします。

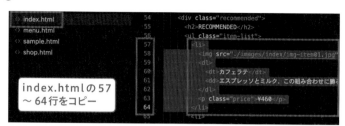

STEP 4 コピーしたコードをul要素の中に コピーする

shop.htmlに戻り、ul要素の中にコピーした
コードをペーストします。

▼index.html の 57 ～ 64行目のコード

```html
<li>
  <img src="./images/index/img-item01.jpg" alt="カフェラテの商品画像">
  <dl>
    <dt>カフェラテ</dt>
    <dd>エスプレッソとミルク、この組み合わせに勝るものはなかなか見つかりません。ホッとしたい
    とき、やっぱりラテが欲しくなる。</dd>
  </dl>
  <p class="price">¥460</p>
</li>
```

カフェラテの情報が入力されました。これを
書き換えていきます。

STEP 5 項目の中身を書き換える

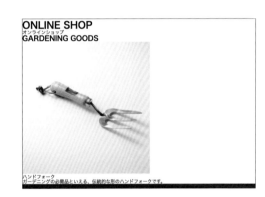

画像のパス、alt属性、商品名、説明文を書き換えます。また、商品価格が入力されているp要素はここでは不要なので忘れずに削除します。

```
<img src="./images/shop/img-item01.jpg" alt="ハンドフォークの商品画像">
<dl>
  <dt>ハンドフォーク</dt>
  <dd>ガーデニングの必需品といえる、伝統的な形のハンドフォークです。</dd>
</dl>
<p class="price">¥460</p>
```

ハンドフォークの情報に変更されました。

STEP 6 li要素の中身にリンクを張る

ショップページは各項目がリンクになっており、クリックすると詳細ページに移動する構造になっています。li要素の中身全体をa要素で包み、詳細ページのパスである「./shop-detail.html」へリンクを張ります。

```
<li>
  <a href="./shop-detail.html">
  <img src="./images/shop/img-item01.jpg" alt="ハンドフォークの商品画像">
  <dl>
    <dt>ハンドフォーク</dt>
    <dd>ガーデニングの必需品といえる、伝統的な形のハンドフォークです。</dd>
  </dl>
  </a>
</li>
```

インデントを整える

インデントが崩れて文書構造がわかりづらくなっているので、インデントを整えます。51〜59行目を選択し、選択範囲をフォーマットします。ここではショートカットを使ってみましょう。キーボードの⌘（WindowsはCtrl）+Kキーを押したあと、続けて⌘（Ctrl）+Fキーを押します。

53行目のimg要素以降の要素が字下げされ、文書構造がわかりやすくなりました。

フォーマット機能で黄色いスペースが自動調整された

このように、コードの記述順によってインデントが崩れることはよくありますが、こまめにフォーマットをすることで文書構造が把握しやすくなり、記述ミスを減らすことができます。このショートカットは覚えておくと便利です。

これで1つ目の商品の入力は完了です。

li要素を7つ複製し中身を書き換える

続いて、残りの7つの商品を入力します。li要素（51〜59行目）をコピーし、そのすぐ下に7つ複製したら、それぞれの商品の内容に書き換えていきます。
a要素内のパスは本来であればそれぞれの詳細ページのURLに書き換えるべきですが、今回のサンプルサイトでは詳細ページは1つしか作りませんので、すべて同じパスのままでかまいません。

▼51〜59行目のコード

```html
<li>
  <a href="./shop-detail.html">
    <img src="./images/shop/img-item01.jpg" alt="ハンドフォークの商品画像">
    <dl>
      <dt>ハンドフォーク</dt>
      <dd>ガーデニングの必需品といえる、伝統的な形のハンドフォークです。</dd>
    </dl>
  </a>
</li>
```

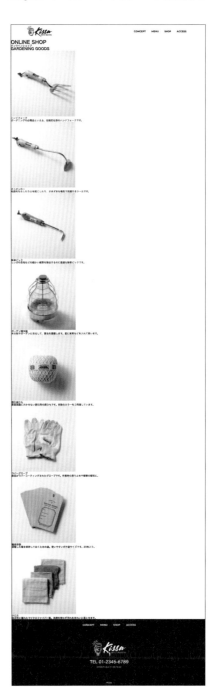

コピーした51～59行を
7回ペーストを繰り返し、

画像のパスや商品名など
を書き換える

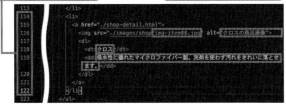

商品情報の書き換えは以下

変更行	画像のパス	alt属性
62行目	img itcm02.jpg	オニオンホーの商品画像
71行目	img-item03.jpg	除草ピックの商品画像
80行目	img-item04.jpg	ガーデン捕虫器の商品画像
89行目	img-item05.jpg	誘引麻ひもの商品画像
98行目	img-item06.jpg	ラバーグローブの商品画像
107行目	img-item07.jpg	種保存袋の商品画像
116行目	img-item08.jpg	クロスの商品画像

変更行	商品名
64行目	オニオンホー
73行目	除草ピック
82行目	ガーデン捕虫器
91行目	誘引麻ひも
100行目	ラバーグローブ
109行目	種保存袋
118行目	クロス

変更行	商品説明文
65行目	地面をならしたり土を起こしたり、さまざまな場面で活躍するツールです。
74行目	レンガの目地などの細かい雑草を除去するのに最適な除草ピックです。
83行目	木の枝やガーデンに吊るして、害虫を捕獲します。底に果実などを入れて使います。
92行目	家庭菜園に欠かせない誘引用の麻ひもです。多数のカラーをご用意しています。
101行目	表面がラバーコーティングされたグローブです。作業時の滑り止めや衝撃の緩和に。
110行目	採種した種を保存しておくための袋。使いやすいポチ袋サイズです。20枚入り。
119行目	吸水性に優れたマイクロファイバー製。洗剤を使わず汚れをきれいに落とせます。

残り7つの商品情報が入力されました。これで
メインコンテンツエリアは完成です。

6 サイドバーを作成する

STEP 1

aside要素の中にボックスを作成する

続いてサイドバーを作成していきます。まずは、aside要素の中にdiv要素でボックスを1つ作り、class属性で「shop-menu-inner」と名前をつけておきます。さらにその中にh2要素で中見出しを作り「ITEM LIST」と入力します。

```
<aside class="shop-menu">
  <div class="shop-menu-inner">
    <h2>ITEM LIST</h2>
  </div>
</aside>
```

コンテンツエリアの一番下に中見出しが入力されました。

STEP 2

li要素でアイテムリストを作成する

h2要素の下にul要素とli要素でリストを作成します。まずは1つ目の項目を入力しましょう。リストのテキストにはa要素で詳細ページへのリンクを張ります。

```
<ul>
  <li><a href="./shop-detail.
  html">ハンドフォーク</a></li>
</ul>
```

STEP 3

li要素を複製して残りの項目を作成する

li要素を7つ複製して、残りの項目（コード内の斜体文字）を入力します。

```
<ul>
    <li><a href="./shop-detail.html">ハンドフォーク</a></li>
    <li><a href="./shop-detail.html">オニオンホー</a></li>
    <li><a href="./shop-detail.html">除草ピック</a></li>
    <li><a href="./shop-detail.html">ガーデン捕虫器</a></li>
    <li><a href="./shop-detail.html">誘引麻ひも</a></li>
    <li><a href="./shop-detail.html">ラバーグローブ</a></li>
    <li><a href="./shop-detail.html">種保存袋</a></li>
    <li><a href="./shop-detail.html">クロス</a></li>
</ul>
```

ファイルを保存してブラウザで確認します。すべての商品が入力されました。

これで一覧ページは完成です。

COLUMN

2カラムのレイアウトは時代遅れ？

本章で制作する2カラムのレイアウトは、サイドバーの左右の違いはあっても、現在もっとも多くのウェブサイトが採用しているレイアウトといえます。

しかし最近では、スマートフォンでの閲覧者が増えたことから、「小さい画面でも見やすい」「レスポンシブデザインを取り入れやすい」などの理由で、シングルカラムのウェブサイトが主流になりつつあります。

では、2カラムのレイアウトは時代遅れなのかというと、まったくそんなことはありません。サイドバーにメニューを配置できるレイアウトは、ECサイトやブログなど、ページの回遊性を重視したい場合には非常に使い勝手がよく、2カラムのレイアウトを選ぶほうが合理的です。

時代の流れを読むことはデザイナーやサイト制作者にとって重要なスキルではありますが、闇雲に流行を取り入れればよいというわけではないのです。「流行っているから」という理由でレイアウトを選択するのはデザインの本質ではありません。ウェブサイトを作る目的に応じて、最適なレイアウトパターンを選びましょう。

10-3 ECサイトへリンクするページ のHTMLを書いてみよう

続いて、2ページ構成のオンラインショップページの2ページ目となる、商品詳細ページを作成します。詳細ページでは商品の詳細情報と、Amazonへのリンク（購入）ボタンを設置し外部のECサイトと接続します。

1 商品詳細ページの文書構造を確認する

まずは文書構造を確認します。ページタイトルやサイドバーの構造は一覧ページと同じです。メインコンテンツとなる詳細エリアとその下におすすめ商品を掲載するRECOMMENDEDエリアを配置します。

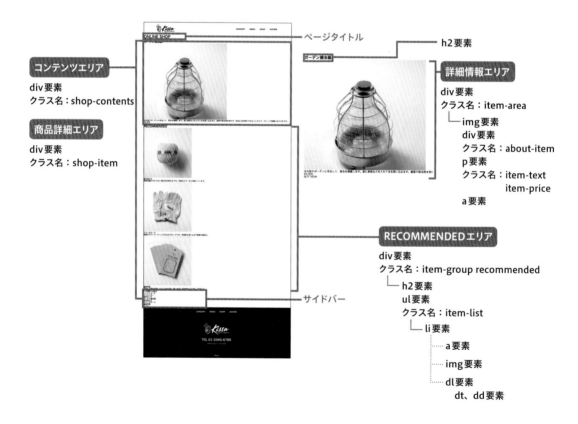

コンテンツエリア
div要素
クラス名：shop-contents

商品詳細エリア
div要素
クラス名：shop-item

ページタイトル

h2要素

詳細情報エリア
div要素
クラス名：item-area
└ img要素
　 div要素
　 クラス名：about-item
　 p要素
　 クラス名：item-text
　　　　　 item-price
　 a要素

RECOMMENDEDエリア
div要素
クラス名：item-group recommended
└ h2要素
　 ul要素
　 クラス名：item-list
　 └ li要素
　　 ┊⋯ a要素
　　 ┊⋯ img要素
　　 ┊⋯ dl要素
　　　　　 dt、dd要素

サイドバー

310

2 shop-detail.htmlを用意する

STEP 1 shop-detail.htmlを開く

ダウンロードした学習ファイルの「学習素材」>「html」フォルダに収録した「shop-detail.html」を作業フォルダ「kissa」に移動して、VS Codeで開きます。大枠のレイアウトやRECOMMENDEDエリアがあらかじめ記述されています。

商品詳細ページは一覧ページと同じレイアウトなので、ここではあらかじめ途中まで記述済みのHTMLファイルを使用します。RECOMMENDEDエリアは一覧ページと同様のコードで商品が3つ記述されています。

ブラウザで確認し、「誘引麻ひも」「ラバーグローブ」「種保存袋」の3つの商品が表示されていればOKです。

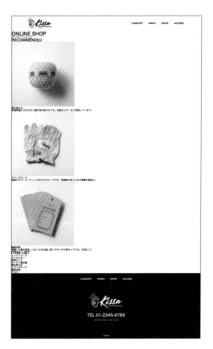

3 商品詳細エリアを作成する

**見出しと詳細エリアの大枠を
入力する**

48行目にあらかじめ空白行を用意してある
ので、そこから記述をはじめます。まずは、
h2要素とdiv要素を入力します。h2要素に
は商品名の「ガーデン捕虫器」と入力し、
div要素にはclass属性で「item-area」とい
う名前をつけます。このdiv要素が商品の詳
細情報を入力するボックスとなります。

```
<div class="shop-contents">
  <div class="shop-item">
    <h2>ガーデン捕虫器</h2>
    <div class="item-area"></div>
    <div class="item-group recommended">
```

見出しが追加されました。

商品画像を入力する

続いて、メイン商品の画像を入力します。
div要素の中にimg要素を設置し、画像のパ
スとalt属性を入力します。

```
<img src="./images/shop/img-item04-large.jpg" alt="ガーデン捕虫器の画像">
```

メイン商品の画像が入力されました。とても
大きく表示されていますが、CSSで調整す
るので問題ありません。

STEP 3

商品の詳細情報エリアを作成する

続いて、商品の詳細情報を入力するエリアを
作成します。img要素の下にdiv要素を入力
し、class属性で「about-item」という名前
をつけます。

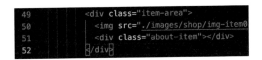

```html
<div class="about-item"></div>
```

STEP 4

商品の説明文と価格を入力する

p要素を2つ入力し、説明文と商品価格を入
力します。説明文のp要素には「item-text」、
価格のp要素には「item-price」というクラ
ス名を入力します。

```html
<p class="item-text">木の枝やガーデ
ンに吊るして、害虫を捕獲します。底に果実な
どを入れて虫を誘い込みます。農薬や殺虫剤を
使わず、安全に虫対策ができることからオーガ
ニック菜園におすすめです。</p>
<p class="item-price">¥3,300</p>
```

画像の下に、説明文と価格が入力されました。

STEP 5

購入ボタンを作成する

最後に、p要素の下に購入ボタンを設置しま
す。a要素を使用して「BUY NOW」という
テキストを入力します。外部のECサイトへ
飛ばすため、リンク先が別タブで開くよう
target属性で「_blank」を指定します。リ
ンク先はここではAmazonの商品ページ
「https://www.amazon.co.jp/dp/47741
90640/」とします。

```html
<a href="https://www.amazon.co.jp/dp/4774190640/" target="_blank">BUY NOW</a>
```

「BUY NOW」という文字列が追加されました。クリックして、ブラウザの別タブでAmazonの商品ページが表示されることを確認しましょう。

これで商品詳細ページのHTMLも完成となります。

note

実在するサンプルECサイトを用意していないため、今回の学習ではAmazonの書籍購入ページにリンクを張っています。このように、ECサイトを自前で用意せず、Amazonや楽天、BASE、Shopifyなどで別途用意したECサイトのページへリンクして飛ばすという方法は、実務でもよく使用します。

学習ポイント

外部サイトへのリンクは別タブで開く

a要素のtarget属性はリンクをどのように開くかを制御する属性です。リンクは何も指定をしないと同じタブでページが遷移しますが、「_blank」を指定することで別タブで開くことができます。

外部サイトへリンクを張る場合には、「_blank」を指定して、元のサイトとリンク先のサイトを別々に表示するよう設定することが多いです。

10-4 2カラムレイアウトのCSSを書いてみよう

HTMLの次は、CSSでオンラインショップページの見た目を整えていきます。フレックスボックスやグリッドなど、これまでに学習したプロパティを使いながらレイアウトを作成してみましょう。

1 2カラムレイアウトページのスタイリングを確認する

まずは2つのページの完成形を確認します。商品一覧ページ、商品詳細ページとも、まずは上部にタイトルエリアが表示されます。他のページと違い、ここでは背景画像は使用しません。続いて左側にサイドバーが配置され、右側にメインコンテンツエリアが配置されます。この左右の配置にはフレックスボックスを使います。メインコンテンツエリアには、

複数の商品が横並びに配置されていますが、こちらはグリッドを使用します。

詳細ページには大きな商品画像と、商品の情報、購入ボタンなどが配置されます。これらのレイアウトも、これまでに学習したプロパティを組み合わせることで実装が可能です。

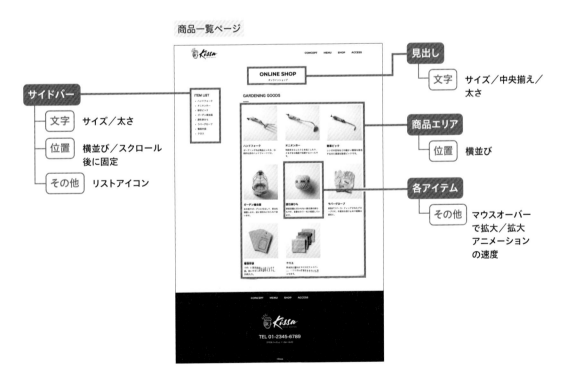

商品詳細ページ

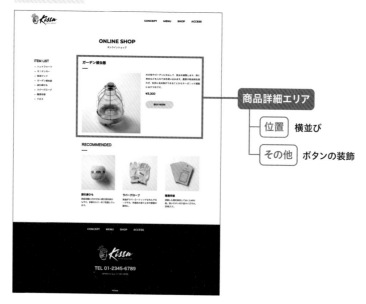

商品詳細エリア

位置 | 横並び

その他 | ボタンの装飾

2 CSSファイルを作成する

これまでと同じように、まずはオンラインショップページ専用のCSSファイルを作成します。
今回は一覧と詳細、2つのページのレイアウトを1枚のCSSファイルで制作します。

STEP 1

CSSファイルを新規作成する

VS Codeの［ファイル］メニューから［新規ファイル］を作成し、「shop.css」という名前で作業フォルダ内の「css」フォルダに保存します。

STEP 2

文字コードを記述する

これまで制作したCSSファイルと同様に、冒頭に文字コードを記述します。

```
@charset "utf-8";
```

3 ページタイトルエリアを作成する

まずはページタイトルエリアのスタイリングからはじめます。

 STEP 1

ページタイトルを中央に配置する

ページタイトルエリアは、他のページと違って背景画像がありませんが、基本のレイアウトは他のページと同じくフレックスボックスを使用します。「title」というクラス名をセレクタにして、フレックスボックス関連の3つのプロパティを入力します。

```css
.title {
  display: flex;
  flex-direction: column;
  align-items: center;
}
```

shop.htmlをブラウザでプレビューし、大見出しが左右中央に配置されたことを確認します。

 STEP 2

上部に余白を作る

marginプロパティでヘッダーとのあいだに余白を作ります。

```css
.title {
  display: flex;
  flex-direction: column;
  align-items: center;
  margin-top: 60px;
}
```

タイトルとサブタイトルの
スタイルを複製する

タイトルとサブタイトルのスタ
イルは、CONCEPTページの
ものがそのまま流用できます。
concept.cssを開き、17〜26
行目をコピーしたら、shop.css
の10行目にペーストします。

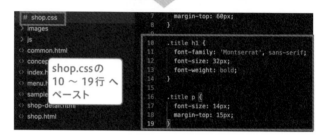

これでページタイトルエリアの
スタイリングは完成です。

ONLINE SHOP
オンラインショップ

4　コンテンツエリア全体のスタイルを指定する

続いて、コンテンツエリア全体のスタイリングを進めます。

エリア全体の幅と配置を指定する

まずは、全体を包むdiv要素のクラス名
「shop-contents」をセレクタにして、エリ
ア全体の幅と配置を指定します。1080pxの
幅でブラウザ中央に配置し、上部に75pxの
余白を作成します。ブラウザが狭くなっても
左右に余白ができるよう、最大幅は90%に
します。

```
21    .shop-contents {
22        width: 1080px;
23        max-width: 90%;
24        margin-top: 75px;
25        margin-left: auto;
26        margin-right: auto;
27    }
```

```
.shop-contents {
  width: 1080px;
  max-width: 90%;
  margin-top: 75px;
  margin-left: auto;
  margin-right: auto;
}
```

STEP 2 メインコンテンツエリアと サイドバーを横並びにする

displayプロパティで「flex」を指定し、子要素であるメインコンテンツエリアとサイドバーを横並びにします。要素の配置は左右の端に配置されるようjustify-contentプロパティで「space-between」を指定します。

```
.shop-contents {
  ... (略) ...
  margin-right: auto;
  display: flex;
  justify-content: space-between;
}
```

右側にサイドバーが表示されました。

STEP 3 左右の並びを逆にする

サイドバーを左に配置したいので、フレックスボックスの方向を逆にします。flex-directionプロパティで「row-reverse」を指定し、右から左に要素が並ぶように変更します。

```
.shop-contents {
  ... (略) ...
  justify-content: space-between;
  flex-direction: row-reverse;
}
```

サイドバーが左、メインコンテンツエリアが右に配置されました。

5　メインコンテンツエリアをスタイリングする

大枠のレイアウトができたらメインコンテンツエリアのスタイリングを進めます。

STEP 1　メインコンテンツエリアの幅を指定する

メインコンテンツエリアの指定にはクラス名「shop-item」をセレクタにします。まず、ブラウザの幅に応じてエリアが拡大するように、flex-growプロパティに「1」を指定します。ただし、大きくなりすぎないよう最大値を指定しておきます。max-widthプロパティで最大幅を「765px」に指定します。

```
.shop-item {
  flex-grow: 1;
  max-width: 765px;
}
```

メインコンテンツエリアの幅が左に広がりました。

STEP 2　中見出しをスタイリングする

続いてh2要素で入力した中見出しを装飾します。「.shop-item内のh2要素」をセレクタにしてスタイルを指定します。スタイルはconcept.cssの58 〜 60行目をコピーして流用します。そして、疑似要素「::after」で下線をつけます。疑似要素のスタイルは、同じくconcept.cssの64 〜 69行目のスタイルを複製します。ここでコピーするのはスタイルだけで、セレクタはコピーしないように注意してください。

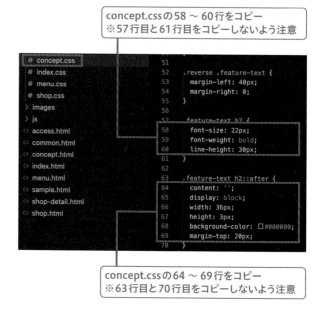

concept.cssの58 〜 60行をコピー
※57行目と61行目をコピーしないよう注意

concept.cssの64 〜 69行をコピー
※63行目と70行目をコピーしないよう注意

```
.shop-item h2 {
  font-size: 22px;
  font-weight: bold;
  line-height: 30px;
}

.shop-item h2::after {
  content: '';
  display: block;
  width: 36px;
  height: 3px;
  background-color: #000000;
  margin-top: 20px;
}
```

中見出しがスタイリングされました。

STEP 3 グリッドを使用する準備をする

次に、各商品を横並びに配置するため、グリッドを使用する準備をします。まずはul要素につけたクラス名「item-list」をセレクタにして、中見出しとのあいだに25pxの余白を空けます。そして、displayプロパティで「grid」を指定しましょう。

```
.item-list {
  margin-top: 25px;
  display: grid;
}
```

中見出しの下に余白ができました。

STEP 4 グリッドの大きさと余白を指定する

続いて、グリッドの大きさや余白を指定します。グリッドの列は220pxで繰り返し、列のあいだの余白は50px、行間の余白は40pxにします。

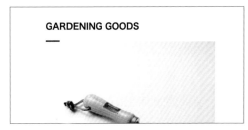

```
.item-list {
  margin-top: 25px;
  display: grid;
  grid-template-columns: repeat
  (auto-fit, 220px);
  column-gap: 50px;
  row-gap: 40px;
}
```

一気にレイアウトができあがってきました。

6 各商品の中身をスタイリングする

続いて、各商品の中身をスタイリングしていきます。

STEP 1 a要素全体をリンクエリアにする

「.item-list内のa要素」をセレクタにして、
displayプロパティに「block」を指定します。
こうすることでa要素全体がリンクエリアに
なります。

```
.item-list a {
  display: block;
}
```

ブラウでの見た目上は変化はありません。

```
60   .item-list a {
61       display: block;
62   }
```

この指定をしなくても Chrome では要素全体がリン
クエリアになっていますが、これはブラウザがうまく
解釈してくれているだけなので、「block」を指定して、
どんな環境でも正しくリンクエリアになるようにして
おきましょう。

STEP 2 マウスを置いたときに拡大するようにする

画像をクリックすると詳細ページに移動しま
すが、このままではリンクであることがわか
りにくいので、マウスを置いたときに要素が
拡大されるようにします。
擬似クラス「:hover」を指定し、transform
プロパティで「scale(1.05)」を指定します。
これで「マウスを置いたときに1.05倍に拡
大する」という指定になります。

```
.item-list a:hover {
  transform: scale(1.05);
}
```

```
64   .item-list a:hover {
65       transform: scale(1.05);
66   }
```

マウスを置いたときに色が変わったり、動きのついて
いるボタンをよく目にしますが、これは人の認知に関
係があります。私たち人間の目は動くものに視線がい
くようにできているため、ウェブサイトにおいて特に
重要な要素である「リンク」には、ユーザーのアクショ
ンに応じて変化があるようにすると、注意を促すこと
ができ見落としにくくなります。こういった面でも「使
いやすさ」に配慮することは、ウェブデザインにおい
て大切な考え方です。

322

マウスを置いたアイテムだけが少し大きくなるのを確認しましょう。

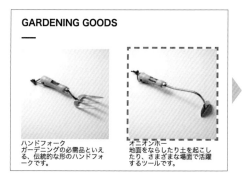
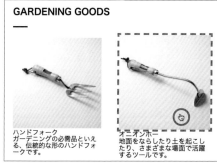

STEP 3

拡大の動きをスムーズにする

拡大するようになったもののマウスを置いた瞬間に変化し、カクカクした動きになっているため、スムーズな動きになるよう調整します。「.item-list a」にtransition-durationプロパティで「0.2s」を指定します。transition-durationプロパティは、要素の変化が開始してから完了するまでの時間を指定するプロパティです。この場合、「拡大が開始してから完了するまで0.2秒」という指定になります。

```
.item-list a {
  display: block;
  transition-duration: 0.2s;
}
```

拡大する動きがスムーズになったことを確認しましょう。

CSSプロパティ

transition-duration

要素の変化が開始してから完了するまでの時間を指定する。
【書式】transition-duration: 数値と単位
【値】 （単位）s、ms

```
60   .item-list a {
61     display: block;
62     transition-duration: 0.2s;
63   }
64
```

10

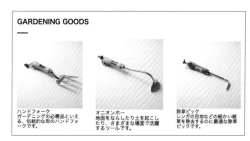

じわりと拡大するようになった

STEP 4

テキストのスタイルを
トップページから流用する

次に各アイテム内のテキストをスタイリングします。テキストのスタイルはトップページのRECOMMENDEDエリアから流用します。index.cssを開き、107〜119行目をコピーし、shop.cssの69行目にペーストします。

```
# index.css               106
# menu.css                107    .item-list dl {
# shop.css                108        margin-top: 20px;
                          109    }
> images                  110
> js                      111    .item-list dt {
<> common.html            112        font-weight: bold;
<> concept.html           113    }
<> index.html             114
<> menu.html              115    .item-list dd {
<> sample.html            116        font-size: 13px;
<> shop-detail.html       117        line-height: 20px;
<> shop.html              118        margin-top: 10px;
                          119    }
                          120
```

index.cssの107～119行を
コピー

```
# shop.css                64
> images                  65    .item-list a:hover {
> js                       66        transform: scale(1.05)
                           67    }
<> common.html             68
<> concept.html            69    .item-list dl {
<> index.html              70        margin-top: 20px;
<> menu.html               71    }
<> sample.html             72
<> shop-detail.html        73    .item-list dt {
<> shop.html               74        font-weight: bold;
                           75    }
                           76
                           77    .item-list dd {
                           78        font-size: 13px;
                           79        line-height: 20px;
                           80        margin-top: 10px;
                           81    }
```

shop.cssの69～81行へ
ペースト

アイテム内のテキストがスタイリングされました。これでメインコンテンツエリアは完成です。

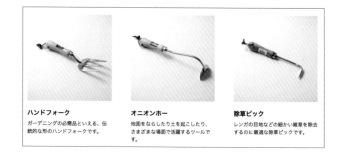

ハンドフォーク
ガーデニングの必需品といえる、伝統的な形のハンドフォークです。

オニオンホー
地面をならしたり土を起こしたり、さまざまな場面で活躍するツールです。

除草ピック
レンガの目地などの細かい雑草を除去するのに最適な除草ピックです。

7　サイドバーをスタイリングする

続いてサイドバーのスタイリングを進めます。

STEP 1 サイドバーの縮小率と余白を指定する

aside要素につけてあるクラス名「shop-menu」をセレクタにして、サイドバーのスタイリングを進めます。まず縮小率と余白を指定します。ブラウザの幅が狭くなっても、サイドバーは縮小せずに、大きさを保ったままにしたいので、flex-shrinkプロパティに「0」を指定します。そして、右側に60pxの余白を作り、メインコンテンツエリアとの間隔を保つようにします。

```
83    .shop-menu {
84        flex-shrink: 0;
85        margin-right: 60px;
86    }
```

324

```
.shop-menu {
  flex-shrink: 0;
  margin-right: 60px;
}
```

ブラウザの幅を縮めて、サイドバーの幅と右
側の余白が保たれることを確認します。

10

STEP 2

スクロールしてもサイドバーが
上部に留まるようにする

画面をスクロールしていくと、当然サイド
バーも一緒にスクロールしていきますが、ブ
ラウザの上部まで来たときにスクロールせず
留まるようにします。「.shop-menu」の中に
あるdiv要素「.shop-menu-inner」をセレク
タにして、positionプロパティで「sticky」を
指定します。こうすることで、指定の位置ま
でスクロールしたときに、要素がスクロール
に追従せず留まるようにできます。位置の指
定は他のpositionの値と同様に、top、left、
right、bottomなどのプロパティで指定しま
す。上部から30pxの位置に固定しましょう。

ページのスクロールにあわ
せてメニューも移動

ページの上部まできたら
位置を留める

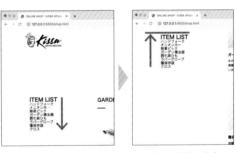

```
.shop-menu-inner {
  position: sticky;
  top: 30px;
  left: 0;
  right: 0;
}
```

ページをスクロールしても、サイドバーだけ
は追従せず、上から30pxの位置に留まるよ
うになりました。

中見出しをスタイリングする

続いて、サイドバーの中身をスタイリングし
ます。まずは中見出しです。「.shop-menu-
inner内のh2要素」をセレクタにして、テキ
ストのスタイルを入力します。

```
.shop-menu-inner h2 {
  font-size: 18px;
  font-weight: bold;
}
```

「ITEM LIST」という中見出しのスタイルが
変更されました。

```
95    .shop-menu-inner h2 {
96      font-size: 18px;
97      font-weight: bold;
98    }
```

ITEM LIST
ハンドフォーク
オニオンホー
除草ピック
ガーデン捕虫器
誘引麻ひも
ラバーグローブ
種保存袋
クロス

リストのスタイルを指定する

続いてul要素のスタイルを指定します。
「.shop-menu-inner内のul要素」をセレク
タにして、list-style-typeプロパティで行頭
アイコンを「disc」に指定し、marginプロ
パティで余白を調整します。

```
.shop-menu-inner ul {
  list-style-type: disc;
  margin-top: 20px;
  margin-left: 20px;
}
```

CSS プロパティ

list-style-type

リスト項目の行頭アイコンの形状を指定する。
【書式】list-style-type: キーワード
【値】 none、disc、circle、square、
decimal、upper-roman、lower-roman
など

```
100    .shop-menu-inner ul {
101      list-style: disc;
102      margin-top: 20px;
103      margin-left: 20px;
104    }
```

リストの行頭にアイコンが表示され、それに
合わせて余白も調整されました。

ITEM LIST

- ハンドフォーク
- オニオンホー
- 除草ピック
- ガーデン捕虫器
- 誘引麻ひも
- ラバーグローブ
- 種保存袋
- クロス

STEP 5 リストの項目のスタイルを調整する

リストの各項目のスタイルを調整します。
「.shop-menu-inner内のli要素」をセレクタ
にして、文字サイズと上部の余白を指定します。

```
106  .shop-menu-inner li {
107    font-size: 14px;
108    margin-top: 15px;
109  }
```

```
.shop-menu-inner li {
  font-size: 14px;
  margin-top: 15px;
}
```

文字サイズと余白が調整されました。これで
サイドバーのスタイリングは完了です。

フッター上部の余白が調整できていませんが、
商品詳細ページの完成後に行いますので、商
品一覧ページはこれで一旦完成となります。

ITEM LIST

- ハンドフォーク
- オニオンホー
- 除草ピック
- ガーデン捕虫器
- 誘引麻ひも
- ラバーグローブ
- 種保存袋
- クロス

学習ポイント

リストの行頭アイコンを指定する

リスト項目の行頭には、デフォルトでは黒い丸
(disc) が表示されますが、このアイコンはCSS
で変更することが可能です。アイコンの種類は、
中空円 (circle)、四角 (square) などいくつか
の記号が用意されています。

また、順序付きリスト (ol要素) では、1から始
まる数値 (decimal)、ローマ数字 (upper-roman、
lower-roman) や漢数字 (cjk-ideographic)、日
本語のひらがな(hiragana)、カタカナ(katakana)
などを指定することもできます。

• disc	○ circle	▪ square	1. decimal	I. upper-roman	i. lower-roman	一、cjk-ideographic	あ、hiragana	ア、katakana
• disc	○ circle	▪ square	2. decimal	II. upper-roman	ii. lower-roman	二、cjk-ideographic	い、hiragana	イ、katakana
• disc	○ circle	▪ square	3. decimal	III. upper-roman	iii. lower-roman	三、cjk-ideographic	う、hiragana	ウ、katakana

8 商品詳細ページをスタイリングする

続いて商品詳細ページのスタイリングを進めていきます。

STEP 1 商品詳細ページの表示を確認する

shop-detail.htmlを開き、ブラウザでプレビューしてみましょう。

商品一覧ページと共通する部分が多いため、メインの商品の箇所以外はすでにスタイリングされた状態で表示されています。

STEP 2 画像と詳細情報を横並びにする

商品の画像と詳細情報を包んでいるdiv要素「.item-area」をセレクタにして、スタイルを記述していきます。まずは上部に20pxの余白を作り、次にdisplayプロパティで「flex」を指定して子要素を横並びにします。

```
.item-area {
  margin-top: 20px;
  display: flex;
}
```

商品画像と、詳細情報のテキストが横並びになりました。

STEP 3 商品画像の大きさを指定する

続いて、商品画像の大きさを指定します。

```
116    .item-area img {
117      width: 50%;
118      max-width: 380px;
119    }
```

328

「.item-area内のimg要素」をセレクタにして、幅を「50%」、最大幅を「380px」に指定します。

```
.item-area img {
  width: 50%;
  max-width: 380px;
}
```

画像の大きさが調整されました。

STEP 4　商品説明エリアの余白を調整する

画像と商品説明エリアがくっついているので、あいだに余白を作ります。div要素「.about-item」をセレクタにして、左側に30pxの余白を指定します。

```
.about-item {
  margin-left: 30px;
}
```

画像と商品説明エリアのあいだに余白ができました。

STEP 5　商品説明文と商品価格のスタイルを指定する

商品の説明文と商品価格のスタイルを指定します。説明文はp要素「.item-text」に、商品価格はp要素の「.item-price」をセレクタにして、それぞれ指定を入力します。

```
125    .about-item .item-text {
126      font-size: 14px;
127      line-height: 26px;
128    }
129
130    .about-item .item-price {
131      font-weight: bold;
132      margin-top: 20px;
133    }
```

```
.about-item .item-text {
  font-size: 14px;
  line-height: 26px;
}

.about-item .item-price {
  font-weight: bold;
  margin-top: 20px;
}
```

テキストのスタイルが調整されました。

STEP 6 ボタンのスタイルを
トップページから流用する

続いて「BUY NOW」ボタンを作成します。「.about-item 内の a 要素」をセレクタにして、
スタイルを記述します。スタイルは index.css の 52 〜 58 行目をコピーして流用します。
そして、疑似クラス「:hover」でマウスを置いたときのスタイルを指定します。疑似クラ
スのスタイルも、同じく index.css の 62 行目のスタイルを複製します。ここでもコピー
するのはスタイルだけで、セレクタはコピーしないように注意してください。

```
# index.css          50
# menu.css           51      .link-button {
# shop.css           52          background-color: #f4dd64;
> images             53          display: inline-block;
> js                 54          min-width: 180px;
<> common.html       55          line-height: 48px;
<> concept.html      56          border-radius: 24px;
<> index.html        57          font-family: 'Montserrat', sans-serif;
<> menu.html         58          font-size: 14px;
<> sample.html       59      }
<> shop-detail.html  60
<> shop.html         61      .link-button:hover {
                     62          background-color: #d8b500;
                     63      }
```

index.css の
52 〜 58 行をコピー
※ 51 行目と 59 行目をコ
ピーしないよう注意

index.css の
62 行をコピー
※ 61 行目と 63 行目をコ
ピーしないよう注意

```
.about-item a {
  background-color: #f4dd64;
  display: inline-block;
  min-width: 180px;
  line-height: 48px;
  border-radius: 24px;
  font-family: 'Montserrat', sans-serif;
  font-size: 14px;
}

.about-item a:hover {
  background-color: #d8b500;
}
```

コピーした index.css の 52 〜 58 行を、
shop.css の 136 〜 142 行にペースト

```
131         font-weight: bold;
132         margin-top: 20px;
133     }
134
135     .about-item a {
136         background-color: #f4dd64;
137         display: inline-block;
138         min-width: 180px;
139         line-height: 48px;
140         border-radius: 24px;
141         font-family: 'Montserrat', sans-serif;
142         font-size: 14px;
143     }
144
145     .about-item a:hover {
146         background-color: #d8b500;
147     }
```

コピーした index.css の 62 行を、
shop.css の 146 行にペースト

a要素の表示が変更されました。

STEP 7 ボタンのスタイルを調整する

流用したスタイルのままでは表示が崩れているのでスタイルを調整します。テキストの揃えを中央揃えにし、上部に35pxの余白を作ります。

```
140    border-radius: 24px;
141    font-family: 'Montserrat', sans-serif;
142    font-size: 14px;
143    text-align: center;
144    margin-top: 35px;
145  }
146
```

```css
.about-item a {
  ... (略) ...
  font-size: 14px;
  text-align: center;
  margin-top: 35px;
}
```

ボタンのスタイルが完成しました。

9 コンテンツ間の余白を調整する

最後に余白を調整します。

STEP 1 RECOMMENDEDエリアの余白を調整する

まずはRECOMMENDEDエリアの上部の余白を調整します。クラス名「recommended」をセレクタにして上部に60pxの余白を作ります。

```
151    .recommended {
152      margin-top: 60px;
153    }
```

```css
.recommended {
  margin-top: 60px;
}
```

RECOMMENDEDエリアの上部に余白ができました。

フッターの余白を調整する

最後にフッターの上部に100pxの余白を指定します。

```
.footer {
  margin-top: 100px;
}
```

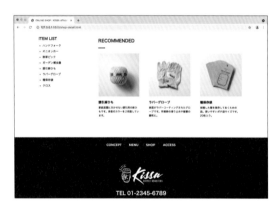

フッター上部の余白が調整されました。shop.htmlも確認しましょう。
これでPC版のスタイリングは完成です。

10-5 2カラムレイアウトのモバイル用CSSを書いてみよう

続いてモバイル用のCSSを記述します。デベロッパーツールで表示を確認し、モバイル表示用に最適化していきます。

1 モバイル用レイアウトのデザインカンプを確認する

モバイルでは表示幅が狭く2カラムレイアウトは使いにくいため、サイドバーを下部に移動し縦並びのレイアウトに変更します。サイドバーにはグレーの背景を敷いて、コンテンツエリアとの境界を明確にします。そして、3列で並んでいた商品もモバイルで表示するには窮屈なため、2列表示にします。こ

れらは、商品一覧、商品詳細ページ共通の要素のため、一度の指定で両方のページに適用されます。また、商品詳細ページでは、画像と商品説明の並び順を変えて、ボタンもモバイル用に押しやすいサイズに変更します。

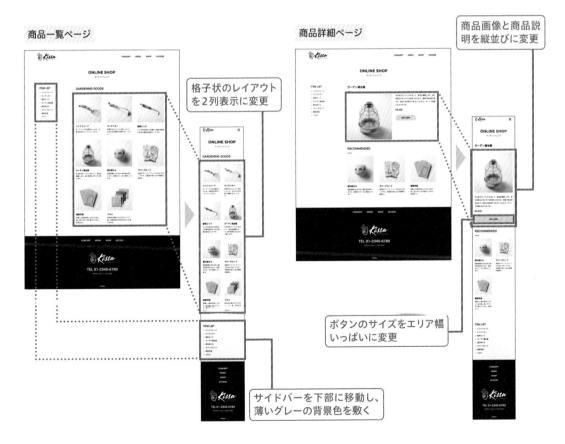

商品一覧ページ

商品詳細ページ

格子状のレイアウトを2列表示に変更

商品画像と商品説明を縦並びに変更

ボタンのサイズをエリア幅いっぱいに変更

サイドバーを下部に移動し、薄いグレーの背景色を敷く

2 デベロッパーツールで表示を確認する

デベロッパーツールを起動し、Chromeをレスポンシブモードに切り替え、まずは商品一覧ページの表示を確認します。

サイドバーが左にはみ出してレイアウトが崩れています。

3 エリア全体のレイアウトを調整する

まずは全体のレイアウトをモバイル用に作り変えていきます。

STEP
1 ### メディアクエリを記述する

これまでのモバイル対応と同様にメディアクエリを記述しましょう。.footerへの指定の下に入力します。

```
@media (max-width: 800px) {}
```

```
155    .footer {
156      margin-top: 100px;
157    }
158
159    @media (max-width: 800px) {}
```

STEP
2 ### 子要素の横並びを解除する

まずは、「.shop-contents」にdisplayプロパティで「block」を指定し、子要素の横並びを解除します。

```
@media (max-width: 800px) {
  .shop-contents {
    display: block;
  }
}
```

```
159    @media (max-width: 800px) {
160      .shop-contents {
161        display: block;
162      }
163    }
```

サイドバーが見えなくなりました。
スクロールして、サイドバーがメイン
コンテンツエリアの下部に移動してい
ることを確認します。

STEP 3

全体の幅と余白を調整する

エリア全体にmax-width90%の指定がされ
ていますが、これを100%にします。そして、
上部の余白を60pxに変更します。

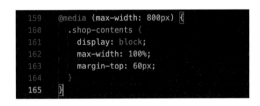

```
@media (max-width: 800px) {
  .shop-contents {
    display: block;
    max-width: 100%;
    margin-top: 60px;
  }
}
```

左側の余白がなくなりました。

note

左右の余白をなくして幅いっぱいにしたのは、サイドバーの
装飾で背景色を幅いっぱいに敷く際に必要となるためです。
一方、メインコンテンツエリアでは左右の余白が必要になる
ので、この次の工程で作成します。

4　メインコンテンツエリアの表示を調整する

続いて、商品リストが並ぶメインコンテンツエリアの
表示を調整します。

note

同じスタイルを指定している商品詳細ページの
RECOMMENDEDエリアも変更されます。

メインコンテンツエリアのサイズと配置を指定する

「.shop-item」をセレクタにして、エリアの幅と配置を調整します。最大幅を540pxに指定し中央に配置、左右の内側に20pxずつの余白を指定します。

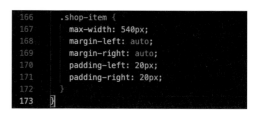

```
166    .shop-item {
167      max-width: 540px;
168      margin-left: auto;
169      margin-right: auto;
170      padding-left: 20px;
171      padding-right: 20px;
172    }
173  }
```

```
.shop-item {
  max-width: 540px;
  margin-left: auto;
  margin-right: auto;
  padding-left: 20px;
  padding-right: 20px;
}
```

左側に余白ができました。

グリッドの値を変更する

次に、セレクタ「.item-list 」に指定されているグリッドの値を変更します。grid-template-columnsプロパティで「repeat(2, 1fr);」を指定し、2分の1の幅で列が作られるようにします。そして、column-gapプロパティで列の間隔を「35px」に指定します。

```
174    .item-list {
175      grid-template-columns: repeat(2, 1fr);
176      column-gap: 35px;
177    }
178  }
```

```
.item-list {
  grid-template-columns: repeat(2, 1fr);
  column-gap: 35px;
}
```

商品が2列で表示されました。これでメインコンテンツエリアの調整は完了です。

5　サイドバーの表示を調整する

次にサイドバーの表示を調整します。

note

同じスタイルを指定している商品詳細ページのサイドバーも変更されます。

10

STEP 1 サイドバー全体のスタイルを調整する

まずはサイドバー全体の表示を調整します。メインコンテンツエリアとの差別化をするために、背景を薄いグレーにします。aside要素の「.shop-menu」をセレクタにして、background-colorプロパティで「f8f8f8」を指定し、さらにmarginとpaddingで余白を調整します。

```
.shop-menu {
  background-color: #f8f8f8;
  padding-top: 50px;
  padding-bottom: 50px;
  margin-top: 60px;
  margin-right: 0;
}
```

サイドバーの背景に薄いグレーが敷かれました。

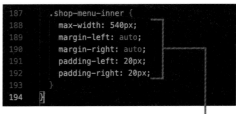

STEP 2 サイドバー内側のボックスのサイズを調整する

サイドバー内側のボックス「.shop-menu-inner」のサイズを調整します。「.shop-item」に指定したスタイルと同じなので、167〜171行目をコピーしてペーストします。

```
.shop-menu-inner {
  max-width: 540px;
  margin-left: auto;
  margin-right: auto;
  padding-left: 20px;
  padding-right: 20px;
}
```

これでサイドバーの調整も完了です。フッターとのあいだに余白がありますが、これは詳細ページのスタイル調整と併せて行うので、一覧ページは一旦これで完成となります。

左ページのSTEP.1のスタイルのみコピーしてペースト

6 商品詳細ページのレイアウトを調整する

次に、商品詳細ページのレイアウトを調整していきます。shop-detail.htmlを開き、Chromeのデベロッパーツールで確認してみましょう。下までスクロールしていくと、商品一覧ページで指定したスタイルにより、RECOMMENDEDエリアとサイドバーのレイアウトがすでに変更されていることがわかります。

しかし商品詳細エリアでは商品画像が半分の幅に押し込められ、縦に伸びて表示されています。これらを調整していきます。

STEP 1 子要素の横並びを解除する

「.item-area」のdisplayプロパティに「block」を指定し、子要素の横並びを解除します。

```
.item-area {
  display: block;
  }
}
```

要素が縦並びになりました。

STEP 2 画像のサイズを調整する

商品画像が幅いっぱいに広がるようにしましょう。「.item-area img」にwidthとmax-widthプロパティでどちらも「100%」を指定します。

338

```
    .item-area img {
      width: 100%;
      max-width: 100%;
    }
  }
```

商品画像が幅いっぱいに表示されました。

STEP 3 商品説明エリアの配置を調整する

商品説明エリア「.about-item」の余白を調整し、配置を整えます。

```
    .about-item {
      margin-top: 20px;
      margin-left: 0;
    }
  }
```

商品説明エリアの配置が調整されました。

STEP 4 購入ボタンの幅を調整する

購入ボタンの幅を変更し、エリア全体に広がるようにします。widthプロパティに「100%」を指定しましょう。

```
    .about-item a {
      width: 100%;
    }
  }
```

note

スマートフォンなど指先で操作する端末では、ボタン類を操いやすいサイズにすることが大切です。ここではエリア全体の幅に広げることで押しやすいボタンを作成します。

ボタンの幅が広がりました。

7　フッターの余白を調整する

最後にサイドバーとフッターのあいだの余白を調整します。

「.footer」をセレクタに、marginプロパティで上部の余白を「0」にします。

```
.footer {
  margin-top: 0;
}
}
```

サイドバーとフッターのあいだの余白がなくなりました。shop.htmlページも確認しましょう。
これでモバイル版のレイアウトも完了し、オンラインショップページは完成となります。

## Chapter 11

Google マップ付きの問い合わせページを制作する

サンプルサイトの制作もいよいよ大詰めです。この章では、問い合わせページを制作しながら、Google マップの埋め込みや、問い合わせフォームの作成方法を学びます。どちらも実際のウェブサイト制作では欠かせない要素なので、しっかり身につけておきましょう。

11-1 問い合わせページ制作で学ぶこと

この章では問い合わせページを作成しながら、Googleマップの埋め込みや問い合わせフォームの作成方法を学びます。このページがいよいよ最後の制作ページとなります。最後まで集中して完成を目指しましょう。

1 問い合わせページ制作で学べるHTML&CSS

11章で作成するのは、アクセスマップと問い合わせフォームが掲載されたページです。業種にもよりますが、地図や問い合わせフォームは、ユーザーからの問い合わせや会社・店舗への来店など、ウェブサイトが具体的なコンバージョンを得るために重要な役割を果たします。しっかり作成方法を覚えて、より実務的なウェブサイトを制作できるようになりましょう。

問い合わせページの
デザインカンプ

ページタイトル

アクセスマップ

問い合わせフォーム

学べるHTML
- iframe要素を使ったGoogle マップの埋め込み
- 問い合わせフォームの作成

学べるCSS
- フォームパーツのサイズ調整
- マウスオーバー時のカーソルの形状変更

2　Google マップを埋め込むメリット

■ スマホサイトで使いやすい地図

店舗や会社のウェブサイトで、所在地を表示するためにGoogle マップを埋め込んでいるケースがたいへん多くなりました。以前は地図を画像で作成して掲載することも多かったのですが、Google マップの埋め込みが主流になった理由として、実装の方法が簡単でわかりやすいというだけでなく、スマートフォンにおける利便性やGoogleの他サービスとの連携など、さまざまなメリットが挙げられます。

■ 企業やお店の情報と連携することも

皆さんはどこかのお店に行こうとして道に迷ったとき、どのような行動をとるでしょうか。きっと多くの人がスマートフォンで地図アプリを開くでしょう。地図を使うシチュエーションというのは、出発前に目的地を確認するだけでなく「現地に向かう途中」で使うことも多く、そういったときにもウェブサイトにGoogle マップを埋め込んでおけば、現在地からの経路を表示することができます。これはユーザーにとって非常に嬉しい機能です。

また、Google マイビジネスといって、地図上に表示される店舗の情報欄に、営業時間や写真、顧客からの口コミなどを表示させる機能も充実してきており、こういったことからも、ウェブサイト上の地図表示にGoogle マップを使用するのは、他の手段よりも合理的な選択であるといえます。

3　問い合わせフォームはHTMLだけでは動作しない

11

■ フォームを機能させるにはプログラムが必要

この章で制作する問い合わせフォームは、送信ボタンを押しても実際には何も送信されません。というのも、フォームはHTMLだけでは機能しないからです。

一般的な問い合わせフォームでは、ユーザーが入力した情報がサーバーに送信され、サーバーから管理者へ情報が送られます。今回のサンプルサイトでは、情報の取り次ぎ役であるサーバーへのアップロード機能は制作しないため、何も起こりません。なお、フォームを動作させるにはサーバー側に「CGI」や「PHP」といったプログラムを設置する必要があります。

CGIやPHPのプログラムの設置には、HTMLとはまた別の技術と知識が必要なため、本書では詳しく解説しませんが、このような流れで動いている、ということは把握しておいてください。本書のサンプルでは、HTML側のフォーム作成方法だけを学習します。

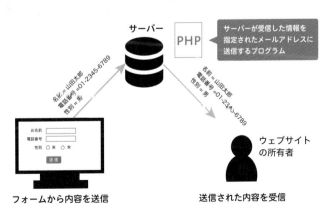

サーバー

PHP

サーバーが受信した情報を指定されたメールアドレスに送信するプログラム

名前＝山田太郎
電話番号＝01-2345-6789
性別＝男

お名前
電話番号
性別　○男　○女
送信

フォームから内容を送信

ウェブサイトの所有者

送信された内容を受信

11-2 問い合わせページの HTMLを書いてみよう

この節では、問い合わせページのHTMLを入力します。フォーム関連のタグは属性を多く使うため一見複雑ですが、内容をきちんと理解すればそれほど難しくありません。ゆっくり焦らず取り組んでいきましょう。

1 問い合わせページの文書構造を確認する

ACCESSページは大きく分けて2つのエリアで構成されます。ページ上部のアクセスマップエリアに はGoogle マップを埋め込んで地図を掲載します。ページ下部には問い合わせフォームが入ります。

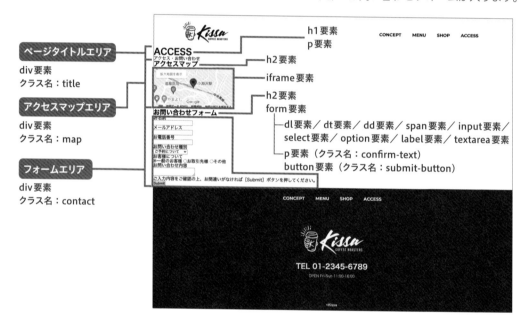

2 access.htmlの基本部分を作成する

STEP 1

common.htmlを複製する

これまでと同じように「common.html」を開いて、VS Codeの［ファイル］メニューから［名前を付けて保存...］を選択、「access.html」という名前でkissaフォルダに保存してください。

STEP 2

ページのタイトルと概要文を変更する

タイトルと概要文をページの内容に合わせて変更します。

```
<title>ACCESS | KISSA official website</title>
<meta name="description" content="カフェ「KISSA」のアクセスマップと問い合わせフォームが掲載されたページです。">
```

STEP 3

CSSファイルへのリンクを追加する

続いてCSSファイルへのリンクを記述します。access.htmlのスタイルは「access.css」というCSSファイルに記述します。これまでと同じく、link要素でCSSへのパスを追加しておきます。

```
<script src="./js/toggle-menu.js"></script>
<link href="./css/common.css" rel="stylesheet">
<link href="./css/access.css" rel="stylesheet">
```

3 ページタイトルを作成する

11

STEP 1

ページタイトルとサブタイトルを入力する

まずは冒頭のページタイトルエリアを作成します。8章で作成したconcept.htmlと同様に、クラス名「title」のdiv要素の中にh1要素で英語のページタイトル「ACCESS」を、p要素で日本語のサブタイトル「アクセス・お問い合わせ」をそれぞれ入力します。

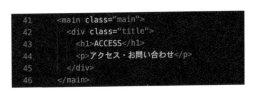

```
<main class="main">
  <div class="title">
    <h1>ACCESS</h1>
    <p>アクセス・お問い合わせ</p>
  </div>
</main>
```

ページタイトルとサブタイトルが入力されました。

4　アクセスマップエリアを作成する

STEP
1 **アクセスマップエリアの外枠を作る**

次にアクセスマップエリアを作成します。ま
ずはdiv要素を作成し、class属性で「map」
という名前をつけます。

```
43        <h1>ACCESS</h1>
44        <p>アクセス・お問い合わせ</p>
45      </div>
46      <div class="map"></div>
47    </main>
```

```
<div class="map"></div>
```

STEP
2 **中見出しを入力する**

作成したdiv要素の中に、h2要素で「アクセ
スマップ」と入力し、中見出しを作成します。

```
46      <div class="map">
47        <h2>アクセスマップ</h2>
48      </div>
49    </main>
```

```
<div class="map">
  <h2>アクセスマップ</h2>
</div>
```

5　Google マップを埋め込む

続いてGoogle マップを埋め込みます。CONCEPT
ページで学んだYouTubeの埋め込み（P.236）と
同じく、iframe要素を使用して埋め込みます。コー
ドを取得して貼り付ける、という基本的な操作方法
は同じです。さっそくGoogle マップにアクセスし
てみましょう。

```
https://www.google.co.jp/maps/
```

STEP
1 **表示エリアを検索する**

Google マップの画面が開いたら左上の
「Google マップを検索する」という検索窓
に「小淵沢駅（こぶちざわえき）」と入力し、
検索を実行します。すると、自動的に小淵沢
駅にピンが立った状態で表示されます。

🅝ote

今回は架空のカフェなので便宜上、小淵沢駅にピン
を立てています。地元の駅や自宅など、お好みの
の場所で進めてもかまいません。

346

<table>
<tr><td>STEP 2</td><td>

地図の「共有」を実行する

検索窓の下にあるメニューから［共有］をクリックします。すると地図の共有用のウィンドウが開きます。［地図を埋め込む］と書かれたタブをクリックします。

</td></tr>
</table>

<table>
<tr><td>STEP 3</td><td>

コードをコピーする

地図の埋め込みメニューが表示されるので［HTMLをコピー］をクリックしてコードをコピーします。

</td></tr>
</table>

<table>
<tr><td>STEP 4</td><td>

埋め込みコードをペーストする

VS Codeの画面に戻り、コピーしたコードをh2要素の下にペーストします。

</td></tr>
</table>

11

```
<div class="map">
  <h2>アクセスマップ</h2>
  <iframe src="https://www.
  google.com/maps/embed?pb=!1m18!
  1m12!1m3!1d3233.3936550277863!2
  d138.3161019!3d35.8638688!2m3!1
  f0!2f0!3f0!3m2!1i1024!2i768!4f1
  3.1!3m3!1m2!1s0x601c6987d64042f
  7%3A0xf6a5d71dff896602!2z5bCP5r
  e15!KiGuoF!5e0!3m2!1sja!2sjp!4v
  1634704228582!5m2!1sja!2sjp"
  width="600" height="450"
  style="border:0;"
  allowfullscreen=""
  loading="lazy"></iframe>
</div>
```

地図が埋め込まれました。

幅と高さの指定を解除する

貼り付けたコードには、width属性とheight属性があらかじめ指定されています。地図の大きさはCSSでコントロールするので、この2つの属性を削除します。

```
<iframe src="https://www.google.
com/maps/
embed?pb=...（略）...!5m2!1sja!2sjp
" width="600" height="450"
style="border:0;"
allowfullscreen=""
loading="lazy"></iframe>
```

地図の表示サイズが小さくなりました。これでアクセスマップの埋め込みは完了です。

6 問い合わせフォームの大枠を作成する

フォームを掲載するエリアを作成する

続いて問い合わせフォームを作成します。まずは設置するエリアを作成します。div要素を作成し、class属性で「contact」という名前をつけます。その中にh2要素を配置し、「お問い合せフォーム」と入力します。

```
<div class="contact">
  <h2>お問い合わせフォーム</h2>
</div>
```

地図の下に見出しが表示されました。

form要素を入力する

次に、h2要素の下にform要素を入力します。form要素はフォーム本体を表す要素で、入力項目などのパーツはこの中に記述します。action属性で「#（ハッシュ）」を指定します。

> **HTMLタグ**
> **\<form\>**
> 入力フォームを表す。
> 【属性】accept-charset、action、autocomplete、enctype、method、name、novalidate、target
> 【終了タグ】必須

```
<div class="contact">
    <h2>お問い合わせフォーム</h2>
    <form action="#"></form>
</div>
```

```
50        <div class="contact">
51            <h2>お問い合わせフォーム</h2>
52            <form action="#"></form>
53        </div>
```

ブラウザでの表示上の変化はありません。

note

action 属性は、通常フォーム送信のためのプログラムファイルにリンクさせます。今回のサンプルサイトではプログラム部分の制作は行わないため、「同じ文書内の冒頭」へのリンクとなる # を入力します。この # へのリンクは、サイトの制作途中でリンク先の URL がまだ決まっていない場合などにもよく使用するので覚えておきましょう。

学習ポイント
form 関連タグの基本を理解しよう

form要素はフォームそのものを表し、<form> ～ </form>でひとつのフォームとして認識されます。各パーツは基本的にすべてこの中に記述します。各パーツを作成するための汎用的な要素がinput要素です。input要素はtype属性を指定することでさまざまな役割をもたせることができます。今回のサンプルサイトで使用するtype属性を以下に紹介します。

▼input要素のtype属性

type="text"	もっとも基本的なテキスト入力欄
type="email"	メールアドレス入力欄
type="tel"	電話番号入力欄
type="radio"	ラジオボタン

また、固有の役割をもった要素もあります。例えばセレクトボックスやボタンなどです。

▼input以外のフォームのパーツ要素

<select>	セレクトボックス
<textarea>	長い文章などを入力できる大きなテキストエリア
<label>	フォームパーツのラベルを表す要素
<button>	送信ボタンなどに使用するボタン

このようなパーツを組み合わせながらフォームを作成します。パーツにはたくさんの種類がありますので、目的にあったパーツを選ぶようにしましょう。

STEP 3 フォームの大枠を作成する

それではフォームの中身を作成していきます。form要素の中にdl、dt、dd要素で記述リストを作成し、項目名を入力します。dl要素にはclass属性で「form-area」という名前をつけます。入力欄（dd要素）はこの時

点では空にしておきます。

```
<form action="#">
  <dl class="form-area">
    <dt>お名前</dt>
    <dd></dd>
    <dt>メールアドレス</dt>
    <dd></dd>
    <dt>お電話番号</dt>
    <dd></dd>
    <dt>お問い合わせ種別</dt>
    <dd></dd>
    <dt>お客様について</dt>
    <dd></dd>
    <dt>お問い合わせ内容</dt>
    <dd></dd>
  </dl>
</form>
```

項目名が表示されました。

 STEP 4 必須項目に目じるしをつける

必須項目である「お名前」「メールアドレス」「お問い合わせ内容」のそれぞれの項目名をspan要素（P.357）で囲み、class属性で「required」という名前をつけておきます。

HTMLタグ

<span>

スタイリングのために要素をグループ化する。
【終了タグ】必須

```
<dl class="form-area">
  <dt><span class="required">お名前</span></dt>
  <dd></dd>
  <dt><span class="required">メールアドレス</span></dt>
  ... (略) ...
  <dt><span class="required">お問い合わせ内容</span></dt>
  <dd></dd>
</dl>
```

これでフォームの大枠ができました。

7 フォームのパーツを作成する__テキスト入力編

ここからはdd要素の中にフォームのパーツを入力していきます。

STEP 1 名前の入力欄を作成する

まずは「お名前」項目の入力欄です。input要素のclass属性に「input-text」と入力し、type属性を「text」、name属性を「name」と指定します。input属性には終了タグはありませんので注意してください。

```
<dt><span class="required">お名前</span></dt>
<dd><input class="input-text" type="text" name="name"></dd>
```

「お名前」の下にテキスト入力欄が表示されました。

HTMLタグ

`<input>`

入力フォームの各種部品を作成する。
【属性】type、required、nameなど
【終了タグ】なし

---

note

name 属性はフォームを受信したプログラムが各項目を判別するための属性で、任意の名前をつけることができます。わかりやすい命名をしましょう。またここで指定する class 属性は、CSS でスタイルを指定するための目じるしとして使用します。

STEP 2 入力必須項目の属性を設定する

「お名前」入力欄は必須項目なので、input要素内に「required」という属性を入力します。これにより、空欄のまま送信しようとすると警告が表示（P.357のnote）されるようになります。

```
<dt><span class="required">お名前</span></dt>
<dd><input class="input-text" type="text" name="name" required></dd>
```

STEP 3 メールアドレスの入力欄を作成する

次は「メールアドレス」です。「お名前」入力欄とほとんど同じですが、type属性とname属性の値を「email」に指定します。入力必須項目なので、required属性も忘れずに記述します。

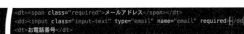

```
<dt><span class="required">メールアドレス</span></dt>
<dd><input class="input-text" type="email" name="email" required></dd>
```

「メールアドレス」の入力欄が表示されました。

 電話番号の入力欄を作成する

「お電話番号」も同じように作成します。type属性とname属性は「tel」と指定します。必須項目ではないのでrequired属性は不要です。

```
58  <dt>お電話番号</dt>
59  <dd><input class="input-text" type="tel" name="tel"></dd>
60  <dt>お問い合わせ種別</dt>
```

```
<dt>お電話番号</dt>
<dd><input class="input-text" type="tel" name="tel"></dd>
```

「お電話番号」の入力欄が表示されました。

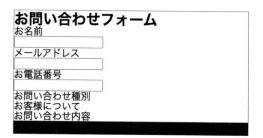

8 フォームのパーツを作成する＿選択入力編

続いて、セレクトボックスやラジオボタンなどを入力していきます。

 セレクトボックスを作成する

「お問い合わせ種別」にはセレクトボックスを使用します。セレクトボックスはselect要素とoption要素が入れ子構造で構成されます。セレクトボックスを表すselect要素の中に、項目の数だけoption要素を配置します。

```
61      <dd>
62        <select>
63          <option>ご予約について</option>
64          <option>メニューについて</option>
65          <option>営業時間について</option>
66        </select>
67      </dd>
```

```
<dt>お問い合わせ種別</dt>
<dd>
  <select>
    <option>ご予約について</option>
    <option>メニューについて</option>
    <option>営業時間について</option>
  </select>
</dd>
```

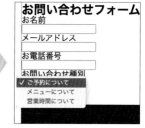

❯をクリックすると選択メニューが表示される

「お問い合わせ種別」の下にセレクトボックスが表示されました。

HTMLタグ

`<select>`

選択式のメニューを表す。
【属性】autofocus、disabled、form、multiple、
　　　name、required、sizeなど
【終了タグ】必須

HTMLタグ

`<option>`

メニューの選択肢を作成する。
【属性】disabled、label、selected、valueなど
【終了タグ】省略可

STEP 2

セレクトボックスの属性を入力する

select要素にはclass属性で「select-box」と入力し、name属性には「genre」と入力します。

```
61  <dd>
62    <select class="select-box" name="genre">
63      <option>ご予約について</option>
```

```
<select class="select-box" name="genre">
```

11

STEP 3

選択された項目の送信時に
参照される属性を設定する

option要素にはvalue属性という属性を追加します。value属性には選択肢の文言と同じテキストを入力します。

```
62  <select class="select-box" name="genre">
63    <option value="ご予約について">ご予約について</option>
64    <option value="メニューについて">メニューについて</option>
65    <option value="営業時間について">営業時間について</option>
66  </select>
```

```
<select class="select-box" name="genre">
  <option value="ご予約について">ご予約について</option>
  <option value="メニューについて">メニューについて</option>
  <option value="営業時間について">営業時間について</option>
</select>
```

note

value属性とは、どの項目が選択されたかを認識するためのもので、フォームのデータが送信される際に、select要素のname属性と、選択されたoption要素のvalue属性の値が一対になってサーバー上のプログラムに送られます。

初期状態で選択されるセレクトボックスの項目を設定する

ページを開いたときに初期状態で選択される項目を指定します。1つめのoption要素を選択状態にしたいので「selected」という属性を追加します。

```
<option value="ご予約について" selected>ご予約について</option>
```

ラジオボタンのラベルを設定する

次は「お客様について」の項目です。これにはラジオボタンを使用します。ラジオボタンの設置にはlabel要素とinput要素を使用します。まずはlabel要素を項目の数だけ設置します。それぞれのlabel要素にはclass属性で「radio-button」と名前をつけておきます。

> **HTMLタグ**
>
> ### <label>
>
> フォームの部品のラベルを表す。フォームパーツと組み合わせて使用できる。
> 【属性】for
> 【終了タグ】必須

```
<dt>お客様について</dt>
<dd>
    <label class="radio-button">一般のお客様</label>
    <label class="radio-button">お取引先様</label>
    <label class="radio-button">その他</label>
</dd>
```

> **note**
>
> ラジオボタンは複数の選択肢の中から1つだけを選択できるボタンです。似たようなパーツに「チェックボックス」がありますが、こちらは複数選択が可能です。フォームの設問の目的や用途に応じて使い分けましょう。

「お客様について」の下に3つの項目が追加されました。これはまだラベルのみなので、ラジオボタンを追加しましょう。

お問い合わせフォーム
お名前
メールアドレス
お電話番号
お問い合わせ種別
ご予約について
お客様について
一般のお客様 お取引先様 その他
お問い合わせ内容

STEP 6 ラジオボタンを設定する

label要素内の項目名の前にinput要素を入力します。type属性に「radio」と入力し、name属性は「user-type」、value属性には項目名と同じ文言を入力します。

```
<label class="radio-button"><input type="radio" name="user-type" value="一般
のお客様">一般のお客様</label>
<label class="radio-button"><input type="radio" name="user-type" value="お取
引先様">お取引先様</label>
<label class="radio-button"><input type="radio" name="user-type" value="その
他">その他</label>
```

各項目名の前にラジオボタンとなる「○」が表示されました。

label要素とinput要素を関連づける方法として、label要素のfor属性とinput要素のid属性（P.156）を使用する方法もあります。

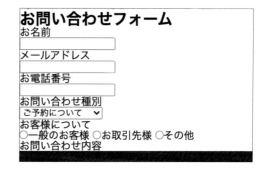

STEP 7 初期状態で選択されるラジオボタンの項目を設定する

次に、初期状態で選択される項目を指定します。1つめのinput要素を選択状態にしたいので「checked」という属性を追加します。

```
<label class="radio-button"><input type="radio" name="user-type" value="一般
のお客様" checked>一般のお客様</label>
```

1つめの項目である「一般のお客様」が選択された状態になりました。

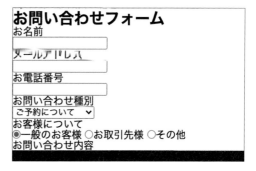

STEP 8　長文テキストの入力欄を作成する

次に「お問い合わせ内容」項目の入力エリアを作成します。「お名前」欄で使用したinput要素と違い、メッセージ本文のような長い文章を入力する際にはtextarea要素を使用します。class属性とname属性にそれぞれ「message」と入力し、必須項目のためrequired属性も忘れずに入力します。

```
74   <dt><span class="required">お問い合わせ内容</span></dt>
75   <dd><textarea class="message" name="message" required>
76   </dl>
```

```
<dt><span class="required">お問い合わせ内容</span></dt>
<dd><textarea class="message" name="message" required></textarea></dd>
```

「お問い合わせ内容」の下にひと回り大きな入力項目が表示されました。

HTMLタグ
\<textarea\>
複数行のテキスト入力欄を作成する。 【属性】cols、rows、name、disabled、readonly 【終了タグ】必須

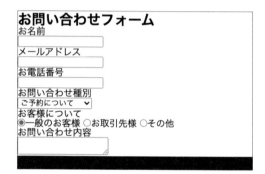

9　送信ボタンを作成する

各項目のパーツが作成できたら、最後に送信ボタンを作成します。

STEP 1　ボタンの上の注意書きを入力する

まずはボタンの上に表示される注意書きを記述します。dl要素の下にp要素で入力し、class属性で「confirm-text」という名前をつけます。

```
76   </dl>
77   <p class="confirm-text">ご入力内容をご確認の上、お間違いがな
     ンを押してください。</p>
78   </form>
```

```
<p class="confirm-text">ご入力内容を
ご確認の上、お間違いがなければ [Submit]
ボタンを押してください。</p>
```

注意書きが表示されました。

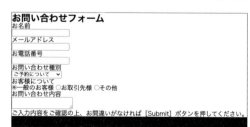

356

STEP 2 送信ボタンを作成する

最後は送信ボタンです。送信ボタンはbutton要素を使用します。button要素は文字どおりボタンを設置するための要素で、type属性に「submit」と指定することで送信ボタンになります。class属性には「submit-button」と入力します。

```
<button class="submit-button" type="submit">Submit</button>
```

送信ボタンが設置されました。これでHTMLの入力は完了です。

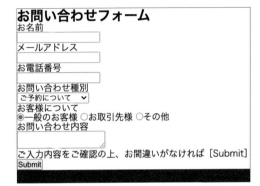

note

ここで試しに送信ボタンをクリックしてみましょう。「お名前」の入力フィールドに「このフィールドを入力してください」という警告が表示されます。このように、必須項目に入力がされていないと、ブラウザが検知して送信ができないしくみになっています。

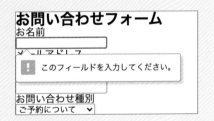

学習ポイント

div要素とspan要素の使い分け

span要素自体は特に意味を持たない要素で、テキストの一部に目じるしをつけてCSSを適用したりするのに使用されます。同じように意味を持たない要素にdiv要素がありますが、div要素はブロックレベル要素のため、前後に改行が入り、

テキストに目じるしをつけるような用途には向きません。本書のサンプルコード（P.350のSTEP.4）のようにテキストを囲ってCSSを適用したい場合には、インライン要素であるspan要素を使用します。

11-3 問い合わせページのCSSを書いてみよう

ここからは、問い合わせページのスタイリングをしながら、Google マップのサイズ調整や、問い合わせフォームの各パーツの見た目を整える方法などを学びます。ここまで来ればサンプルサイト完成まであと少し。楽しみながら進めましょう。

1 問い合わせページのスタイリングを確認する

ACCESSページは2つのエリアに分かれています。上部のアクセスマップエリアでは、Google マップの掲載位置やサイズの調整を行います。下部のフォームエリアでは、入力欄や送信ボタンなどの各フォームパーツをデフォルトの状態から装飾する方法を学びます。

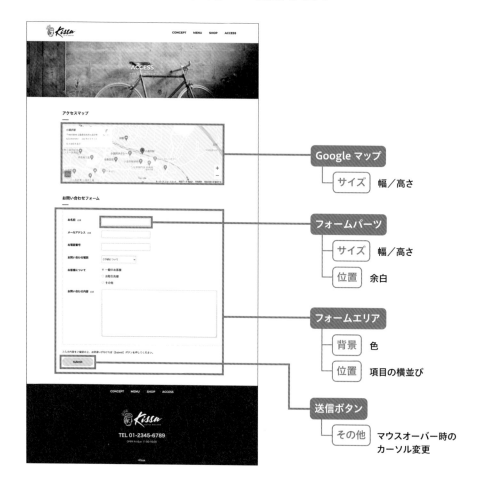

2　CSSファイルを作成する

これまでと同じように、まずはACCESSページのCSSファイルを作成します。

STEP 1

CSSファイルを新規作成する

VS Codeの［ファイル］メニューから［新規ファイル］で新しいファイルを作成し、「access.css」という名前で作業フォルダ内の「css」フォルダに保存します。

STEP 2

文字コードを記述する

これまで制作したCSSファイルと同様に、冒頭に文字コードを記述します。

```
@charset "utf-8";
```

3　ページタイトルエリアを作成する

11

まずはページタイトルエリアのスタイリングからはじめます。

STEP 1

CONCEPTページのCSSを複製する

ページタイトルエリアは、背景画像以外はCONCEPTページと同じレイアウトなので、concept.cssを開き、ページタイトルエリアに関する記述（concept.css の3〜26行目）をまるごとコピーします。

concept.cssの7〜26行をコピー

コードをaccess.cssにペーストする

access.cssに戻り、コピーしたコードを3行目にペーストします。

access.cssの3〜
26行へペースト

タイトルエリアがスタイリングされました。

背景画像のパスを書き換える

続いて、「.title」のbackground-imageプロパティで指定されている画像のパスをACCESSページのものに書き換えます。

```css
background-image: url(../images/access/bg-main.jpg);
```

背景画像が差し替わりました。

4　アクセスマップエリアのスタイリングをする

続いて、アクセスマップエリアのスタイリングを進めていきます。

STEP 1　**中見出しをスタイリングする**

まずは中見出しです。「.main内のh2要素」をセレクタにして、スタイルはconcept.cssの58〜60行目をコピーして流用します。そして、疑似要素「::after」で下線をつけます。疑似要素のスタイルも、同じくconcept.cssの64〜69行目のスタイルを複製します。ここでコピーするのはスタイルだけで、セレクタはコピーしないように注意してください。

```css
.main h2 {
  font-size: 22px;
  font-weight: bold;
  line-height: 30px;
}

.main h2::after {
  content: '';
  display: block;
  width: 36px;
  height: 3px;
  background-color: #000000;
  margin-top: 20px;
}
```

> concept.cssの58〜60行をコピー
> ※57行目と61行目をコピーしないよう注意

> concept.cssの64〜69行をコピー
> ※63行目と70行目をコピーしないよう注意

> コピーしたconcept.cssの58〜60行を、access.cssの29〜31行にペースト

> コピーしたconcept.cssの64〜69行を、access.cssの35〜40行にペースト

note

h2要素のように、何度も同じスタイルを記述するものは、h2要素に特定のclass名をつけて、そのclassに対しての指定を「common.css」に書いておくと、全ページ分をまとめて指定ができて便利です。CSSの記述に慣れてきたら、「少ない工数でスタイリングするためにいかに合理化できるか」という視点でコードを設計するようにしましょう。

中見出しのスタイルが調整されました。

マップエリアの大きさと配置を調整する

次にマップエリアの大きさと配置を調整します。クラス名「.map」をセレクタにして、エリアの幅や余白を指定します。このスタイルもCONCEPTページから流用します。concept.cssの31 ～ 35行目のスタイルをコピーしてペーストします。

concept.cssの31〜35行をコピーして

access.cssの44〜48行へペースト

```css
.map {
  width: 930px;
  max-width: 90%;
  margin-top: 75px;
  margin-left: auto;
  margin-right: auto;
}
```

アクセスマップエリアの位置が調整されました。

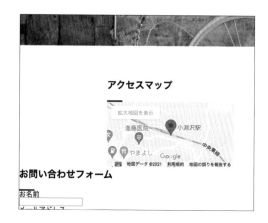

STEP 3 地図の表示サイズを調整する

次に地図の大きさを調整します。「.map内の
iframe要素」をセレクタにして、displayプ
ロパティで「block」を指定し、サイズと余
白を指定します。

```css
.map iframe {
  display: block;
  width: 100%;
  height: 320px;
  margin-top: 25px;
}
```

地図の大きさが変更されました。

5 フォームエリアの大枠のスタイルを調整する

続いてフォームエリアです。まずは大枠のスタイルを調整していきます。

STEP 1 フォームエリア全体の幅と余白を調整する

「.contact」をセレクタにして、フォームエ
リア全体の幅と余白を指定します。アクセス
マップエリアと同じ指定にしたいので、スタ
イルは「.map」の指定（44 〜 48行目）を
複製します。

```css
.contact {
  width: 930px;
  max-width: 90%;
  margin-top: 75px;
  margin-left: auto;
  margin-right: auto;
}
```

```
43  .map {
44    width: 930px;
45    max-width: 90%;
46    margin-top: 75px;
47    margin-left: auto;
48    margin-right: auto;
49  }
50
51  .map iframe {
52    display: block;
53    width: 100%;
54    height: 320px;
55    margin-top: 25px;
56  }
57
58  .contact {
59    width: 930px;
60    max-width: 90%;
61    margin-top: 75px;
62    margin-left: auto;
63    margin-right: auto;
64  }
```

コピーした44 〜 48
行を、59 〜 63行に
ペースト

フォームエリアの幅がアクセスマップエリアの幅と揃いました。

STEP
2

背景色と囲み線、余白を指定する

次に「.form-area」をセレクタにして、フォーム全体のスタイルを調整します。フォーム全体には背景色を設定し、囲み線と余白を指定します。囲み線はborderプロパティを使用し、「1pxの実線を#aaaaaaという色でつける」という指定をします。

```
66    .form-area {
67      background-color: ■#f8f8f8;
68      border: 1px solid ■#aaaaaa;
69      margin-top: 25px;
70      padding: 30px;
71    }
```

```
.form-area {
  background-color: #f8f8f8;
  border: 1px solid #aaaaaa;
  margin-top: 25px;
  padding: 30px;
}
```

フォーム全体のスタイルが調整されました。

STEP
3

項目欄と入力欄を横並びにする

「.form-area」にdisplayプロパティで「flex」を指定して、要素が横並びになるようにします。dt要素とdd要素をペアにして折り返したいので、flex-wrapプロパティには「wrap」を指定します。

```
66    .form-area {
67      background-color: ■#f8f8f8;
68      border: 1px solid ■#aaaaaa;
69      margin-top: 25px;
70      padding: 30px;
71      display: flex;
72      flex-wrap: wrap;
73    }
```

```
.form-area {
  ... (略) ...
  padding: 30px;
  display: flex;
  flex-wrap: wrap;
}
```

表示が大きく崩れていますが、このあとのステップで調整するので問題ありません。

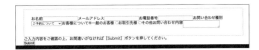

STEP 4 項目欄と入力欄の幅を指定する

「.form-area内のdt要素」と「.form-area内のdd要素」に対して、それぞれ幅を指定します。項目欄であるdt要素の幅は、項目名の文字列が入り切る長さで、かつ少し余白がある程度が良いので200pxとします。入力欄のdd要素の幅は全体から200pxを引いた「100% - 200px」にします。

```
75  .form-area dt {
76    width: 200px;
77  }
78
79  .form-area dd {
80    width: calc(100% - 200px);
81  }
```

```
.form-area dt {
  width: 200px;
}

.form-area dd {
  width: calc(100% - 200px);
}
```

項目欄と入力欄が横並びになりました。

6　項目欄のスタイルを調整する

ここから各項目の細かい調整を進めます。まずは項目欄です。

STEP 1 項目欄の文字のスタイルと余白を設定する

項目欄の文字のスタイルと余白を指定します。「.form-area dt」にスタイルを書き足していきます。

```
75  .form-area dt {
76    width: 200px;
77    padding: 15px 0;
78    font-size: 15px;
79    font-weight: bold;
80    line-height: 24px;
81  }
```

11

```
.form-area dt {
  width: 200px;
  padding: 15px 0;
  font-size: 15px;
  font-weight: bold;
  line-height: 24px;
}
```

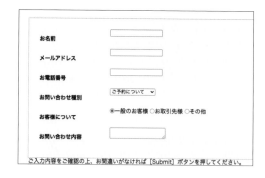

項目欄のスタイルが調整されました。

STEP 2 必須項目の目じるしをつける

続いて、必須項目に目じるしをつけます。必須項目の項目名はspan要素で囲って、class属性で「required」という名前をつけていました。これをセレクタにして、疑似要素で「必須」という文字を表示させます。文字は赤字で「11px」と指定し、左側に少し余白を空けます。

```
83    .form-area dt .required::after {
84      content: '必須';
85      font-size: 11px;
86      color: ■#eb4f32;
87      margin-left: 10px;
88    }
```

```
.form-area dt .required::after {
  content: '必須';
  font-size: 11px;
  color: #eb4f32;
  margin-left: 10px;
}
```

「必須」という文字列が赤字で表示されました。

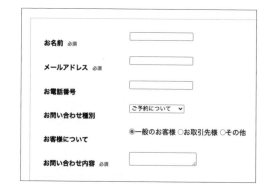

7　入力欄のスタイルを調整する

続いて、入力欄の各パーツのスタイルを調整していきます。

STEP 1 入力欄の余白を指定する

まずは入力欄の余白を指定します。「.form-area dd」に記述を追加します。

```
90    .form-area dd {
91      width: calc(100% - 200px);
92      padding: 15px 0;
93    }
```

```
.form-area dd {
  width: calc(100% - 200px);
  padding: 15px 0;
}
```

入力欄の高さが項目欄と揃いました。

11 ◂◂

STEP 2　テキスト入力欄のサイズを調整する

次にテキスト入力欄のサイズを調整します。
クラス名「input-text」をセレクタにして幅
や高さ、内側の余白を指定します。

```
 95    .input-text {
 96      width: 100%;
 97      max-width: 280px;
 98      height: 40px;
 99      padding-left: 10px;
100      padding-right: 10px;
101    }
```

```
.input-text {
  width: 100%;
  max-width: 280px;
  height: 40px;
  padding-left: 10px;
  padding-right: 10px;
}
```

テキスト入力欄が大きくなりました。

STEP 3　セレクトボックスのサイズを調整する

続いて、セレクトボックスのサイズを調整し
ます。クラス名「select-box」をセレクタに
して、幅と高さを指定します。

```
103    .select-box {
104      width: 200px;
105      height: 40px;
106    }
```

```
.select-box {
  width: 200px;
  height: 40px;
}
```

セレクトボックスが大きくなり、クリックし
やすくなりました。

STEP 4 ラジオボタンのスタイルを調整する

次はラジオボタンです。クラス名「radio-button」をセレクタにして調整します。まずはdisplayプロパティに「block」を指定して縦に並ぶようにします。そして、上部に20pxの余白を作ります。

```
108    .radio-button {
109      display: block;
110      margin-top: 20px;
111    }
```

```css
.radio-button {
  display: block;
  margin-top: 20px;
}
```

ラジオボタンが縦に並びました。

STEP 5 ラジオボタンの余白を調整する

1つ目の項目だけ上部の余白をなくします。「.radio-button」に疑似クラス「:first-child」を指定して、上部の余白を「0」にします。

```
113    .radio-button:first-child {
114      margin-top: 0;
115    }
```

```css
.radio-button:first-child {
  margin-top: 0;
}
```

余白が調整されました。

STEP 6 ボタンとラベルのあいだを空ける

ボタンとラベルがくっついているので、少し余白を作ります。「.radio-button内のinput」要素をセレクタにして、右側にmarginを設定します。

```
117    .radio-button input {
118      margin-right: 8px;
119    }
```

```css
.radio-button input {
  margin-right: 8px;
}
```

ボタンとラベルのあいだに余白ができました。細かな作業が続きますが、フォームはユー

ザーが直接操作する場所なので、見やすさや使いやすさは非常に重要です。しっかり調整しましょう。

STEP 7　長文テキストの入力欄のサイズを調整する

長文テキストの入力欄をサイズ調整します。クラス名「message」をセレクタにして、幅や高さを指定します。

```css
.message {
  width: 100%;
  height: 260px;
  padding: 10px;
  line-height: 1.5;
}
```

長文テキストの入力欄が大きくなりました。これでフォームパーツのスタイリングは完了です。

```
120
121    .message {
122      width: 100%;
123      height: 260px;
124      padding: 10px;
125      line-height: 1.5;
126    }
```

note

line-height を指定しているのは、サイト全体の line-height が「1」になっており、ユーザーがテキストを入力する際に行間が狭く入力がしづらいためです。フォームのスタイリングでは、こういった細かな部分への配慮も求められます。

line-height「1」（左）と「1.5」（右）。右は入力した文字の可読性が高まった

8　送信ボタンのスタイルを調整する

次に送信ボタンのスタイルを調整していきます。

STEP 1　注意書きの文字スタイルを調整する

まずは、ボタン上部の注意書きのスタイルを入力します。「.confirm-text」をセレクタにして文字サイズと行間、余白を指定していきます。

```
128    .confirm-text {
129      font-size: 14px;
130      line-height: 22px;
131      margin-top: 30px;
132    }
```

```css
.confirm-text {
  font-size: 14px;
  line-height: 22px;
  margin-top: 30px;
}
```

テキストのスタイルが調整されました。

STEP 2 ボタンのスタイルを調整する

次にボタンのスタイルを調整します。「.submit-button」をセレクタにしてスタイルを入力します。スタイルはオンラインショップの商品詳細ページのボタンのスタイルを流用します。shop.cssを開いて、137 〜 145行目のスタイルを複製しましょう。

shop.cssの137 〜 145行をコピー

コピーしたshop.cssの137 〜 145行を、access.cssの135 〜 143行にペースト

```css
.submit-button {
  background-color: #f4dd64;
  display: inline-block;
  min-width: 180px;
  line-height: 48px;
  border-radius: 24px;
  font-family: 'Montserrat', sans-serif;
  font-size: 14px;
  text-align: center;
  margin-top: 35px;
}
```

ボタンが装飾されましたが、商品詳細ページのボタンにはなかった枠がついています。また、マウスをボタンの上に持っていっても、ポインタの形状が変わらないため、クリック領域であることがわかりづらいです。これらを調整します。

マウスポインタの形状を指定する

a要素ではマウスを置いたときにポインタの矢印が指のマークに変わりますが、button要素では矢印のままになります。ポインタが指のマークに変わらないと「クリックする場所」と認識されない場合もあるので、指のマークに変わるよう指定しておきます。

auto	状況に応じて自動で選択（初期値）	
default	矢印のマーク	▶
pointer	指のマーク	🖑
crosshair	＋字マーク	＋
help	ヘルプマーク	？

■ポインタの形状を指定するcursorプロパティ

cursorプロパティは、マウスポインタの形を指定する際に使用するプロパティです。よく見かけるのは矢印と指のマークですが、実はたくさんの種類があります。用途に応じて使い分けるとよいでしょう。代表的なものを紹介します。

他にもたくさんの種類があり、オリジナルの画像をポインタにすることもできるので、興味のある人は試してみてください。

STEP 3

ボタンのスタイルを細かく調整する

まず、マウスを置いたときにポインタの矢印が指のマークに変わるよう、cursorプロパティで「pointer」を指定します。

さらに、送信ボタンには初期値でボーダーが指定されているので、borderプロパティに「none」を指定し枠線を非表示にします。上部の余白も少し詰めたいので「20px」に変更します。

```
.submit-button {
  background-color: #f4dd64;
  ... (略) ...
  text-align: center;
  margin-top: 20px;
  cursor: pointer;
  border: none;
}
```

ボタンの枠線が消えて、マウスを置いたときのポインタも変更されました。

CSSプロパティ

cursor

ポインタ（カーソル）の形状を指定する。
【書式】cursor: キーワード
【値】 auto、default、pointer、crosshair、
　　　help、wait、progressなど

```
141   font-size: 14px;
142   text-align: center;
143   margin-top: 20px;
144   cursor: pointer;
145   border: none;
146 }
```

11

ご入力内容をご確認の上、お間違いがなければ [S
Submit
CON

ボタンの色が変わるようにする

他のボタンと同じように、マウスを置いたときにボタンの色が変わるようにします。疑似クラス「:hover」を指定して、背景色を変更しましょう。

```css
.submit-button:hover {
  background-color: #d8b500;
}
```

ボタンにマウスを置いて、色が変わることを確認しましょう。

9　フッターの上部に余白を作る

最後にフッター上部の余白を調整します。

```css
.footer {
  margin-top: 100px;
}
```

フッターとのあいだの余白が調整されました。これでPC版のスタイリングは完成です。

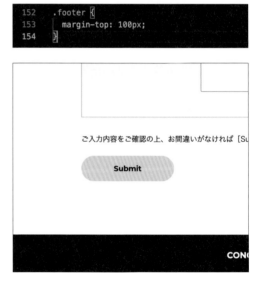

11-4 問い合わせページの モバイル用CSSを書いてみよう

続いてモバイル用のCSSを記述します。デベロッパーツールで表示を確認し、モバイル表示用に最適化していきます。いよいよこの節が最後の工程になります。

1 モバイル用レイアウトのデザインカンプを確認する

PC版では、問い合わせフォームの項目名と入力欄が横並びになっていますが、モバイル表示では縦並びに変更します。このとき、上下の余白を調整することで、どの項目と入力欄が紐づいているかをわかりやすくしましょう。また、送信ボタンも押しやすいサイズに変更します。

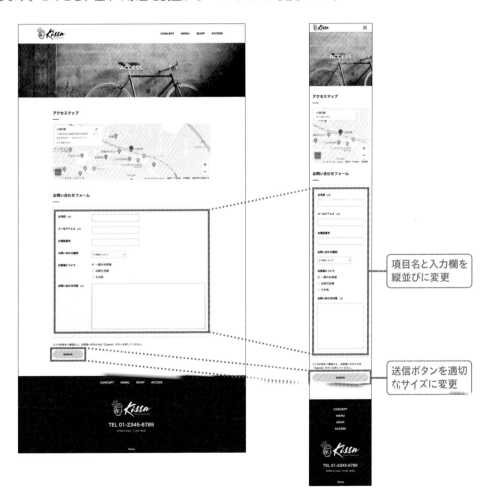

項目名と入力欄を縦並びに変更

送信ボタンを適切なサイズに変更

2 デベロッパーツールで表示を確認する

デベロッパーツールを起動し、Chromeをレスポンシ
ブモードに切り替えて表示を確認します。

右に余白ができてレイアウトが崩れています。

3 エリア全体のレイアウトを調整する

まずは全体のレイアウトをモバイル用に作り変えていきます。

STEP 1 メディアクエリを記述する

これまでのモバイル対応と同様にメディアク
エリを記述しましょう。.footerへの指定の
下に入力します。

```
@media (max-width: 800px) {}
```

```
152   .footer {
153     margin-top: 100px;
154   }
155
156   @media (max-width: 800px) {}
```

STEP 2 アクセスマップエリア、フォームエリアの幅と余白を調整する

まずは、2つのエリアの幅と余白を調整しま
す。2つのセレクタを「,」で区切って記述し、
2つのセレクタに対して同じ指定をします。

```
@media (max-width: 800px) {
  .map,
  .contact {
    width: 500px;
    margin-top: 45px;
  }
}
```

```
156   @media (max-width: 800px) {
157     .map,
158     .contact {
159       width: 500px;
160       margin-top: 45px;
161     }
162   }
```

エリアのサイズは調整できましたが、セレクトボックスが右側にはみ出しています。

note

PC版でもこの2つのエリアは同じ指定をしています。学習の順番の都合で、PC版はセレクタを併記する記述方法を採用していませんが、PC版も同様にセレクタを併記して記述しても問題ありません。

4 フォームのレイアウトを調整する

STEP 1
フォームの項目欄と入力欄を縦並びにする

まずは、フォームの項目欄（dt要素）と入力欄（dd要素）を縦並びにするために、どちらも幅100%を指定します。こうすると、それぞれが幅いっぱいに広がり横並びでは入り切らなくなるため、折り返して表示されます。

```
.form-area dt,
.form-area dd {
  width: 100%;
}
```

項目欄と入力欄が縦並びになり、右側にはみ出していたセレクトボックスも枠内に収まりました。

STEP 2
項目欄と入力欄のあいだの余白を調整する

項目欄と入力欄が均等に配置されているため、どの項目がどの入力欄と紐づいているのかわかりづらくなっています。項目欄（dt要素）の下部の余白を削除して、入力欄とのあいだの余白を詰めます。

```
.form-area dt {
  padding-bottom: 0;
}
```

```
.form-area dt {
  padding-bottom: 0;
}
```

項目と入力欄の関係性がわかりやすくなりました。

 STEP 3

ボタンのサイズを変更する

送信ボタンを押しやすいデザインにするため、大きさを調整しましょう。幅100%を指定します。

```
172   .submit-button {
173     width: 100%;
174   }
175   }
```

```
.submit-button {
  width: 100%;
}
```

ボタンのサイズが変更されました。

これですべてのページの制作が完了し、サンプルサイトは完成となります。お疲れさまでした。

Appendix オリジナルのポートフォリオサイトに改変してみよう

本書で制作したサンプルサイトを改変して、オリジナルのポートフォリオサイトにしてみましょう。ウェブデザイナーとして活動していくためには、自分の作品を掲載したポートフォリオサイトが必要になります。ここでは例として、トップページを架空のデザイン事務所「.DESIGN」のポートフォリオサイトに改変してみます。ソースコードの赤字部分を、ご自身で用意したファイル名やテキスト、適切な数値に書き換えてみましょう。

ヘッダーとフッターを改変する

■ ロゴを変更する

事前にヘッダーとフッター用のロゴの画像ファイルを用意して「images > common」フォルダに保存しておきます。ロゴのサイズは、サンプルサイトのものと大きくかけ離れたサイズにはしないほうがよいでしょう。ここではヘッダーロゴは400×100px、フッターロゴは500×130pxとしました。

index.htmlをVS Codeで開き、23行目と116行目のimg要素のパスとalt属性を変更します。

```
<a class="header-logo" href="./index.
html">
  <img src="./images/common/logo-
  header-02.png" alt=".DESIGN">
</a>
```

```
<a class="footer-logo" href="./index.
html">
  <img src="./images/common/logo-
  footer-02.png" alt=".DESIGN">
</a>
```

続いてロゴのサイズを変更します。common.cssを開き、51行目と80行目の数値を変更します。用意したロゴ用ファイルの幅の、半分の値を入力しましょう。

```
.header-logo {
  display: block;
  width: 200px;
}
```

```
.footer-logo {
  display: block;
  width: 250px;
  margin-top: 90px;
}
```

■ ナビゲーションを変更する

続いてナビゲーションを変更します。index.htmlの29〜32行目、109〜112行目のli要素の文言を変更します。ここでは省略しますが、必要に応じて各ページのhtmlファイルの名前も変更しましょう。その際はa要素のパスも忘れずに変更します。

A

```
<ul>
  <li><a href="./concept.html">
  PROFILE</a></li>
  <li><a href="./menu.html">WORKS</a>
  </li>
  <li><a href="./shop.html">SERVICE
  </a></li>
  <li><a href="./access.html">CONTACT
  </a></li>
</ul>
```

ファーストビューと導入文エリアを改変する

■ メインビジュアルを変更する

まずはメインビジュアルを変更します。index.css
を開き、5行目の画像へのパスを変更します。129
行目のモバイル版も忘れずに変更しましょう。

▼PC版

```
.first-view {
  height: calc(100vh - 110px);
  background-image: url(../images/
  index/bg-main-02.jpg);
  ...省略...
}
```

▼モバイル版

```
.first-view {
  height: calc(100vh - 50px);
  background-image: url(../images/
  index/bg-main-sp-02.jpg);
  align-items: flex-start;
}
```

■ 見出しとキャッチコピーを変更する

index.htmlの44〜45行のh1要素とp要素の中身
を書き換えます。

```
<div class="first-view-text">
  <h1>Good design <br>for your
  website.</h1>
  <p>あなたのウェブサイトに優れたデザインを。
  </p>
</div>
```

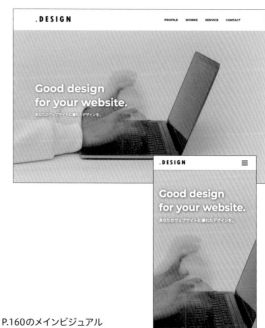

P.160のメインビジュアル
選びのポイントを参考に
画像を選んでみよう

■導入文エリアを変更する

index.htmlの49行目のp要素と、51行目のa要素の中身を書き換えます。もちろんこの文言も自分用にカスタムしてください。

```
<div class="lead">
  <p>このウェブサイトはフリーランスデザイナー・
服部恵子が運営する<br>デザイン事務所
「.DESIGN」の制作実績をまとめたポートフォリオ
サイトです。<br>ご依頼の際の参考にご覧くださ
い。</p>
  <div class="link-button-area">
    <a class="link-button" href="./
concept.html">PROFILE</a>
  </div>
</div>
```

RECOMMENDEDエリアを改変する

■見出しとボタン内の文言を変更する

RECOMMENDEDエリアを制作実績の掲載欄に改変します。まずは見出しとボタンの文言を変更します。index.htmlの55行目のh2要素、99行目のa要素の中身をそれぞれ変更します。

```
<div class="recommended">
  <h2>RECENT WORK</h2>
```

```
<div class="link-button-area">
  <a class="link-button" href="./menu.
html">MORE</a>
</div>
```

■飲食メニューを制作実績に変更する

続いて、飲食メニューの箇所に制作実績を掲載します。index.htmlの57〜96行目のli要素内の画像のパスとテキストを変更します。テキスト部のHTML構造はサンプルサイトではdl要素とp要素になっていますが、自由に改変して構いません。ここでは、シンプルにp要素のみとし、class属性で「works-name」という名前をつけました。

```
<li>
  <img src="./images/index/img-item
01-02.jpg" alt="THE USELESS SHOP">
  <p class="works-name">THE USELESS
SHOP</p>
</li>
<li>
  <img src="./images/index/img-
item02-02.jpg" alt="&COFFEE">
  <p class="works-name">&COFFEE</p>
</li>
<li>
  <img src="./images/index/img-
item03-02.jpg" alt="服部制作室">
  <p class="works-name">服部制作室</p>
```

A

```
</li>
<li>
  <img src="./images/index/img-
  item04-02.jpg" alt="TEMPLATE LABO">
  <p class="works-name">TEMPLATE LABO
  </p>
</li>
<li>
  <img src="./images/index/img-
  item05-02.jpg" alt="HIGH CHEESE">
  <p class="works-name">HIGH CHEESE</p>
</li>
```

解説はここまでですが、内容に合わせてtitle要素や description、フッターの営業時間やコピーライトなども変更しましょう。これでトップページは完成です。

■ テキストのレイアウトを整える

最後にテキストの表示を整えます。index.cssの124行目の後ろで改行をして、以下の記述を追加します。

```
.item-list .works-name {
  font-size: 14px;
  text-align: center;
  margin-top: 15px;
}
```

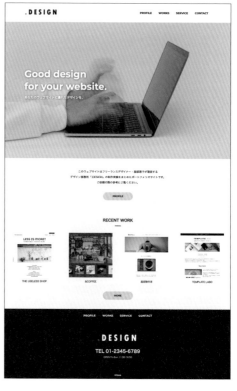

このように、本書のサンプルサイトは、完成後に改変して自分のポートフォリオサイトとして活用できます。本書で身につけた知識を応用して、カラーリングやボタンのデザインなどを変更してみてもよいでしょう。「自分のウェブサイトを持つ」という喜びを知ることは、これから皆さんがウェブ制作者として仕事をしていくうえでとても大切な経験になります。そして、楽しみながら制作方法を覚えていくのがいちばんの近道です。ぜひどんどん改変して、ウェブサイトを作る楽しさを体感してください。

いつか皆さまと、ウェブ制作者としてお会いできる日を楽しみにしています。

Index ▶ HTMLタグ＆CSSプロパティ索引

staff credit

カバーデザイン	桑山慧人(book for)
カバー／素材撮影	鈴木文彦(snap!)
本文デザイン&レイアウト	SeaGrape
イラスト	服部制作室
編集担当	橘 浩之(技術評論社)

special thanks

VANCOUVER COFFEE ROASTER
谷合智憲／前畑夏海

東 知希
安藤 徹平(AND THROUGH DESIGN)
柘植 紀人

著者略歴

服部 雄樹(Yuki Hattori)

愛知県名古屋市出身。2014年までインドネシア・バリ島で活動し、世界各国のクリエイターと交流。多くの海外案件に携わる。帰国後、服部制作室を設立。2018年に法人化し「株式会社服部制作室」発足。ウェブサイトの制作だけでなく、各種ウェブサービスのテンプレートデザインやUI設計、セミナー登壇、書籍の執筆など精力的に活動中。"かっこいいを簡単に"をモットーに、海外のウェブデザインを日本向けにローカライズした新しいデザインを提案している。

著書に
『HTML&CSSの基本がゼロから身につく! Webデザイン見るだけノート』(監修)宝島社刊
『ジンドゥークリエイター 仕事の現場で使える! カスタマイズとデザイン教科書』(共著)技術評論社刊
『いちばんやさしいHTML5&CSS3の教本 人気講師が教える本格Webサイトの書き方』(共著)インプレス刊

HTML&CSSとWebデザインが1冊できちんと身につく本 [増補改訂版]

2022年 1月 12日 初版 第1刷発行
2024年 5月 4日 初版 第6刷発行

[著 者] 服部 雄樹
[発行者] 片岡 巌
[発行所] 株式会社技術評論社
　　　　 東京都新宿区市谷左内町21-13
　　　　 電話 03-3513-6150 販売促進部
　　　　 　　 03-3513-6185 書籍編集部
[印刷・製本] 図書印刷株式会社

ISBN978-4-297-12510-3　C3055　Printed in Japan

お問い合わせに関しまして

本書に関するご質問については、FAXもしくは書面にて、必ず該当ページを明記のうえ、右記にお送りください。電話によるご質問および本書の内容と関係のないご質問につきましては、お答えできかねます。あらかじめ以上のことをご了承のうえ、お問い合わせください。
なお、ご質問の際に記載いただいた個人情報は質問の返答以外の目的には使用いたしません。また、質問の返答後は速やかに削除させていただきます。

宛先
〒162-0846
東京都新宿区市谷左内町21-13
株式会社技術評論社　書籍編集部
「HTML&CSSとWebデザインが1冊できちんと身につく本[増補改訂版]」係
FAX:03-3513-6181
URL:https://book.gihyo.jp/116

インターン、就転職に役立つ！
ポートフォリオ用アレンジのネタ帖

就・転職や、フリーランスとして営業をする際に欠かせないポートフォリオ。できるだけバラエティに富んだ業種のウェブサイトを掲載してアピールしたいところです。筆者自身もウェブ制作会社を運営していますが、ポートフォリオサイトそのものの美しさよりも、どんな種類のウェブサイトを作れるか、幅広いテイストに対応できるのかを知りたいものです。ここではそんなポートフォリオづくりに役立つネタ帖として、本書のサンプルサイトを、異なる2種類のウェブサイトにアレンジするテクニックを紹介します。

※ロゴや画像、テキストはサイトの内容にあわせてあらかじめ変更されているものとします。これらの変更方法は本書のAPPENDIXをご覧ください。

■コーポレートサイト「Fresh」

野菜の宅配やサラダの販売など、野菜にまつわるサービスを展開している架空の会社「Fresh」のウェブサイトです。

■ヘッダーのカラー

会社によっては「コーポレートカラー」といって会社を表すカラーが決まっています。ヘッダーをコーポレートカラーにするのはよく使われる手法です。

common.css に追加！

```
.header {
    background-color: #0e0d6a;
}
```

■ナビゲーションの色

アクセントとしてナビゲーションの色を黄色にしました。

common.css に追加！

```
.site-menu ul li a {
    font-family: 'Montserrat', sans-serif;
    font-weight: bold;
    color: #fabe00;
}
```

■フッターのカラー

common.css を変更！

```
.footer l
    color: #ffffff;
    background-color: #0e0d6a;
…省略…
}
```

■その他の変更点

ベースの文字色をコーポレートカラーである青に変更しています。

common.css を変更！

```
body {
…省略…
    color: #0e0d6a;
…省略…
}
```

■ファーストビューの高さ

企業サイトでは、イメージよりも事業内容を知ってもらうことのほうが優先度が高いため、フルスクリーンではなく、下に続くコンテンツに意識が向きやすい作りに変更しました。

index.css を変更！

```
.first-view {
    height: 60vh;
…省略…
}
```

■リストの項目間の余白

ゆったりした作りになっていたリストの余白を狭くしました。事業内容を網羅的にPRしたい企業サイトでは、できるだけコンパクトに多くの情報を見せる工夫が必要です。

index.css を変更！

```
.item-list li {
    flex-shrink: 0;
    width: 260px;
    margin-left: 40px;
}
```

■ストックフォトサービス「tate」

縦構図の画像のみを集めた架空のストックフォトサービス「tate」のサービスサイトです。

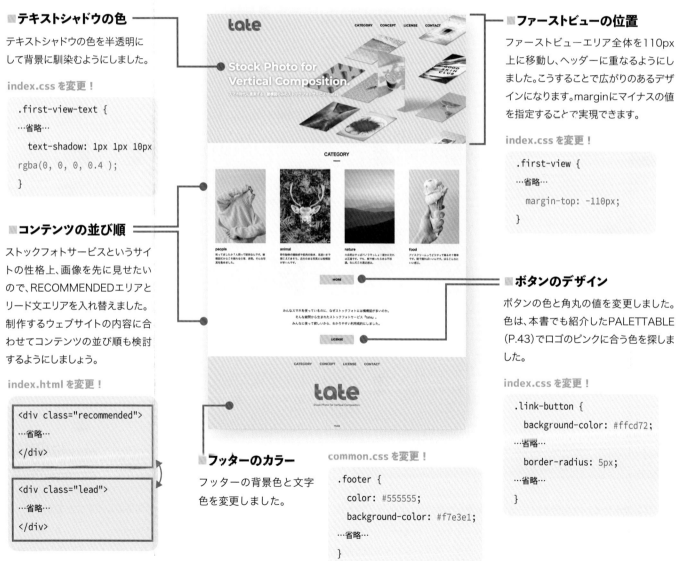

■テキストシャドウの色

テキストシャドウの色を半透明にして背景に馴染むようにしました。

index.css を変更！

```
.first-view-text {
…省略…
    text-shadow: 1px 1px 10px
rgba(0, 0, 0, 0.4 );
}
```

■コンテンツの並び順

ストックフォトサービスというサイトの性格上、画像を先に見せたいので、RECOMMENDEDエリアとリード文エリアを入れ替えました。制作するウェブサイトの内容に合わせてコンテンツの並び順も検討するようにしましょう。

index.html を変更！

```
<div class="recommended">
…省略…
</div>
```

```
<div class="lead">
…省略…
</div>
```

■フッターのカラー

フッターの背景色と文字色を変更しました。

common.css を変更！

```
.footer {
    color: #555555;
    background-color: #f7e3e1;
…省略…
}
```

■ファーストビューの位置

ファーストビューエリア全体を110px上に移動し、ヘッダーに重なるようにしました。こうすることで広がりのあるデザインになります。marginにマイナスの値を指定することで実現できます。

index.css を変更！

```
.first-view {
…省略…
    margin-top: -110px;
}
```

■ボタンのデザイン

ボタンの色と角丸の値を変更しました。色は、本書でも紹介したPALETTABLE（P.43）でロゴのピンクに合う色を探しました。

index.css を変更！

```
.link-button {
    background-color: #ffcd72;
…省略…
    border-radius: 5px;
…省略…
}
```

レスポンシブデザインのネタ帖

本紙で、レスポンシブデザインの考え方やコーディングの仕方については学習しましたが、いざデザインを作成しようと思うとなかなか難しいものです。特に、単純に縦並びにするだけでは単調になってしまう繰り返しコンテンツや、ユーザーが直接操作するナビゲーションメニュー、サイトの顔であるメインビジュアルなどは、こだわって作りたいところです。そこで、これら3つのレイアウトについて、各3パターンのデザインを用意し、それぞれの特徴についても簡単な解説を加えました。ぜひ皆さんがデザインを作成する際のレスポンシブデザインのネタ帖として活用してください。

繰り返しコンテンツのレイアウトパターン

■ PC レイアウト　　■ パターンA　　■ パターンB　　■ パターンC

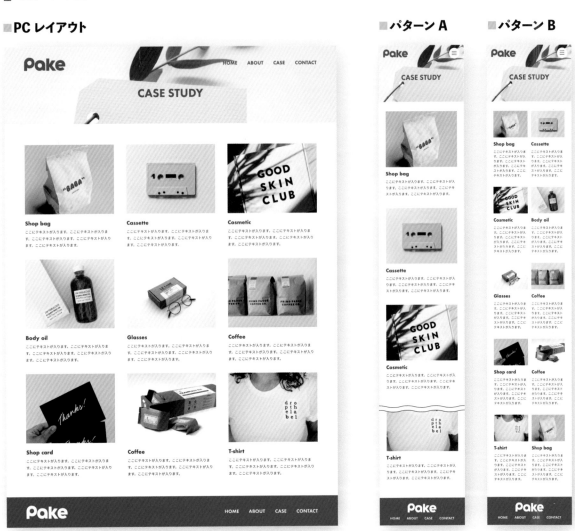

本紙のサンプルサイトのMENUページでも使用した繰り返しのレイアウトは、ウェブデザインにおいて使用頻度の高い定番のレイアウトです。

■ **パターンA**　横並びを単純に縦に並べるパターンです。レスポンシブデザインにおいてはもっともオーソドックスな手法です。
■ **パターンB**　2列にレイアウトするパターンです。スマートフォンの大画面化に伴い増えてきました。一覧性が高く、ECサイトなどに向いています。
■ **パターンC**　画像とテキストを横並びにし、項目は縦に並べるパターンです。テキストに目がいきやすくメディアサイトやブログなどで使用されます。

ナビゲーションのレイアウトパターン

■ PC レイアウト

■ パターンA　　■ パターンB　　■ パターンC

レスポンシブデザインにおいて最大の悩みどころとも言えるのがナビゲーションです。ユーザーの使いやすさに直結するため、さまざまなパターンを覚えておきましょう。

■ **パターンA**　メニューをタップするとコンテンツに重なって表示されるパターンです。背景を半透明にするなど工夫すると見やすいメニューになります。
■ **パターンB**　横から押し出すように表示されるパターンです。ブラウザの高さ全体を使えるため、下部にボタンやバナーを配置するケースも多いです。
■ **パターンC**　最下部に常時表示されるパターンです。スマートフォンを持ったときに親指に近く、操作しやすいです。項目が少ない場合に向いています。

メインビジュアルのレイアウトパターン

■ PC レイアウト　　■ パターンA　　■ パターンB　　■ パターンC

サイトの第一印象を決めるメインビジュアルはこだわって作りたいものですが、レスポンシブデザインの際に悩みやすいポイントでもあります。

■ **パターンA**　配置を変えず単に縮小するパターンです。画像のみの場合は問題ないですが、文字情報がある場合は文字が小さく窮屈になります。
■ **パターンB**　文字情報と画像を左右から上下に並び替えたパターンです。画像の存在感が弱まり、ややまとまりに欠ける印象になることもあります。
■ **パターンC**　文字情報を分割し、画像を挟み込むパターン。コーディングは複雑化しますが、今回のケースではもっともバランスよく配置できます。